“十三五”国家重点出版物出版规划项目 材料科学研究与工程技术系列图书

工业和信息化部“十四五”规划教材／黑龙江省精品图书出版工程

“双一流”建设精品出版工程

U0184745

计 算 材 料 学

COMPUTATIONAL MATERIALS SCIENCE

费维栋 郑晓航 王国峰 编

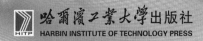哈爾濱工業大學出版社
HARBIN INSTITUTE OF TECHNOLOGY PRESS

内 容 简 介

本书共 5 章,主要包括单电子近似与能带、密度泛函理论、分子动力学模拟、蒙特卡罗方法和有限元方法。

本书可作为材料科学与工程专业本科生的教材,也可供研究生和相关科研人员参考。

图书在版编目(CIP)数据

计算材料学/费维栋,郑晓航,王国峰编. —
哈尔滨:哈尔滨工业大学出版社,2021.8(2024.2 重印)
ISBN 978 - 7 - 5603 - 9587 - 6

Ⅰ.①计… Ⅱ.①费… ②郑… ③王… Ⅲ.①材料科
学一计算 Ⅳ.①TB3

中国版本图书馆 CIP 数据核字(2021)第 138621 号

材料科学与工程
图书工作室

策划编辑 许雅莹
责任编辑 张 颖 苗金英
封面设计 屈 佳
出版发行 哈尔滨工业大学出版社
社 址 哈尔滨市南岗区复华四道街 10 号 邮编 150006
传 真 0451 - 86414749
网 址 http://hitpress.hit.edu.cn
印 刷 哈尔滨久利印刷有限公司
开 本 787 mm×1092 mm 1/16 印张 12 字数 240 千字
版 次 2021 年 8 月第 1 版 2024 年 2 月第 3 次印刷
书 号 ISBN 978－7－5603－9587－6
定 价 30.00 元

(如因印装质量问题影响阅读,我社负责调换)

前　言

计算材料学的内容非常广泛,本书只选择了若干比较重要的内容进行阐述,主要包括单电子近似与能带、密度泛函理论、分子动力学模拟、蒙特卡罗方法和有限元方法。

第1章单电子近似与能带,在绝热近似和单电子近似的基础上,阐述了单电子能带的性质和常用的计算方法,包括紧束缚近似、正交化平面波方法、赝势方法和缀加平面波方法。

第2章密度泛函理论,介绍了哈特里－福克近似及其局限性,详细阐述了密度泛函理论、单电子形式的科恩－沈方程、局域密度近似的基本思想和方法,最后给出了几种晶体的能带结构。

第3章分子动力学模拟,在介绍分子动力学方法基本原理的基础上,介绍了拉格朗日方程和哈密顿方程、积分算法;详细阐述了模拟不同统计系综的扩展体系方法,包括微正则系综、正则系综和巨正则系综等,并讨论了力学量的计算法。

第4章蒙特卡罗方法,给出了蒙特卡罗方法的基本原理和方法,重点介绍了基于随机数的各种抽样方法,同时论述了不同统计系综随机变量的抽样方法和蒙特卡罗模拟的基本过程。

第5章有限元方法,在介绍弹塑性力学和传热学基础上,论述了有限元原理,包括变分法、虚功原理、最小势能原理和有限元求解方法与途径,最后介绍了常用的商业有限元软件及软件应用实例。

本书是在编者近年来的讲义基础上编写的,其中费维栋和郑晓航共同编写第1～4章,王国峰编写第5章。

限于编者的水平,书中难免有不足之处,欢迎读者不吝指正。

编　者
2021 年 4 月

目　　录

第1章　单电子近似与能带 ……………………………………… 1

1.1　绝热近似和单电子近似 …………………………… 1

1.2　布洛赫定理及能带的基本性质 …………………… 6

1.3　紧束缚近似 …………………………………………… 11

1.4　正交化平面波方法 …………………………………… 14

1.5　赝势方法 ……………………………………………… 18

1.6　缀加平面波方法 ……………………………………… 20

附录1A　狄拉克符号 …………………………………… 22

附录1B　布洛赫定理证明 ……………………………… 23

本章参考文献 ……………………………………………… 24

第2章　密度泛函理论 …………………………………………… 25

2.1　哈特里－福克近似 …………………………………… 25

2.2　霍恩伯格－科恩定理 ………………………………… 32

2.3　科恩－沈方程 ………………………………………… 35

2.4　局域密度近似 ………………………………………… 39

2.5　晶体电子结构举例 …………………………………… 44

本章参考文献 ……………………………………………… 50

第3章　分子动力学模拟 ………………………………………… 53

3.1　分子动力学的基本原理 ……………………………… 53

3.2　运动方程 ……………………………………………… 56

3.3　积分算法 ……………………………………………… 59

3.4　平衡态结构分析及物理量计算 ……………………… 63

3.5　分子动力学模拟的统计系综 ………………………… 68

3.6　原子间相互作用势函数 ……………………………… 82

3.7　CP分子动力学 ……………………………………… 92

3.8　分子动力学方法应用举例 …………………………… 94

本章参考文献 ……………………………………………… 98

第4章　蒙特卡罗方法 …………………………………………… 101

4.1　蒙特卡罗方法的基本思想 …………………………… 101

4.2　随机变量的统计性质 ………………………………… 105

4.3　随机变量的简单抽样 ……………………………………… 108

4.4　随机变量的重要抽样 ……………………………………… 113

4.5　简单抽样方法的应用 ……………………………………… 117

4.6　不同统计系综的梅特罗布里斯抽样方法 ………………… 125

本章参考文献 …………………………………………………… 132

第 5 章　有限元方法 …………………………………………… 133

5.1　有限元简介 ………………………………………………… 133

5.2　弹塑性力学和传热学基础 ………………………………… 141

5.3　有限元原理 ………………………………………………… 157

5.4　有限元分析应用实例 ……………………………………… 166

本章参考文献 …………………………………………………… 184

第1章 单电子近似与能带

能带是固体电子结构的最重要特征之一。能带理论为理解固体的电子结构和固体性质提供了理论基础,对功能材料与器件的设计具有重要意义。本章介绍单电子近似的物理思想和基于单电子近似的能带理论基础,在此基础上,介绍几种能带的计算方法。

1.1 绝热近似和单电子近似

固体是一个包含大量粒子的复杂多体体系,对于这样一个复杂的体系直接利用量子力学的方法求解是极为困难的,建立合适的简化模型十分必要。

首先,假定固体由价电子和离子实组成,具有惰性气体满壳层的电子对固体的性质影响可以忽略。本章主要研究对象是价电子的能级构成的能带结构,所以,如果没有特殊说明,本章所说的电子就是指未满壳层的价电子。

本节主要阐述支撑固体理论的绝热近似和单电子近似[1-2]。

1.1.1 偏微分方程的分离变量求解及启发

在介绍固体理论的基本近似之前,先来分析一个简单的模型体系。假设某体系中含有 2 个质量相同的无相互作用的粒子,两个粒子的势场分别为 $V_1(\boldsymbol{r}_1)$ 和 $V_2(\boldsymbol{r}_2)$。该体系的薛定谔(Schrödinger)方程为

$$\sum_{i=1}^{2}\left[\left(-\frac{\hbar^2}{2m}\nabla_i^2+V_i(\boldsymbol{r}_i)\right)\right]\varphi(\boldsymbol{r}_1,\boldsymbol{r}_2)=E_t\varphi(\boldsymbol{r}_1,\boldsymbol{r}_2) \tag{1.1}$$

式中,$\hbar=h/(2\pi)$,h 为普朗克(Planck)常数,且 $h\approx 6.626\times10^{-34}\text{J}\cdot\text{s}$;$\varphi(\boldsymbol{r}_1,\boldsymbol{r}_2)$ 为体系的波函数;E_t 为体系的总能量;∇_i^2 为关于粒子 i 坐标的拉普拉斯(Laplace)算符,且

$$\nabla_i^2=\frac{\partial^2}{\partial x_i^2}+\frac{\partial^2}{\partial y_i^2}+\frac{\partial^2}{\partial z_i^2}$$

仔细观察式(1.1)不难发现,方程中没有 $\boldsymbol{r}_1$ 和 $\boldsymbol{r}_2$ 之间的交叉项,此时,方程(1.1)可以用分离变量的方法求解,即令

$$\varphi(\boldsymbol{r}_1,\boldsymbol{r}_2)=\varphi_1(\boldsymbol{r}_1)\varphi_2(\boldsymbol{r}_2) \tag{1.2}$$

将式(1.2)代入式(1.1),可得

$$(\hat{H}_1+\hat{H}_2)\varphi_1(\boldsymbol{r}_1)\varphi_2(\boldsymbol{r}_2)=E_t\varphi_1(\boldsymbol{r}_1)\varphi_2(\boldsymbol{r}_2) \tag{1.3}$$

式中

$$\hat{H}_i=-\frac{\hbar^2}{2m}\nabla_i^2+V_i(\boldsymbol{r}_i) \tag{1.4}$$

式(1.4)中 $\hat{H}_i$ 一般称为单粒子哈密顿量(Hamiltonian),在后面的叙述中,

读者可以进一步理解"单粒子"的含义。式(1.3) 可以改写为

$$\varphi_2(\boldsymbol{r}_2)\,\hat{H}_1\varphi_1(\boldsymbol{r}_1) + \varphi_1(\boldsymbol{r}_1)\,\hat{H}_2\varphi_2(\boldsymbol{r}_2) = E_t\varphi_1(\boldsymbol{r}_1)\varphi_2(\boldsymbol{r}_2) \qquad (1.5)$$

式(1.5) 两边同时除以 $\varphi_1(\boldsymbol{r}_1)\varphi_2(\boldsymbol{r}_2)$，可得

$$\frac{\hat{H}_1\varphi_1(\boldsymbol{r}_1)}{\varphi_1(\boldsymbol{r}_1)} + \frac{\hat{H}_2\varphi_2(\boldsymbol{r}_2)}{\varphi_2(\boldsymbol{r}_2)} = E_t \qquad (1.6)$$

式(1.6) 左边的第 i 项仅是 $\boldsymbol{r}_i$ 的函数，而所有项之和是一个常数，那么，每一项只能是常数。令式(1.6) 左边的第 i 项为常数 E_i，则

$$E_1 + E_2 = E_t \qquad (1.7)$$

以及

$$\begin{cases} \hat{H}_1\varphi_1(\boldsymbol{r}_1) = E_1\varphi_1(\boldsymbol{r}_1) \\ \hat{H}_2\varphi_2(\boldsymbol{r}_2) = E_2\varphi_2(\boldsymbol{r}_2) \end{cases} \qquad (1.8)$$

式(1.8) 表明，分离变量方法可以将多变量偏微分方程简化为单变量微分方程。上述方法可以推广至 N 个无相互作用粒子的情况，此时式(1.8) 为 N 个单变量微分方程。

假定 N 个无相互作用粒子的势场的形式完全一致，即

$$V_i(\boldsymbol{r}_i) = V(\boldsymbol{r}_i)$$

此时，式(1.8) 的 N 个方程在形式上完全相同，求得一个方程即可，从而将多体问题简化成一个粒子问题。式(1.8) 中每个方程能量本征值具有相同的能级结构，每个能级上的粒子占有数目由统计分布规律确定。为方便，可以略去式(1.8) 中的编号，则式(1.8) 中的单粒子薛定谔方程可表示为

$$\left[-\frac{\hbar^2}{2m}\nabla^2 + V(\boldsymbol{r}) \right]\varphi(\boldsymbol{r}) = E\varphi(\boldsymbol{r}) \qquad (1.9)$$

式(1.9) 中略去了坐标编号及能量本征值的编号，因为对所有粒子，单粒子薛定谔方程在形式上都是一样的。因此，称式(1.9) 为单粒子薛定谔方程。

式(1.9) 中 $-\dfrac{\hbar^2}{2m}\nabla^2 + V(\boldsymbol{r}) = \hat{H}$，$\hat{H}$ 是单粒子哈密顿量。假定 $\varphi(\boldsymbol{r})$ 是正交归一化的，式(1.9) 两边同时左乘 $\varphi(\boldsymbol{r})$ 的复共轭 $\varphi^*(\boldsymbol{r})$ 后，再进行全空间积分，可以得到单粒子能级的表达式为

$$E = \int \varphi^*(\boldsymbol{r})\,\hat{H}\varphi(\boldsymbol{r})\mathrm{d}\boldsymbol{r} \qquad (1.10)$$

式中，$\mathrm{d}\boldsymbol{r} = \mathrm{d}x\mathrm{d}y\mathrm{d}z$ 代表空间体积元。

以上分析表明，当多体薛定谔方程可以分离变量求解时，多体波函数就可以表达成若干个单粒子波函数的乘积，而且还可以得到 N 个在形式上一致的单粒子薛定谔方程，此时，求解一个单粒子方程即可。上述过程就是多体问题的单粒子化。

为了后面内容的表述方便，也为读者阅读其他文献时方便，下面介绍用狄拉克(Dirac)符号(见本章附录 1A)表述上述问题。量子力学中的一个态(如哈密顿算符的本征态)可以用狄拉克右矢 $|\rangle$ 表示，其复共轭用左矢 $\langle|$ 表示，即

$$\begin{cases} \varphi(\boldsymbol{r}) \to | \varphi \rangle \\ \varphi^*(\boldsymbol{r}) \to \langle \varphi | \end{cases} \qquad (1.11)$$

坐标表象中,两个态的标量积为

$$\langle \varphi_1(\boldsymbol{r}) | \varphi_2(\boldsymbol{r}) \rangle = \int \varphi_1^*(\boldsymbol{r}) \varphi_2(\boldsymbol{r}) \mathrm{d}\boldsymbol{r} \qquad (1.12)$$

$\langle \varphi_1(\boldsymbol{r}) | \varphi_2(\boldsymbol{r}) \rangle$ 也称态(波函数)的内积。

单电子薛定谔方程和单电子能量可以表示为

$$\begin{cases} \hat{H} | \varphi \rangle = E | \varphi \rangle \\ E = \langle \varphi | \hat{H} | \varphi \rangle \end{cases} \qquad (1.13)$$

式(1.13)中的薛定谔方程与式(1.9)是等价的,而单粒子能级与式(1.10)是等价的。

1.1.2 绝热近似

实际凝聚态物质中包含大量粒子(这里只考虑离子和价电子),它们之间存在复杂的相互作用,包括电子－电子、电子－离子及离子－离子间的相互作用。所以,体系的总哈密顿量包括:电子和离子的动能、电子－电子间的相互作用势场、电子－离子间的相互作用势场,以及离子－离子间的相互作用势场。为了叙述问题方便,假定由同一种元素组成的固体中每个原子只含有一个价电子(如碱金属晶体)。如图 1.1 所示,电子的坐标用 $\boldsymbol{r}_i(i=1,2,\cdots)$ 表示,离子坐标用 $\boldsymbol{R}_\alpha(\alpha=1,2,\cdots)$ 表示,离子质量用 M_α 表示,电子质量用 m_e 表示,那么体系总的哈密顿量 $\hat{H}_s$,可表示为

$$\begin{aligned} \hat{H}_s = &\sum_i -\frac{\hbar^2}{2m_e} \nabla_i^2 + \frac{1}{2} \sum_{i \neq j} \frac{e^2}{4\pi\varepsilon_0 | \boldsymbol{r}_i - \boldsymbol{r}_j |} - \sum_{i,\alpha} \frac{e^2}{4\pi\varepsilon_0 | \boldsymbol{r}_i - \boldsymbol{R}_\alpha |} + \\ &\sum_\alpha -\frac{\hbar^2}{2M_\alpha} \nabla_\alpha^2 + \frac{1}{2} \sum_{\alpha \neq \beta} \frac{e^2}{4\pi\varepsilon_0 | \boldsymbol{R}_\alpha - \boldsymbol{R}_\beta |} \end{aligned} \qquad (1.14)$$

式(1.14)中求和号外的 1/2 因子是因为求和中的每一项均重复了两次。

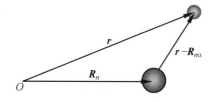

图 1.1 价电子和离子的坐标示意图

假定体系的总波函数为 $\psi_s = \psi_s(\boldsymbol{r}_1, \boldsymbol{r}_2, \cdots, \boldsymbol{r}_N, \boldsymbol{R}_1, \boldsymbol{R}_2, \cdots, \boldsymbol{R}_N)$,那么体系的薛定谔方程为

$$\hat{H}_s \psi_s = E_s \psi_s \qquad (1.15)$$

式中,E_s 为系统的总能量。

原则上,由于体系的总哈密顿算符表达式中含有 $\boldsymbol{r}_i$ 和 $\boldsymbol{R}_\alpha$ 的交叉项,不能分离变量求解。然而,仔细分析体系中价电子和离子的运动,会发现有以下特点:① 离子的质量远大于电子;② 电子的运动速度远大于离子;③ 在固体

中离子的运动幅度很小,而价电子的运动幅度很大。

　　当考察价电子的运动时,可以认为离子是静止的。此时,可以假定价电子运动和离子运动是可以分离的,一般称此近似为绝热近似或玻恩-奥本海默(Born-Oppenheimer)近似。正如 1.1.1 节中的讨论,多粒子体系的分离在数学上相当于方程(1.15)可以近似地利用分离变量方程求解,即令

$$\psi_S = \psi_e(\boldsymbol{r})\psi_I(\boldsymbol{R}) \tag{1.16}$$

式中,$\psi_e(\boldsymbol{r})$ 为价电子体系的波函数;$\boldsymbol{r}$ 代表 $\boldsymbol{r}_1,\boldsymbol{r}_2,\cdots,\boldsymbol{r}_i,\cdots$,即所有价电子的坐标的集合;$\psi_I(\boldsymbol{R})$ 为离子的波函数;$\boldsymbol{R}$ 代表 $\boldsymbol{R}_1,\boldsymbol{R}_2,\cdots,\boldsymbol{R}_\alpha,\cdots$,即所有离子的坐标的集合。

　　将式(1.14)和式(1.16)代入方程(1.15),则

$$\left[\sum_i -\frac{\hbar^2}{2m_e}\nabla_i^2 + V_{e\text{-}e} + V_{e\text{-}I}\right]\psi_e(\boldsymbol{r})\psi_I(\boldsymbol{R}) +$$

$$\left[\sum_\alpha -\frac{\hbar^2}{2M_\alpha}\nabla_\alpha^2 + V_{I\text{-}I}\right]\psi_e(\boldsymbol{r})\psi_I(\boldsymbol{R}) =$$

$$E_S\psi_e(\boldsymbol{r})\psi_I(\boldsymbol{R}) \tag{1.17}$$

式中,$V_{e\text{-}e}$、$V_{e\text{-}I}$ 和 $V_{I\text{-}I}$ 分别代表电子-电子、电子-离子和离子-离子间的相互作用势,其意义如下:

$$V_{e\text{-}e} = \frac{1}{2}\sum_{i\neq j}\frac{e^2}{4\pi\varepsilon_0|\boldsymbol{r}_i - \boldsymbol{r}_j|}$$

$$V_{e\text{-}I} = -\sum_{i,\alpha}\frac{e^2}{4\pi\varepsilon_0|\boldsymbol{r}_i - \boldsymbol{R}_\alpha|}$$

$$V_{I\text{-}I} = \frac{1}{2}\sum_{\alpha\neq\beta}\frac{e^2}{4\pi\varepsilon_0|\boldsymbol{R}_\alpha - \boldsymbol{R}_\beta|}$$

　　注意到式(1.17)等号左边第一项只含有对 $\boldsymbol{r}$ 的二次偏微分,而左边第二项中只含有对 $\boldsymbol{R}$ 的二次偏微分。式(1.17)两边同时除以 $\psi_e\psi_I$,可得

$$\frac{\hat{H}_e\psi_e(\boldsymbol{r}_t)}{\psi_e(\boldsymbol{r}_t)} + \frac{\hat{H}_I\psi_I(\boldsymbol{R}_t)}{\psi_I(\boldsymbol{R}_t)} = E_S \tag{1.18}$$

式中,$\hat{H}_e$ 和 $\hat{H}_I$ 分别代表电子体系和离子体系的哈密顿量,且有

$$\begin{cases} \hat{H}_e = \sum_i -\dfrac{\hbar^2}{2m_e}\nabla_i^2 + V_{e\text{-}e} + V_{e\text{-}I} \\ \hat{H}_I = \sum_\alpha -\dfrac{\hbar^2}{2M_\alpha}\nabla_\alpha^2 + V_{I\text{-}I} \end{cases} \tag{1.19}$$

　　在式(1.18)中,$\hat{H}_e$ 是 $\boldsymbol{r}$ 和 $\boldsymbol{R}$ 的函数。如果将价电子的运动和离子的运动一并考虑时,式(1.18)与式(1.17)相比,并没有给出新的有意义的结果。然而,当考察价电子体系时,由于价电子的运动速度远大于离子实的速度,可以认为离子是静止的。此时,可以认为式(1.18)等号左边第一项为常数(或仅仅是 $\boldsymbol{R}$ 的函数),则可以得到

$$\frac{\hat{H}_e\psi_e(\boldsymbol{r}_t)}{\psi_e(\boldsymbol{r}_t)} = E_e(\boldsymbol{R})$$

或改写成

$$\hat{H}_e\psi_e(\boldsymbol{r}) = E_e(\boldsymbol{R})\psi_e(\boldsymbol{r}) \tag{1.20}$$

式中，$E_e(\boldsymbol{R})$ 是 $\hat{H}_e$ 的本征值，即价电子体系的总能量。

式(1.20)也称为价电子体系的薛定谔方程。

结合式(1.18)和式(1.20)就可以得到

$$\hat{H}_I\psi_I(\boldsymbol{R}) = (E_s - E_e)\psi_I(\boldsymbol{R}) \tag{1.21}$$

式中，E_e 是 $\boldsymbol{R}$ 的函数。

式(1.21)为描述离子实体系的方程，也就是离子的运动方程。

总结一下，玻恩－奥本海默的绝热近似包含了以下基本内容：

① 在绝热近似下，当研究价电子体系的运动规律时，可以视离子实是静止的；而研究离子实体系时，价电子可以视为平均背景，体现在式(1.21)中，就是 $E_e(\boldsymbol{R})$ 这一项。

② 价电子和离子运动的分离在数学上就是体系的总波函数可以表述成电子波函数和离子波函数的乘积，即体系的总薛定谔方程[式(1.15)]可以利用分离变量求解。因此，可以分别得到描述电子运动和离子运动的微分方程。

③ 电子系统的能量是离子坐标(位置)的函数，也就是说，电子体系的能量是晶体结构的函数，当然也是离子种类的函数。只是在研究电子运动时，将固体的成分和结构作为常数来处理。

实践证明，绝热近似是一种相当好的近似，为人们理解固体物理性质奠定了坚实的基础。本章主要介绍晶体价电子的能带结构，所以只需研究式(1.20)的求解和计算方法即可。有关绝热近似精度的具体分析请参考本章参考文献。

1.1.3 单电子近似

由于电子体系的哈密顿量 $\hat{H}_e$ 中或电子体系薛定谔方程[式(1.20)]中，含有 $\boldsymbol{r}_i$ 与 $\boldsymbol{r}_j (i,j=1,2,\cdots)$ 之间的交叉项，加之变量的数目非常大，式(1.20)实际上是不可求解的。寻求方程的近似求解的理论方法变成了固体物理最重要的组成部分。目前，处理固体电子结构的近似处理途径有以下两种：① 对势场进行适当的近似处理，用不含电子坐标 $(\boldsymbol{r}_i,\boldsymbol{r}_j)$ 交叉项的势场近似替代真实的电子势场，进而利用数学上的分离变量方法求解，这就是本节要介绍的单电子近似。② 假定电子体系总波函数可以表达成单电子波函数的乘积(即在波函数表达上承认分离变量是合理的 —— 事先将波函数单电子化)，而后代入电子体系薛定谔方程式(1.20)进行求解，进而获得电子波函数和能量。

由1.1.1节可知，对于一个由 N 个粒子组成的体系，只要薛定谔方程中不含有粒子坐标间的交叉项，那么体系的波函数就可以表达成单电子波函数的乘积。此时，根据分离变量方法，可以得到 N 个形式上完全相同的方程，而每个方程只与该粒子的坐标有关，即式(1.9)所示的单粒子方程。下面分析多粒子体系的单粒子化的基本思想。

单电子近似认为，电子－电子间的相互作用势与电子－离子实间的相互

作用势之和可以近似地表达成单粒子势场的和,即

$$\sum_i V(\boldsymbol{r}_i) = \frac{1}{2} \sum_{i \neq j} \frac{e^2}{4\pi\varepsilon_0 |\boldsymbol{r}_i - \boldsymbol{r}_j|} - \sum_{i,a} \frac{Z_e e^2}{4\pi\varepsilon_0 |\boldsymbol{r}_i - \boldsymbol{R}_a|} \tag{1.22}$$

式中,Z_e 为离子实的有效电荷数。

如果能够找到不包含不同电子间坐标交叉项的等效势场,电子体系的哈密顿量可以写为

$$\hat{H}_e = \sum_i \left[-\frac{\hbar^2}{2m_e} \nabla_i^2 + V(\boldsymbol{r}_i) \right] = \sum_i \hat{H}_i \tag{1.23}$$

式中,$\hat{H}_i$ 为单粒子哈密顿量。

利用分离变量法,假定电子体系的总波函数为

$$\psi_e = \varphi_1(\boldsymbol{r}_1) \varphi_2(\boldsymbol{r}_2) \cdots \varphi_N(\boldsymbol{r}_N) = \prod_i \varphi_i(\boldsymbol{r}_i) \tag{1.24}$$

将式(1.23)和式(1.24)代入电子体系薛定谔方程,有

$$\left(\sum_i \hat{H}_i \right) \left[\prod_i \varphi_i(\boldsymbol{r}_i) \right] = E_e \prod_i \varphi_i(\boldsymbol{r}_i) \tag{1.25}$$

式(1.25)两边同时除以 $\prod_i \varphi_i(\boldsymbol{r}_i)$,可得

$$\frac{\hat{H}_1 \varphi_1(\boldsymbol{r}_1)}{\varphi_1(\boldsymbol{r}_1)} + \frac{\hat{H}_2 \varphi_2(\boldsymbol{r}_2)}{\varphi_2(\boldsymbol{r}_2)} + \cdots = E_e$$

等式等号左边第 i 项仅是 $\boldsymbol{r}_i$ 的函数,而等号左边所有项的总和为常数,所以等式等号左边每一项都是常数(E_i),这样可以得到 N_e(价电子数)个形式上完全一样的方程,即

$$\hat{H}_i \varphi_i(\boldsymbol{r}_i) = E_i \varphi_i(\boldsymbol{r}_i) \quad (i = 1, 2, \cdots, N_e) \tag{1.26}$$

式(1.26)对每个电子的解在形式上完全一致,差别仅仅在于坐标的编号,略去式(1.26)的编号可得

$$\hat{H}\varphi(\boldsymbol{r}) = \left[-\frac{\hbar^2}{2m_e} \nabla^2 + V(\boldsymbol{r}) \right] \varphi(\boldsymbol{r}) = E\varphi(\boldsymbol{r}) \tag{1.27}$$

式(1.27)常常被称为单电子薛定谔方程;$V(\boldsymbol{r})$ 称为单电子有效势场,而且具有如下的周期性质:

$$V(\boldsymbol{r}) = V(\boldsymbol{r} + \boldsymbol{R}_m) \tag{1.28}$$

式中,$\boldsymbol{R}_m$ 为平移矢量,将晶体平移 $\boldsymbol{R}_m$ 后与原来晶体完全重复,即

$$\boldsymbol{R}_m = m_1 \boldsymbol{a}_1 + m_2 \boldsymbol{a}_2 + m_3 \boldsymbol{a}_3$$

式中,m_1、m_2 和 m_3 为整数;$\boldsymbol{a}_1$、$\boldsymbol{a}_2$ 和 $\boldsymbol{a}_3$ 为单胞的基本矢量。

1.2　布洛赫定理及能带的基本性质

平移周期性是晶体结构的重要属性,单电子波函数自然要受到晶体的周期性的制约。图 1.2 所示为晶体中相距 $\boldsymbol{R}_m$ 的两个单胞 A 和 B 的示意图。晶体的平移周期性意味着,单胞 A 中点 A_1 和单胞 B 中点 B_1 处的电子浓度相等,一定有

$$|\varphi(A_1)|^2 = |\varphi(B_1)|^2$$

即

$$|\varphi(\boldsymbol{r})|^2 = |\varphi(\boldsymbol{r}+\boldsymbol{R}_m)|^2 \tag{1.29}$$

式(1.29)表明电子波函数的模平方必须是平移矢量的周期函数。

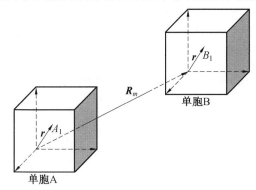

图 1.2　晶体中相距 $\boldsymbol{R}_m$ 的两个单胞 A 和 B 的示意图

1.2.1　布洛赫定理

布洛赫(Bloch)证明了下述定理,若晶体中价电子满足单电子近似,则单电子波函数可以表示为

$$\begin{cases}\varphi_k(\boldsymbol{r}) = u_k(\boldsymbol{r})\mathrm{e}^{\mathrm{i}\boldsymbol{k}\cdot\boldsymbol{r}} \\ u_k(\boldsymbol{r}) = u_k(\boldsymbol{r}+\boldsymbol{R}_m)\end{cases} \tag{1.30}$$

式中,下角标"$\boldsymbol{k}$"表示单电子波函数是 $\boldsymbol{k}$ 的函数。

很显然式(1.30)满足

$$|\varphi_k(\boldsymbol{r})|^2 = |u_k(\boldsymbol{r})|^2 = |u_k(\boldsymbol{r}+\boldsymbol{R}_m)|^2 = |\varphi_k(\boldsymbol{r}+\boldsymbol{R}_m)|^2$$

式(1.30)常被称为布洛赫波函数,所描述的价电子为布洛赫电子。

关于布洛赫定理的证明请参考本章附录 1B,此处不予讨论,这里讨论布洛赫波函数中 $\boldsymbol{k}$ 的物理意义。先来考察自由电子的波函数,即

$$\varphi_k(\boldsymbol{r}) = \frac{1}{\sqrt{\Omega}}\mathrm{e}^{\mathrm{i}\boldsymbol{k}\cdot\boldsymbol{r}} \tag{1.31}$$

式中,Ω 为晶体的体积;$1/\sqrt{\Omega}$ 是归一化常数。

很明显,式(1.31)所示的自由电子波函数也是动量算符($\hat{P} = -\mathrm{i}\hbar\nabla$)的本征函数。电子的动量为

$$\boldsymbol{P} = \hbar\boldsymbol{k} \tag{1.32}$$

也就是说,对于自由电子而言,$\boldsymbol{k}$ 是电子波的波矢,$\hbar\boldsymbol{k}$ 具有明确的物理意义。然而,式(1.30)所示的布洛赫波函数在一般情况下不是动量算符的本征函数,所以,布洛赫波函数中 $\boldsymbol{k}$ 的物理意义并不像自由电子波函数那样明了。$\hbar\boldsymbol{k}$ 可以称为布洛赫电子的准动量。在外场作用下,布洛赫电子的运动规律与具有动量为 $\hbar\boldsymbol{k}$ 的电子相似。例如,当布洛赫电子受到力 $\boldsymbol{f}$ 的作用时,其动量的改变为

$$\delta(\hbar\boldsymbol{k}) = \boldsymbol{f}\tau \tag{1.33}$$

式中,τ 为弛豫时间。

式(1.33)可以看作是牛顿(Newton)定律的拓展应用,这种方法一般称

为准经典近似。尽管如此,应当强调指出 $\hbar k$ 不是布洛赫电子的真实动量。

波矢 k 是标识在晶体周期势场中运动的价电子的一个量子数,用布洛赫函数描述的电子一般称为布洛赫电子。

1.2.2   晶体的能带

在绝热近似和单电子近似下,布洛赫定理决定了晶体价电子的能级能带结构。本节从布洛赫定理出发介绍晶体能带的一些基本特点。将式(1.30)所示的布洛赫波函数代入单电子薛定谔方程式(1.27),可得

$$\left[-\frac{\hbar^2}{2m_e}(\nabla+\mathrm{i}k)^2+V(r)\right]u_{n,k}(r)=E_n(k)u_{n,k}(r) \tag{1.34}$$

式中,$E_n(k)$ 是单粒子能级或称单粒子哈密顿量的本征值;n 是能带的编号。如果令

$$\hat{H}'=-\frac{\hbar^2}{2m_e}(\nabla+\mathrm{i}k)^2+V(r) \tag{1.35}$$

则式(1.34)可以理解为是 $\hat{H}'$ 的本征方程,单电子能级 $E_n(k)$ 可以看作是 $\hat{H}'$ 的本征值,而 $u_{n,k}(r)$ 是 $\hat{H}'$ 的本征函数。与单电子薛定谔方程不同的是,式(1.35)中的 $\hat{H}'$ 是 k 的函数,这一特性决定了其本征值 $E_n(k)$ 的特点。根据式(1.34),每给定一个 k 值,就会得到一组分立的能量本征值:$E_1(k)$,$E_2(k)$,…。图 1.3 所示为一维情况下的能带示意图,给定一个 k 时,由方程(1.34)给出的一组不同本征值,这样就形成了能带结构。

结合布洛赫定理和式(1.31)容易证明晶体的能带在 k 空间具有以下两个基本的几何性质,即

$$\begin{cases}E_n(k)=E_n(-k)\\E_n(k)=E_n(k+G)\end{cases} \tag{1.36}$$

式中,G 为倒格矢,且

$$G=Hb_1+Kb_2+Lb_3$$

式中,H、K 和 L 为整数;b_1、b_2 和 b_3 为倒格子基本矢量,其与正格子基本矢量(a_1、a_2 和 a_3)的关系是

$$b_1=2\pi\frac{a_2\times a_3}{V_C},\quad b_2=2\pi\frac{a_3\times a_1}{V_C},\quad b_3=2\pi\frac{a_1\times a_2}{V_C}$$

式中,V_C 为正空间单胞体积。

式(1.36)表明晶体能带在 k 空间具有反演对称性和周期性(周期为倒格矢),所以,有时只需要在一个布里渊区内画出能带。由于晶体结构和电子势场的复杂性,实际晶体的能带结构比图 1.3 要复杂得多。

下面结合布洛赫定理和式(1.34)证明式(1.36)所示的能带的基本性质[3]。首先证明能带的反演对称性,即 $E_n(k)=E_n(-k)$。对式(1.34)两边取复共轭,即

$$\left[-\frac{\hbar^2}{2m_e}(\nabla-\mathrm{i}k)^2+V(r)\right]u_{n,k}^*(r)=E_n^*(k)u_{n,k}^*(r)$$

式中,上标 * 表示复共轭。在上式中,利用 $-k$ 代替 k,可得

$$\left[-\frac{\hbar^2}{2m_e}(\nabla+\mathrm{i}\boldsymbol{k})^2+V(\boldsymbol{r})\right]u_{n,-\boldsymbol{k}}^*(\boldsymbol{r})=E_n^*(-\boldsymbol{k})u_{n,\ \boldsymbol{k}}^*(\boldsymbol{r}) \tag{1.37}$$

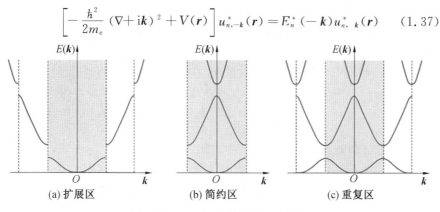

(a) 扩展区　　　　　　(b) 简约区　　　　　　(c) 重复区

图 1.3　一维情况下的能带示意图

比较式(1.37)和式(1.34)，可以发现 $E_n^*(\boldsymbol{k})$ 和 $E_n^*(-\boldsymbol{k})$ 都是式(1.35)所示 $\hat{H}'$ 的本征函数，因为能量一定是实数，所以必然有

$$E_n(-\boldsymbol{k})=E_n(\boldsymbol{k})$$

接下来证明能带的周期性，即 $E_n(\boldsymbol{k})=E_n(\boldsymbol{k}+\boldsymbol{G})$。

$$\varphi_{\boldsymbol{k}+\boldsymbol{G}}(\boldsymbol{r})=u_{\boldsymbol{k}+\boldsymbol{G}}(\boldsymbol{r})\mathrm{e}^{\mathrm{i}(\boldsymbol{k}+\boldsymbol{G})\cdot\boldsymbol{r}}=\mathrm{e}^{\mathrm{i}\boldsymbol{k}\cdot\boldsymbol{r}}\left[u_{\boldsymbol{k}+\boldsymbol{G}}(\boldsymbol{r})\mathrm{e}^{\mathrm{i}\boldsymbol{G}\cdot\boldsymbol{r}}\right]=v(\boldsymbol{r})\mathrm{e}^{\mathrm{i}(\boldsymbol{k}+\boldsymbol{G})\cdot\boldsymbol{r}}$$

式中，$v(\boldsymbol{r})=u_{\boldsymbol{k}+\boldsymbol{G}}(\boldsymbol{r})\mathrm{e}^{\mathrm{i}\boldsymbol{G}\cdot\boldsymbol{r}}$。由于 $\boldsymbol{G}\cdot\boldsymbol{R}_m$ 为 2π 的整数倍，可以证明

$$v(\boldsymbol{r}+\boldsymbol{R}_m)=v(\boldsymbol{r}) \tag{1.38}$$

即，$\varphi_{\boldsymbol{k}+\boldsymbol{G}}(\boldsymbol{r})=v(\boldsymbol{r})\mathrm{e}^{\mathrm{i}\boldsymbol{k}\cdot\boldsymbol{r}}$ 也满足布洛赫定理，将其代入单电子薛定谔方程，可得

$$\left[-\frac{\hbar^2}{2m_e}(\nabla+i\boldsymbol{k})^2+V(\boldsymbol{r})\right]v(\boldsymbol{r})=E_n(\boldsymbol{k}+\boldsymbol{G})v(\boldsymbol{r}) \tag{1.39}$$

将式(1.39)与式(1.34)比较，可以发现 $E_n(\boldsymbol{k})$ 和 $E_n(\boldsymbol{k}+\boldsymbol{G})$ 是同一算符的本征值，所以必然有

$$E_n(\boldsymbol{k})=E_n(\boldsymbol{k}+\boldsymbol{G})$$

1.2.3　电子态密度

首先来分析布洛赫波矢 $\boldsymbol{k}$ 的取值。在固体理论中为了克服无穷大固体的困难，一般采用玻恩－冯卡门(Born-von Kaman)周期性边界条件，假想所研究的晶体周围有无穷多个与研究晶体完全相同、电子运动状态分布完全相同的晶体。假设晶体的尺寸 $\boldsymbol{a}_1$ 方向的元胞数为 N_1，$\boldsymbol{a}_2$ 方向的元胞数为 N_2，$\boldsymbol{a}_3$ 方向的元胞数为 N_3，总单胞数为 $N=N_1\times N_2\times N_3$。按周期性边界条件，有

$$\begin{aligned}\varphi_{\boldsymbol{k}}(\boldsymbol{r})&=\varphi_{\boldsymbol{k}}(\boldsymbol{r}+N_1\boldsymbol{a}_1)\\&=\varphi_{\boldsymbol{k}}(\boldsymbol{r}+N_2\boldsymbol{a}_2)\\&=\varphi_{\boldsymbol{k}}(\boldsymbol{r}+N_3\boldsymbol{a}_3)\end{aligned} \tag{1.40}$$

利用布洛赫定理和式(1.40)易于证明，$\boldsymbol{k}$ 的取值由下式确定，即

$$\boldsymbol{k}=\frac{l_1}{N_1}\boldsymbol{b}_1+\frac{l_2}{N_2}\boldsymbol{b}_2+\frac{l_3}{N_3}\boldsymbol{b}_3 \tag{1.41}$$

式中，l_1、l_2 和 l_3 为整数。

　　因为 $N_i(i=1,2,3)$ 是宏观量,所以两个相邻 k 的差别非常小,即 k 的取值是准连续的。由于 k 的准连续性,单电子能量(除能隙附近以外)也是准连续的,因此,在许多场合下获得电子的态密度非常重要。若电子的态密度用 $g(E)$ 表示,则 $g(E)\mathrm{d}E$ 表示 $E \sim (E+\mathrm{d}E)$ 区间内电子的状态数。

　　式(1.41)表明,k 的取值在 k 空间是均匀的,每个 k 点所占的体积为

$$V_k = \frac{\boldsymbol{b}_1}{N_1} \cdot \left(\frac{\boldsymbol{b}_2}{N_2} \times \frac{\boldsymbol{b}_3}{N_3}\right) = \frac{\boldsymbol{b}_1 \cdot (\boldsymbol{b}_2 \times \boldsymbol{b}_3)}{N} = \frac{8\pi^3}{V} \tag{1.42}$$

式中,V_k 为每个 k 点在 k 空间所占的体积;V 为晶体体积。

　　如图 1.4 所示,在相差 $\mathrm{d}E$ 的两个等能面之间取一小体积元 $\mathrm{d}\tau_k$,该体积元中所包含的 k 点数为 $\mathrm{d}\tau_k/V_k$,则 $E \sim (E+\mathrm{d}E)$ 球壳内的 k 点数 $\mathrm{d}Z$ 为

$$\mathrm{d}Z = \int_{s_E} \frac{\mathrm{d}\tau_k}{V_k} = \frac{V}{8\pi^3} \int_{s_E} \mathrm{d}\tau_k \tag{1.43}$$

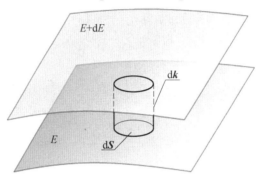

图 1.4　复杂等能面示意图

　　式(1.43)积分在等能面 S_E 上进行。如果等能面上的面元矢量为 $\mathrm{d}\boldsymbol{S}_E$,两个等能面的法向方向增量为 $\mathrm{d}\boldsymbol{k}_n$,则有

$$\mathrm{d}\tau_k = \mathrm{d}\boldsymbol{S}_E \cdot \mathrm{d}\boldsymbol{k}_n$$

根据梯度的定义,可得

$$\mathrm{d}E = |\nabla_k E| \, \mathrm{d}\boldsymbol{k}_n$$

当 $\mathrm{d}E$ 趋于 0 时,$\mathrm{d}\boldsymbol{S}_E$、$\mathrm{d}\boldsymbol{k}_n$ 和 $\nabla_k E$ 相互平行,则有

$$\mathrm{d}Z = \left(\frac{V}{8\pi^3} \int_{s_E} \frac{\mathrm{d}\boldsymbol{S}_E}{|\nabla_k E|}\right) \mathrm{d}E \tag{1.44}$$

考虑到一个空间态包含了自旋相反两个电子态,所以有

$$g(E)\mathrm{d}E = 2\mathrm{d}Z = \left(\frac{V}{4\pi^3} \int_{s_E} \frac{\mathrm{d}\boldsymbol{S}_E}{|\nabla_k E|}\right) \mathrm{d}E$$

则电子的态密度的一般表达式为

$$g(E) = \frac{V}{4\pi^3} \int_{s_E} \frac{\mathrm{d}\boldsymbol{S}_E}{|\nabla_k E|} \tag{1.45}$$

1.3 紧束缚近似

在绝热近似和单电子近似下,布洛赫定理决定了能带是晶体的内禀属性。基于单电子近似,可以获得形式上简单的单电子薛定谔方程。然而,能带计算仍然存在许多困难,这些困难主要来源于以下两个方面:① 获得单电子有效势场非常困难;② 即便可以找到单电子有效势场,也非常复杂。鉴于能带结构的重要性,人们提出了多种能带计算的近似方法。本节主要介绍紧束缚近似[5-9]。

如果晶体中离子的势场很强,以至于当价电子在某个离子附近运动时,仿佛被该离子俘获一样,其状态可用该离子的原子波函数描述。紧束缚近似认为,价电子波函数可表示成原子波函数的线性组合。紧束缚近似避免了利用复杂的薛定谔方程求解波函数,而是将原子波函数的线性组合作为单电子波函数,然后,利用单电子薛定谔方程计算电子的能量。

为获得清晰的物理图像,本节以简单单质晶体的 s 带的情况对紧束缚近似的基本思想和方法进行介绍。更为详细的分析请参阅本章参考文献。

由于单电子波函数必须满足布洛赫定理,结合紧束缚近似,将单电子的波函数表示为

$$\varphi(\boldsymbol{r}) = e^{i\boldsymbol{k}\cdot\boldsymbol{r}}\left[\frac{1}{\sqrt{N}}\sum_{m=1}^{N}e^{-i\boldsymbol{k}\cdot(\boldsymbol{r}-\boldsymbol{R}_m)}\chi_l(\boldsymbol{r}-\boldsymbol{R}_m)\right] =$$

$$\frac{1}{\sqrt{N}}\sum_{m=1}^{N}e^{i\boldsymbol{k}\cdot\boldsymbol{R}_m}\chi_l(\boldsymbol{r}-\boldsymbol{R}_m) \tag{1.46}$$

式中,$\frac{1}{\sqrt{N}}$ 为归一化常数;$\chi_l(\boldsymbol{r}-\boldsymbol{R}_m)$ 为原子波函数,下角标 l 表示 s,p,d,… 电子的原子波函数。

式(1.46)所示的波函数满足布洛赫定理。

下面讨论如何简化单电子薛定谔方程,以便可以方便地利用原子波函数的线性组合计算晶体的能带。电子在晶体中的周期势场主要由原子的势场组成,电子以较大概率在原子周围运动,当电子接近第 n 个原子(位置矢量为 $\boldsymbol{R}_n$)附近时,该电子所受势场主要是第 n 个原子的原子势场。

现在只考虑最近邻相互作用的简单情况。将单电子薛定谔方程改写为

$$\left[-\frac{\hbar^2}{2m}\nabla^2 + V_a(\boldsymbol{r}-\boldsymbol{R}_n) + V(\boldsymbol{r}) - V_a(\boldsymbol{r}-\boldsymbol{R}_n)\right]\varphi(\boldsymbol{r}) = E\varphi(\boldsymbol{r}) \tag{1.47}$$

式中,$V(\boldsymbol{r})$ 为单电子等效单粒子势场,是晶体平移矢量的周期势场;$V_a(\boldsymbol{r}-\boldsymbol{R}_n)$ 为电子在第 n 个原子附近的原子中的势场。

式(1.47)可以写为

$$\left[\hat{H}_a + \Delta V(\boldsymbol{r})\right]\varphi(\boldsymbol{r}) = E\varphi(\boldsymbol{r}) \tag{1.48}$$

式中,$\hat{H}_a = -\frac{\hbar^2}{2m_e}\nabla^2 + V_a(\boldsymbol{r}-\boldsymbol{R}_n)$ 为原子哈密顿量;$\Delta V = V(\boldsymbol{r}) - V_a(\boldsymbol{r}-\boldsymbol{R}_n)$。

因为 $\chi_l(\boldsymbol{r}-\boldsymbol{R}_m)$ 是原子波函数,所以有

$$\left[-\frac{\hbar^2}{2m_e}\nabla^2+V_a(\boldsymbol{r}-\boldsymbol{R}_n)\right]\chi_l(\boldsymbol{r}-\boldsymbol{R}_n)=E_i^a\chi_l(\boldsymbol{r}-\boldsymbol{R}_n) \tag{1.49}$$

式中,E_i^a 为原子能级。

下面以 N_a 个原子组成的元素晶体的 s 带为例,介绍紧束缚近似计算能带的过程。单电子薛定谔方程为

$$(\hat{H}_a+\Delta V)\sum_m e^{i\boldsymbol{k}\cdot\boldsymbol{R}_m}\chi_s(\boldsymbol{r}-\boldsymbol{R}_m)=E_s(\boldsymbol{k})\sum_m e^{i\boldsymbol{k}\cdot\boldsymbol{R}_m}\chi_s(\boldsymbol{r}-\boldsymbol{R}_m) \tag{1.50}$$

式中,$E_s(\boldsymbol{k})$ 为 s 带的能量。则有

$$\hat{H}_a\chi_s(\boldsymbol{r}-\boldsymbol{R}_n)=E_s^a\chi_s(\boldsymbol{r}-\boldsymbol{R}_n) \tag{1.51}$$

式中,E_s^a 为原子的 s 电子能级;$\chi_s(\boldsymbol{r}-\boldsymbol{R}_n)$ 为 s 电子的原子波函数。

将式(1.51)代入式(1.50),然后两边左乘 $\chi_s^*(\boldsymbol{r}-\boldsymbol{R}_n)$ 并在整个空间积分,假定 $\chi_s(\boldsymbol{r}-\boldsymbol{R}_m)$ 是正交归一化的,则

$$(E_s-E_s^a)\sum_m e^{i\boldsymbol{k}\cdot\boldsymbol{R}_m}\int_V\chi_s^*(\boldsymbol{r}-\boldsymbol{R}_m)\chi_s(\boldsymbol{r}-\boldsymbol{R}_n)\mathrm{d}\boldsymbol{r}=$$

$$e^{i\boldsymbol{k}\cdot\boldsymbol{R}_n}\int_V\chi_s^*(\boldsymbol{r}-\boldsymbol{R}_n)\Delta V\chi_s(\boldsymbol{r}-\boldsymbol{R}_n)\mathrm{d}\boldsymbol{r}+$$

$$\sum_{m\neq n}e^{i\boldsymbol{k}\cdot\boldsymbol{R}_m}\int_V\chi_s^*(\boldsymbol{r}-\boldsymbol{R}_n)\Delta V\chi_s(\boldsymbol{r}-\boldsymbol{R}_m)\mathrm{d}\boldsymbol{r} \tag{1.52}$$

为方便起见,以 $\boldsymbol{R}_n$ 处原子为原点,令 $\boldsymbol{R}_n=0$。式(1.52)简化为

$$E_s(\boldsymbol{k})=E_s^a-\frac{\beta+\sum_{m\neq 0}e^{i\boldsymbol{k}\cdot\boldsymbol{R}_m}\gamma(\boldsymbol{R}_m)}{1+\sum_{m\neq 0}e^{i\boldsymbol{k}\cdot\boldsymbol{R}_m}\alpha(\boldsymbol{R}_m)} \tag{1.53}$$

式中

$$\begin{cases}\alpha(\boldsymbol{R}_m)=\displaystyle\int_V\chi_s^*(\boldsymbol{r}-\boldsymbol{R}_m)\chi_s(\boldsymbol{r})\mathrm{d}\boldsymbol{r}\\[2mm]\beta=-\displaystyle\int_V\chi_s^*(\boldsymbol{r})\Delta V\chi_s(\boldsymbol{r})\mathrm{d}\boldsymbol{r}\\[2mm]\gamma(\boldsymbol{R}_m)=-\displaystyle\int_V\chi_s^*(\boldsymbol{r})\Delta V\chi_s(\boldsymbol{r}-\boldsymbol{R}_m)\mathrm{d}\boldsymbol{r}\end{cases}$$

式中,$\alpha(\boldsymbol{R}_m)$ 称为重叠积分。

如果波函数重叠很少,则 $\alpha(\boldsymbol{R}_m)$ 接近 0,式(1.53)中分母接近 1,则有

$$E_s(\boldsymbol{k})=E_s^a-\beta-\sum_{m\neq 0}e^{i\boldsymbol{k}\cdot\boldsymbol{R}_m}\gamma(\boldsymbol{R}_m) \tag{1.54}$$

在原子波函数重叠很少的情况下,式(1.54)的求和可仅限于在最近邻原子间进行。式(1.54)表明,当原子相互靠近时,孤立原子的 s 能级,劈裂成 N_a(原子数)个能级,形成能带。

作为最简单的例子,考虑单质简单立方晶体的 s 带。原点处原子的 6 个最近邻原子分别为 $(\pm a,0,0)$、$(0,\pm a,0)$ 和 $(0,0,\pm a)$,由式(1.54)可得

$$E_s(\boldsymbol{k})=E_s^a-\beta-2\gamma(\cos k_x a+\cos k_y a+\cos k_z a) \tag{1.55}$$

式(1.55)的极小值和极大值分别位于 $k=(0,0,0)$ 及 $k=(\pi/a,\pi/a,\pi/a)$,可见 s 带的宽度为 12γ。在[100]轴上,能带的宽度是 4γ,如图 1.5(a)所示

[图 1.5(a) 中的能量零点选为能带的极小值]。如果 $ka \ll 1$，则

$$E_s(\boldsymbol{k}) = E_s^a - \beta - 6\gamma + \gamma k^2 a^2 \tag{1.56}$$

式(1.56)表明，在布里渊区中心，电子的行为与自由电子接近，等能面接近球面，如图 1.5(b)所示。

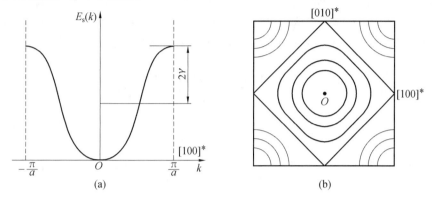

图 1.5　简单立方 $[100]^*$ 方向能带(a)和 $[100]^* - [010]^*$ 平面等能线(b)

（上角标"*"表示倒格子，简单立方倒格子方向与正格子方向一致）

上面简要分析了简单立方 s 带的情况。紧束缚近似可以推广到更为一般的情况[5]。对于单质晶体而言，当原子相互靠近形成晶体时，N_a 个重叠的相同能级劈裂成 N_a 个能级（每个能级可以被两个自旋相反的电子占据，因此是 $2N_a$ 个量子态）。如图 1.6 所示，E_l^a（l 指 s，p，d，…）是孤立原子能级（为了叙述简单，假定这些能级都是退简并的），当原子之间的距离逐渐减小时，原来相互重叠的能级劈裂成 N_a 个能级。有时，称这些能带为 s 带、p 带、d 带等。

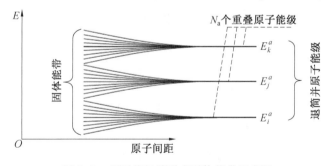

图 1.6　原子能级劈裂成固体能带示意图

应当指出，当能带是由不同原子能级形成时，紧束缚近似需要做适当的修正，此时，式(1.46)中的原子波函数应当修正为一组局域化原子轨道波函数的线性组合（Linear Combination of Atomic Orbits，LCAO），如式(1.57)所示：

$$\varphi(\boldsymbol{r}) = \frac{1}{\sqrt{N}} \sum_{m=1}^{N} e^{i\boldsymbol{k} \cdot \boldsymbol{R}_m} \varphi_c(\boldsymbol{r} - \boldsymbol{R}_m) \tag{1.57}$$

式中

$$\varphi_{\rm c}(\boldsymbol{r}) = \sum_l \beta_l \varphi_l(\boldsymbol{r})$$

式中,β_l 为待定常数;$\varphi_l(\boldsymbol{r})$ 为一组局域化的原子波函数。

还应该指出,紧束缚近似中的最大困难是,利用紧束缚近似计算能带时,必须已知单电子有效单粒子势场 $V(\boldsymbol{r})$ 的具体形式。即便是对简单晶体,获得 $V(\boldsymbol{r})$ 的具体形式也是极为困难的。密度泛函理论出现以后,人们可以在紧束缚近似的基础上,在无须获得 $V(\boldsymbol{r})$ 具体形式的情况下进行能带的计算。

1.4　正交化平面波方法

由前面分析可知,晶体中的单电子势场是以晶格矢量为平移周期的周期函数,同时布洛赫函数中也包含了相似的周期函数,它们都可以向平面波做傅里叶(Fourier)展开。平面波方法正是在这样的基础上提出的。为了理解方便,本节从自由电子的波函数出发,给出平面波和正交化平面波方法计算能带的基本思想[7-9]。

1.4.1　自由电子波函数和能量

假定一个自由电子在体积为 Ω 的箱内运动,为了便于对波函数和势场进行傅里叶展开,将自由电子的单电子薛定谔方程用狄拉克符号表述为

$$\left(-\frac{\hbar^2}{2m_{\rm e}}\nabla^2\right)\mid \boldsymbol{k}+\boldsymbol{G}_m\rangle = E_{k+m}^{\rm e}(\boldsymbol{k})\mid \boldsymbol{k}+\boldsymbol{G}_m\rangle \tag{1.58}$$

式中

$$\begin{cases} \mid \boldsymbol{k}+\boldsymbol{G}_m\rangle = \dfrac{1}{\sqrt{\Omega}}{\rm e}^{{\rm i}(\boldsymbol{k}+\boldsymbol{G}_m)\cdot\boldsymbol{r}} \\[3mm] E_{k+m}^{\rm e} = \dfrac{\hbar^2\,(\boldsymbol{k}+\boldsymbol{G}_m)^2}{2m_{\rm e}} \end{cases} \tag{1.59}$$

式中,$\boldsymbol{G}_m = m_1\boldsymbol{b}_1 + m_2\boldsymbol{b}_2 + m_3\boldsymbol{b}_3$ 为倒格矢;$\boldsymbol{b}_1$、$\boldsymbol{b}_2$ 和 $\boldsymbol{b}_3$ 为倒格子基本矢量;m_1、m_2 和 m_3 为整数。

本征态的正交归一化条件为

$$\langle \boldsymbol{k}+\boldsymbol{G}_m \mid \boldsymbol{k}+\boldsymbol{G}_n\rangle = \delta_{mn} = \begin{cases} 1 & (m=n) \\ 0 & (m\neq n) \end{cases} \tag{1.60}$$

$\mid \boldsymbol{k}+\boldsymbol{G}_m\rangle = \Omega^{-1/2}{\rm e}^{{\rm i}\boldsymbol{r}\cdot(\boldsymbol{k}+\boldsymbol{G}_m)}$ 构成一组正交完备函数组。

1.4.2　平面波方法

平面波方法的物理思想很简单,依据是周期函数可以严格进行傅里叶展开。平面波方法的核心内容是:首先将单电子布洛赫函数中的周期性函数部分做平面波(自由电子波函数)展开;然后将周期势场也用平面波展开;最后代入单电子薛定谔方程求解。

根据布洛赫定理,单电子波函数为

$$\varphi_k(\boldsymbol{r}) = u_k(\boldsymbol{r}){\rm e}^{{\rm i}\boldsymbol{k}\cdot\boldsymbol{r}}$$

式中,$u_k(\boldsymbol{r})$ 为周期函数,故可以展开为如下形式的傅里叶级数,即

$$u_k(\boldsymbol{r}) = \frac{1}{\sqrt{\Omega}} \sum_m C(\boldsymbol{G}_m)\, e^{iG_m \cdot r} \qquad (1.61)$$

式中，$C(\boldsymbol{G}_m)$ 为傅里叶级数的展开系数。

单电子波函数（布洛赫函数）可写为

$$\varphi_k(\boldsymbol{r}) = u_k(\boldsymbol{r}) e^{ik \cdot r} = \frac{1}{\sqrt{\Omega}} \sum_m C(\boldsymbol{G}_m)\, e^{i(k+G_m) \cdot r} \qquad (1.62)$$

单电子势场也是周期函数，也可进行傅里叶展开，即

$$V(\boldsymbol{r}) = \sum_n V(\boldsymbol{G}_n)\, e^{iG_n \cdot r} \qquad (1.63)$$

式中，傅里叶展开系数由下式确定，即

$$V(\boldsymbol{G}_m) = \frac{1}{\Omega} \int V(\boldsymbol{r}) e^{-iG_m \cdot r}\, d\boldsymbol{r} \qquad (1.64)$$

将式(1.62)、式(1.63)和式(1.64)代入单电子薛定谔方程，有

$$\left[-\frac{\hbar^2}{2m} \nabla^2 + V(\boldsymbol{r}) \right] \frac{1}{\sqrt{\Omega}} \sum_m C(\boldsymbol{G}_m) e^{i(k+G_m) \cdot r} = E \frac{1}{\sqrt{\Omega}} \sum_m C(\boldsymbol{G}_m) e^{i(k+G_m) \cdot r}$$

$$(1.65)$$

式中，单电子能级 E 为 k 的函数，即 $E = E(k)$。

将式(1.65)两边同时乘以 $\Omega^{-1/2} e^{-i(k+G_m) \cdot r}$ 后，在 Ω 体积内积分，并利用式(1.55)所示的正交归一条件，可得

$$\left[E^e_{k+m} - E(\boldsymbol{k}) \right] C(\boldsymbol{G}_n) + \sum_m C(\boldsymbol{G}_m) V(\boldsymbol{G}_n - \boldsymbol{G}_m) = 0 \qquad (1.66)$$

利用 δ_{mn} 的性质，可以将式(1.66)改写为

$$\sum_m \left\{ \left[E^e_{k+n} - E(\boldsymbol{k}) \right] \delta_{mn} + V(\boldsymbol{G}_n - \boldsymbol{G}_m) \right\} C(\boldsymbol{G}_m) = 0 \qquad (1.67)$$

每给定一个 $\boldsymbol{G}_n$ 值，都可以得到一个与式(1.67)相似的方程。因此，可得到关于未知数 $C(\boldsymbol{G}_m)$ 的线性齐次方程组，$C(\boldsymbol{G}_m)$ 有非零解的条件是其系数行列式为 0，即有

$$\det \left| \left[E^e_{k+n} - E(\boldsymbol{k}) \right] \delta_{mn} + V(\boldsymbol{G}_n - \boldsymbol{G}_m) \right| = 0 \qquad (1.68)$$

式中，$E^e_{k+n} = \hbar^2 (\boldsymbol{k} + \boldsymbol{G}_n)^2 / 2m_e$。

式(1.68)等号左边是一个行列式，根据行列式的形式，式(1.68)也称为中心方程。

严格讲，式(1.68)中行列式的行数和列数都是无限的。当势场的傅里叶系数的高阶项很小时，$V(\boldsymbol{G}_m)$ 随 m 的增大而快速减小。此时，$V(\boldsymbol{G}_m)$ 显著异于零的项数是有限的，中心方程式(1.68)行列式中只有对角线附近少数几项不为零，求解过程得到简化。

如果势场 V 展开系数 $V(\boldsymbol{G}_m)$ 不为 0 的项数有限，可由式(1.68)求解得某一个 k 下单电子能量本征值，即 $E_1(k), E_2(k), \cdots, E_m(k), \cdots$。选取不同 k 值，就可以得到整个能带结构。

很显然，平面波方法的计算难度或复杂程度取决于 $V(\boldsymbol{r})$ 傅里叶展开的项数。随 $V(\boldsymbol{r})$ 傅里叶展开项数的增加，式(1.68)的求解复杂程度急剧增加。因此，只有当晶体中的价电子被看作是近自由电子时，上述平面波方法才具有实际意义。在实际计算过程中一般采取能量截断的方法限定平面波

展开的项数,因为能量较高能带的实际意义不大。若截断能为 E_{cut},则 $\hbar^2(\boldsymbol{k}+\boldsymbol{G})/2m > E_{\text{cut}}$ 的平面波分量全部舍去。

为了克服平面波方法的局限性,人们提出了正交化平面波等方法对其进行修正,以期扩大平面波方法的适用范围。

1.4.3   正交化平面波方法

平面波方法的核心困难是,当傅里叶展开项数太多时,能带计算的复杂性急剧增加,所以问题的关键是减少势场傅里叶展开的项数。若势场的变化很平坦,其傅里叶展开中有效的项数就会减少。与之相应,波函数就更接近自由电子波函数,波函数傅里叶展开的有效项数也会减少。此时,求解中心方程式(1.68)的难度和复杂性就会大幅度下降。

事实上,当电子远离晶格中的离子时,其势场变化平缓,电子的动量较小,少数平面波线性组合就可以描述电子的波函数;而当电子接近离子时,势场变化很大,电子动量很大,需要非常多的平面波线性组合才能正确描述电子状态。所以,改进平面波方法的关键是寻找既能描述电子在离子附近运动又能描述远离离子(与平面波接近)运动的波函数。

如图 1.7 所示,正交化平面波方法的基本思想如下:

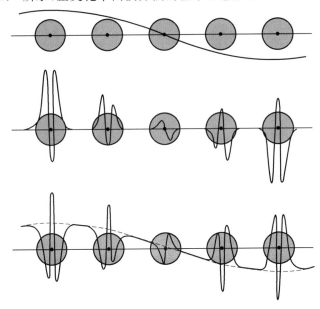

图 1.7   平面波、原子波、正交化平面波示意图

① 仿照紧束缚近似方法构造原子芯态波函数的线性组合,以描述电子在离子附近的运动。这里的原子芯态波函数包含离子中所有被电子占据的状态;另外,通过原子芯态波函数的线性组合构造的波函数必须满足布洛赫定理。

② 利用平面波和原子芯态波函数的线性组合构建新的基函数,且该基函数必须与原子芯态波函数正交,这是正交化平面波名称的来源。

③ 将单电子波函数向上述新的基函数做线性展开,将展开后的单电子波函数代入单电子薛定谔方程求解。

平面波写为

$$|\,\boldsymbol{k}+\boldsymbol{G}_m\rangle = \frac{1}{\sqrt{\Omega}}\mathrm{e}^{\mathrm{i}(\boldsymbol{k}+\boldsymbol{G}_m)\cdot\boldsymbol{r}}$$

原子芯态波函数为

$$\chi_j(\boldsymbol{r}-\boldsymbol{R}_m) = |\,\chi_j(\boldsymbol{r}-\boldsymbol{R}_m)\rangle$$

式中,j 表示原子的所有被电子占据的芯态,如 s 态,p 态,…;$\boldsymbol{R}_m$ 是第 m 个粒子的位置矢量。

满足布洛赫定理的归一化原子芯态波函数线性组合为

$$|\,\varphi_{jk}\rangle = \frac{1}{\sqrt{N}}\sum_m \mathrm{e}^{\mathrm{i}\boldsymbol{k}\cdot\boldsymbol{R}_m}|\,\chi_j(\boldsymbol{r}-\boldsymbol{R}_m)\rangle \tag{1.69}$$

将式(1.69)的原子芯态波函数的线性组合与平面波函数之和作为新的基函数,即

$$|\,\Phi_m(\boldsymbol{k},\boldsymbol{r})\rangle = |\,\boldsymbol{k}+\boldsymbol{G}_m\rangle - \sum_j \mu_{mj}|\,\varphi_{jk}\rangle \tag{1.70}$$

式中,组合系数 μ_{mj} 由 $|\,\varphi_{jk}\rangle$ 与 $|\,\Phi_m(\boldsymbol{k},\boldsymbol{r})\rangle$ 之间的正交条件确定,即 μ_{mj} 满足

$$\langle\varphi_{jk}\,|\,\Phi_m(\boldsymbol{k},\boldsymbol{r})\rangle = 0 \tag{1.71}$$

由式(1.66)可以确定

$$\mu_{mj} = \langle\chi_j(\boldsymbol{r}-\boldsymbol{R}_m)\,|\,\boldsymbol{k}+\boldsymbol{G}_m\rangle \tag{1.72}$$

最后,单电子波函数可以表示成式(1.70)所示基函数的线性组合,即

$$|\,\varphi_k(\boldsymbol{r})\rangle = \sum_m C(\boldsymbol{G}_m)|\,\Phi_m(\boldsymbol{k},\boldsymbol{r})\rangle \tag{1.73}$$

将式(1.73)代入单电子哈密顿方程可得

$$\hat{H}\sum_m C(\boldsymbol{G}_m)|\,\Phi_m(\boldsymbol{k},\boldsymbol{r})\rangle = E\sum_m C(\boldsymbol{G}_m)|\,\Phi_m(\boldsymbol{k},\boldsymbol{r})\rangle \tag{1.74}$$

将式(1.74)左乘 $\langle\Phi_n(\boldsymbol{k},\boldsymbol{r})\,|$ 可得

$$\sum_m \left[\langle\Phi_n(\boldsymbol{k},\boldsymbol{r})\,|\,\hat{H}\,|\,\Phi_m(\boldsymbol{k},\boldsymbol{r})\rangle - E\langle\Phi_n(\boldsymbol{k},\boldsymbol{r})\,|\,\Phi_m(\boldsymbol{k},\boldsymbol{r})\rangle\right]C(\boldsymbol{G}_m) = 0 \tag{1.75}$$

与平面波方法类似,式(1.75)是一个关于变量 $C(\boldsymbol{G}_m)$ 的线性齐次方程组,其有非零解的条件是系数行列式为 0,即

$$\det\left|\sum_m \langle\Phi_n(\boldsymbol{k},\boldsymbol{r})\,|\,\hat{H}\,|\,\Phi_m(\boldsymbol{k},\boldsymbol{r})\rangle - E\langle\Phi_n(\boldsymbol{k},\boldsymbol{r})\,|\,\Phi_m(\boldsymbol{k},\boldsymbol{r})\rangle\right| = 0 \tag{1.76}$$

同平面波方法相似,可以通过求解上述方程计算晶体的能带。可以证明,正交化平面波方法有效减少了展开级数的项数,降低了计算的复杂程度。实际计算表明,正交化平面波方法对主族晶体的能带及其相关物理量的计算显示出了明显的优势。但是,将正交化平面波方法应用于过渡族和稀土金属时依然存在很大问题。

1.5　赝势方法

　　如果绝热近似和单电子近似成立,可以认为平面波展开方法本身是一个严格的方法。然而,由于展开项数过多、收敛速度太慢等固有缺陷,平面波方法在实际能带计算中的意义不大。但是,由于平面波展开方法的严格性,人们希望在它的基础上进行改进,以获得更为有效的方法。

　　正交化平面波方法表明,当用原子芯态波函数和平面波的组合作为展开式的基函数时,可以大大减少函数展开的项数,进而降低计算的复杂性。与平面波相比,正交化平面波中的原子芯态波函数是相当局域化的。基于这种分析,赝势方法将电子局域化运动的动能等效成势场,进而构建一个虚拟的势场(赝势),"抹平"实际势场的起伏,进而大幅度减小势场和波函数平面波展开的项数,提高计算效率与精度[6-9]。实际势场和波函数与赝势方法中赝势和赝波函数的比较如图 1.8 所示。

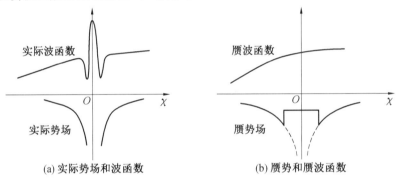

(a) 实际势场和波函数　　　　　　(b) 赝势和赝波函数

图 1.8　实际势场和波函数与赝势方法中赝势和赝波函数的比较

　　赝势方法中,单电子波函数由原子芯态波函数和一个类似平面波的赝波函数组成,即

$$|\varphi_k\rangle = |\varphi_k^{\mathrm{PS}}\rangle - \sum_c \mu_{ck} |\chi_c\rangle \qquad (1.77)$$

式中,$|\varphi_k\rangle$ 为单电子波函数;$|\chi_c\rangle$ 为原子芯态波函数;$|\varphi_k^{\mathrm{PS}}\rangle$ 为变化平缓的与平面波类似的赝波函数。组合系数 μ_{ck} 由单电子波函数和原子芯态波函数的正交条件确定,即 μ_{ck} 要满足

$$\langle \chi_c | \varphi_k \rangle = 0$$

由此可以确定

$$\mu_{ck} = \langle \chi_c | \varphi_k^{\mathrm{PS}} \rangle \qquad (1.78)$$

　　赝势方法中进一步假定单电子波函数和原子芯态波函数都是单电子哈密顿量的本征函数,即

$$\begin{cases} \hat{H} |\varphi_k\rangle = E |\varphi_k\rangle \\ \hat{H} |\chi_c\rangle = E_c |\chi_c\rangle \end{cases} \qquad (1.79)$$

式中,$\hat{H}$ 为单电子哈密顿量;$E = E(\boldsymbol{k})$ 为单电子能量;E_c 为芯态电子能量。

将式(1.77)代入单电子薛定谔方程,可得

$$\left(-\frac{\hbar^2}{2m_e}\nabla^2+V\right)\left(\mid\varphi_k^{PS}\rangle-\sum_c\mu_{ck}\mid\chi_c\rangle\right)=E\left(\mid\varphi_k^{PS}\rangle-\sum_c\mu_{ck}\mid\chi_c\rangle\right)$$

(1.80)

将式(1.78)和式(1.79)代入式(1.80),经整理可得

$$\left[-\frac{\hbar^2}{2m_e}\nabla^2+V^{PS}\right]\mid\varphi_k^{PS}\rangle=E\mid\varphi_k^{PS}\rangle$$

(1.81)

且有

$$V^{PS}=V+\sum_c(E-E_c)\mid\chi_c\rangle\langle\chi_c\mid$$

(1.82)

式中,V^{PS} 称为赝势。

可以通过求解式(1.80)获得体系的能量。下面对赝势方法小结如下:

① 式(1.82)表明,真实势场被附加的等效势场 $\sum_c(E-E_c)\mid\chi_c\rangle\langle\chi_c\mid$ 削弱了。由于 $\sum_c(E-E_c)\mid\chi_c\rangle\langle\chi_c\mid$ 主要在离子附近,因此,与真实势场相比,赝势相当平滑,如图1.8所示。势场被抹平的原因是,电子在离子附近运动的较大动能(大于0)被等效成了势能,与负的电子一离子相互作用势场相叠加后,电子在离子附近的势场就相当于被抹平了。图1.9所示为 Al 的能带结构。从图1.9中可以发现,能量与波矢 **k** 的关系与抛物线非常相近,表明 Al 中的价电子行为非常接近自由电子。赝势理论建立以前,人们一直对此很困惑:为什么离子和价电子有强烈的相互作用,但价电子的行为却很像“自由电子”。赝势理论表明,等效势场相当平滑,所以电子的能量与近自由电子接近。赝势理论为索末菲(Sommerfeld)自由电子理论提供了物理基础。

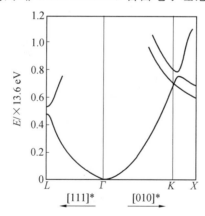

图 1.9 Al 的能带结构

(横坐标 $[111]^*$ 和 $[010]^*$ 表示在倒格子中的方向)

② 因为赝势是一个平滑的势场,所以,当利用平面波进行赝势的傅里叶展开时,较少项可以比较好地表达赝势场。与此同时,可以预见式(1.81)中的赝波函数 $\mid\varphi_k^{PS}\rangle$ 必定也是“平滑的”,其傅里叶展开系数的项数自然会变少。所以,赝势的引入可以有效降低能带计算的复杂程度,提高计算效率和

精度。

③ 在赝势方法中,使用的是赝势,式(1.81)求解的是赝波函数,但是能量是真实的。研究表明,单纯的赝势方法对主族元素晶体具有非常好的计算精度和效率,应用于过渡族和稀土金属的能带计算时误差依然较大。幸运的是,密度泛函理论出现以后,结合局域密度近似,可以对各种金属的能带结构和性质进行理论计算。

④ 在密度泛函方法中,赝势方法主要是给定自洽计算的初始值,所以经验赝势、模型赝势等赝势构建具有重要意义。有时,按截断能(见第 2 章)将赝势分为"硬赝势""软赝势"或"超软赝势"。目前,绝大部分能带计算软件包都附有各种元素的赝势参数。

1.6   缀加平面波方法

缀加平面波(Augmented-plane Wave,APW)方法是由斯莱特(Slater)提出的,其初衷是针对金属能带的计算。在紧束缚近似中,价电子的波函数被表示成原子波函数的线性组合;而赝势方法则表明,金属中价电子行为与近自由电子很接近。APW 方法是紧束缚近似和平面波方法的一种综合。APW 方法主要基于以下两个近似[6-9]。

1.6.1   糕模(Muffin – tin)势近似

糕模势因为与糕点模很相像而得名。如图 1.10 所示,在离子的芯区(小于半径 r_S),势场为球对称的原子势;而在远离离子芯区(即离子芯区之间)势场为 0。为了简单起见,假定晶体中只含有一种原子,则

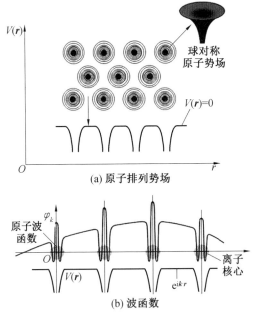

(a) 原子排列势场

(b) 波函数

图 1.10   糕模势近似示意图

$$V(\boldsymbol{r}) = \begin{cases} V_{\mathrm{a}}(\boldsymbol{r}) & (r < r_{\mathrm{S}}) \\ 0 & (r \geqslant r_{\mathrm{S}}) \end{cases} \tag{1.83}$$

式中,$V_{\mathrm{a}}(\boldsymbol{r})$ 是球对称的原子势场。

1.6.2　单电子波函数是缀加平面波的线性组合

缀加平面波近似认为,电子波函数在离子芯区为原子波函数;而在离子之间,波函数为平面波(即自由电子波函数)。为此,将单电子波函数 $w_k(\boldsymbol{r})$ 写成

$$w_k(\boldsymbol{r}) = \begin{cases} \varphi_{\mathrm{a}}(\boldsymbol{r}) & (r < r_{\mathrm{S}}) \\ \dfrac{1}{\sqrt{\Omega}}\mathrm{e}^{\mathrm{i}k\cdot r} & (r \geqslant r_{\mathrm{S}}) \end{cases} \tag{1.84}$$

式中,$\varphi_{\mathrm{a}}(\boldsymbol{r})$ 为原子波函数,采用球极坐标 $(r, \theta_{\mathrm{a}}, \varphi_{\mathrm{a}})$ 时有

$$\varphi_{\mathrm{a}}(\boldsymbol{r}) = \boldsymbol{R}_l(\boldsymbol{r}) Y_{lm}(\theta_{\mathrm{a}}, \varphi_{\mathrm{a}}) \tag{1.85}$$

式中,$Y_{lm}(\theta_{\mathrm{a}}, \varphi_{\mathrm{a}})$ 为球谐函数;$\boldsymbol{R}_l(\boldsymbol{r})$ 由下面原子径向方程给出,即

$$\frac{1}{r^2}\frac{\mathrm{d}}{\mathrm{d}r}\left(r^2 \frac{\mathrm{d}\boldsymbol{R}_l}{\mathrm{d}r}\right) + \left[\frac{2m_{\mathrm{e}}}{\hbar^2}(E - V) - \frac{l(l+1)}{r^2}\right]\boldsymbol{R}_l = 0 \tag{1.86}$$

式中,$l = 0, 1, 2, \cdots$。

式(1.84)的边界条件是波函数在 r_{S} 处连续。很显然,式(1.83)所示的波函数不是布洛赫形式的波函数。为了满足布洛赫定理,可以将单电子波函数写成 $w_k(\boldsymbol{r})$ 的线性组合,即

$$\varphi_k(\boldsymbol{r}) = \sum_G A_{k+G} w_{k+G}(\boldsymbol{r}) \tag{1.87}$$

将式(1.87)代入单电子薛定谔方程,并令能量最小,即可获得展开项系数和能量。

图 1.11 所示为由 APW 方法和基于密度泛函理论计算的 Cu 的能带结构,可见二者差别很小。实际计算表明,利用 APW 方法计算金属能带时的收敛速度很快。

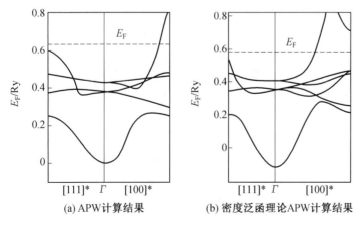

(a) APW计算结果　　(b) 密度泛函理论APW计算结果

图 1.11　Cu 的能带结构($1\mathrm{Ry} \approx 13.6\ \mathrm{eV}$)

附录 1A 狄拉克符号

这里介绍一个重要的工具 —— 狄拉克符号。最初,狄拉克符号用来标记两个态函数 $\psi(x)$ 和 $\varphi(x)$ 乘积的积分,即

$$\langle \psi \mid \varphi \rangle \equiv \int_{-\infty}^{\infty} \psi * (x)\varphi(x)\mathrm{d}x \tag{1A.1}$$

狄拉克将 $\langle \psi \mid$ 命名为"bra- 矢"(左矢),将 $\mid \varphi \rangle$ 命名为"ket- 矢"(右矢),合起来即为"bra-ket" $\langle \psi \mid \varphi \rangle$。$\mid \varphi \rangle$ 与 $\langle \psi \mid$ 互为共轭矢量,即

$$\begin{cases} \langle \varphi \mid = [\mid \varphi \rangle]^{+} \\ \mid \varphi \rangle = [\langle \varphi \mid]^{+} \end{cases} \tag{1A.2}$$

用 $\mid \varphi \rangle$ 表示量子态 $\varphi(x)$ 非常方便,即使不知道 $\varphi(x)$ 的具体函数形式,也可以借助狄拉克符号完成某些关系的推导。另外,狄拉克符号的具体写法也很随意,约定好即可。例如,可以将布洛赫波函数描述的状态记为 $\mid \varphi_{k}(\boldsymbol{r}) \rangle$,也可以记为 $\mid \boldsymbol{k} \rangle$;再如,可以将自旋向上或向下的自旋波函数简单形象地记为 $\mid \uparrow \rangle$ 或 $\mid \downarrow \rangle$。总之,在不引起歧义的前提下,狄拉克符号内写法是随便的。

如果 a 是任意复常数,且态函数 $\psi(x)$ 和 $\varphi(x)$ 满足

$$\int_{-\infty}^{\infty} \psi^{*}(x)\varphi(x)\mathrm{d}x < \infty$$

则态矢量 $\mid \varphi \rangle$ 与 $\langle \psi \mid$ 的内积 $\langle \psi \mid \varphi \rangle$ 满足下列运算法则:

① $\langle \psi \mid \varphi \rangle^{*} = \langle \varphi \mid \psi \rangle$。

② $\langle \psi \mid a\varphi \rangle = a\langle \psi \mid \varphi \rangle$。

③ $\langle a\psi \mid \varphi \rangle = a^{*}\langle \psi \mid \varphi \rangle$。

④ $\langle \psi + \varphi \mid = \langle \psi \mid + \langle \varphi \mid$,或 $\mid \psi + \varphi \rangle = \mid \psi \rangle + \mid \varphi \rangle$。

⑤ $\int (\psi_{1} + \psi_{2})^{*} (\varphi_{1} + \varphi_{2})\mathrm{d}x = \langle \psi_{1} + \psi_{2} \mid \varphi_{1} + \varphi_{2} \rangle = $
$$\langle \psi_{1} \mid \varphi_{1} \rangle + \langle \psi_{1} \mid \varphi_{2} \rangle + $$
$$\langle \psi_{2} \mid \varphi_{1} \rangle + \langle \psi_{2} \mid \varphi_{1} \rangle。$$

⑥ $\| \varphi \|^{2} \equiv \langle \varphi \mid \varphi \rangle \geqslant 0$,若 $\langle \varphi \mid \varphi \rangle = 0$,则 $\mid \varphi \rangle = 0$;若 $\langle \varphi \mid \varphi \rangle = 1$,则称 $\mid \varphi \rangle$ 是归一的。

⑦ 若 $\langle \psi \mid \varphi \rangle = 0$,则称 $\mid \psi \rangle$ 和 $\mid \varphi \rangle$ 是正交的。

下面推导利用狄拉克符号表达的封闭关系。假如某力学量 $\hat{F}$ 的本征方程为

$$\hat{F} \mid n \rangle = a_{n} \mid n \rangle \tag{1A.3}$$

式中,a_{n} 是本征值;$\mid n \rangle$ 是本征态矢,且满足下面的正交归一化条件:

$$\langle m \mid n \rangle = \delta_{mn} \tag{1A.4}$$

由于所有的本征态矢(本征函数)都是完备函数组,任意态矢 $\mid \varphi \rangle$ 皆可以做下述展开,即

$$\mid \varphi \rangle = \sum_{n} C_{n} \mid n \rangle \tag{1A.5}$$

式(1A.5)两边同时左乘$\langle m\mid$,可得

$$C_m = \langle m\mid\varphi\rangle$$

由上式可以得到 C_n 表达式,并代入式(1A.5)可得

$$\mid\varphi\rangle = \sum_n \langle n\mid\varphi\rangle\mid n\rangle = \sum_n \mid n\rangle\langle n\mid\varphi\rangle$$

显然有

$$\sum_n \mid n\rangle\langle n\mid = 1 \tag{1A.6}$$

这就是封闭关系。

附录 1B　布洛赫定理证明

1B.1 布洛赫定理

一般情况下,布洛赫定理可以表述如下:只要单电子近似成立,周期势场中的单电子波函数为

$$\varphi_k(\boldsymbol{r}) = u_k(\boldsymbol{r})\mathrm{e}^{\mathrm{i}\boldsymbol{k}\cdot\boldsymbol{r}} \tag{1B.1}$$

而且,$u_k(\boldsymbol{r})$ 是与晶体平移周期一致的周期性函数,即

$$u_k(\boldsymbol{r}+\boldsymbol{R}_m) = u_k(\boldsymbol{r}) \tag{1B.2}$$

式中,$\boldsymbol{R}_m$ 为格矢,$\boldsymbol{R}_m = m_1\boldsymbol{a}_1 + m_2\boldsymbol{a}_2 + m_3\boldsymbol{a}_3$,$m_1$、$m_2$ 和 m_3 为整数。

1B.2 布洛赫定理证明

假定 $\hat{T}(\boldsymbol{R}_m)$ 是平移算符,则对任意函数皆有

$$\hat{T}(\boldsymbol{R}_m)\varphi_k(\boldsymbol{r}) = \varphi_k(\boldsymbol{r}+\boldsymbol{R}_m) \tag{1B.3}$$

由平移算符的定义可知,两个平移算符作用到一个函数上,与作用的先后没有关系,即 $\hat{T}(\boldsymbol{R}_m)\hat{T}(\boldsymbol{R}_l) = \hat{T}(\boldsymbol{R}_l)\hat{T}(\boldsymbol{R}_m)$。很容易证明,平移算符与单电子哈密顿算符 $\hat{H}$ 是对易的,即

$$\hat{H}(\boldsymbol{r})\hat{T}(\boldsymbol{R}_m) = \hat{T}(\boldsymbol{R}_m)\hat{H}(\boldsymbol{r}) \tag{1B.4}$$

由于 $\hat{H}$ 和 $\hat{T}$ 对易,二者可以有共同本征函数,可以将 $\varphi_k(\boldsymbol{r})$ 取为 $\hat{T}(\boldsymbol{R}_m)$ 和 $\hat{H}(\boldsymbol{r})$ 的共同本征函数,则

$$\begin{cases} \hat{H}\varphi_k(\boldsymbol{r}) = E(\boldsymbol{k})\varphi_k(\boldsymbol{r}) \\ \hat{T}(\boldsymbol{R}_m)\varphi_k(\boldsymbol{r}) = \lambda(\boldsymbol{R}_m)\varphi_k(\boldsymbol{r}) \end{cases} \tag{1B.5}$$

式中,$\lambda(\boldsymbol{R}_m)$ 为平移算符 $\hat{T}(\boldsymbol{R}_m)$ 的本征值。

因为

$$\hat{T}(\boldsymbol{R}_l)\hat{T}(\boldsymbol{R}_m)\varphi_k(\boldsymbol{r}) = \hat{T}(\boldsymbol{R}_l+\boldsymbol{R}_m)\varphi_k(\boldsymbol{r}) = \lambda(\boldsymbol{R}_l+\boldsymbol{R}_m)\varphi_k(\boldsymbol{r})$$

又因为

$$\hat{T}(\boldsymbol{R}_l)\hat{T}(\boldsymbol{R}_m)\varphi_k(\boldsymbol{r}) = \lambda(\boldsymbol{R}_l)\lambda(\boldsymbol{R}_m)\varphi_k(\boldsymbol{r})$$

所以

$$\lambda(\boldsymbol{R}_l+\boldsymbol{R}_m) = \lambda(\boldsymbol{R}_l)\lambda(\boldsymbol{R}_m) \tag{1B.6}$$

另外，$\varphi_k(r)$ 和 $\varphi_k(r+R_m)=\lambda(R_m)\varphi_k(r)$ 都是 $\hat{H}$ 的本征函数，应有

$$|\lambda(R_m)|^2=1 \tag{1B.7}$$

综合式(1B.6)和式(1B.7)可知，$\lambda(R_m)$ 的一般形式为

$$\lambda(R_m)=e^{ik\cdot R_m} \tag{1B.8}$$

所以

$$\varphi_k(r+R_m)=\lambda(R_m)\varphi_k(r)=e^{ik\cdot R_m}\varphi_k(r)$$

式(1B.8)表明，晶格周期势场中单电子波函数在平移任意晶格平移矢量后，波函数相差一个模为1的相位因子。由此可以将波函数写为

$$\varphi_k(r)=e^{ik\cdot r}u_k(r) \tag{1B.9}$$

$$\varphi_k(r+R_m)=e^{ik\cdot(r+R_m)}u_k(r+R_m)$$
$$=e^{ik\cdot R_m}e^{ik\cdot r}u_k(r+R_m)$$

结合式(1B.9)有

$$\varphi_k(r+R_m)=e^{ik\cdot R_m}\varphi_k(r)$$

所以

$$e^{ik\cdot r}u_k(r+R_m)=\varphi_k(r)=e^{ik\cdot r}u_k(r)$$

即

$$u_k(r)=u_k(r+R_m)$$

至此，布洛赫定理得证。

本章参考文献

[1] 谢希德，陆栋. 固体能带理论 [M]. 上海：复旦大学出版社，1998.

[2] 方俊鑫，陆栋. 固体物理学 [M]. 上海：上海科学技术出版社，1980.

[3] 费维栋. 固体物理 [M]. 3版. 哈尔滨：哈尔滨工业大学出版社，2020.

[4] 吴代鸣. 固体物理基础 [M]. 长春：吉林教育出版社，2003.

[5] 米斯拉. Physics of condensed matter [M]. 北京：北京大学出版社，2014.

[6] 李正中. 固体理论 [M]. 北京：高等教育出版社，2002.

[7] GROSSO G，PARRAVICINI G P. Solid state physics [M]. 2nd ed. Singapore：Elsevier，2015.

[8] 卡拉威. 固体量子理论 [M]. 王以铭，译. 北京：科学出版社，1984.

[9] TAYLOR P L，HEINONEN O. A Quantum approach to condensed matter physics [M]. Cambridge：Cambridge University Press，2002.

第 2 章　密度泛函理论

第 1 章给出的能带理论及其计算方法是在单电子势函数基础上建立起来的。然而,寻找可以正确表达电子－电子和电子－离子相互作用的单粒子形式势能函数是极为困难的,甚至是不可能的。密度泛函理论为克服这一困难奠定了基础,为原子、分子、固体等电子结构的计算提供了有效方法,已经成为材料计算和设计的重要工具。本章首先介绍直接利用电子库仑势函数求解多电子体系薛定谔方程的哈特里－福克(Hartree-Fock)近似,在此基础上,介绍密度泛函理论。

为了叙述清晰和理解方便,对一些术语和名词进行了说明。首先,体系的哈密顿算符由"动能算符项"和"势能算符项"组成,但它们不是体系的动能和势能,只是算符而已。动能算符实际上是拉普拉斯算符,用 $\hat{T}$ 表示;而"势能算符项"一般为函数,用 V 表示,在某些特定场合用上、下标加以区别,并称为势场或势函数,例如,V_{xc} 表示交换关联势场(或交换关联势函数)。

如果哈密顿算符($\hat{H} = \hat{T} + V$)的本征方程为

$$\hat{H} \mid \varphi \rangle = (\hat{T} + V) \mid \varphi \rangle = E \mid \varphi \rangle$$

假定上式中的波函数是归一化的,则体系的能量为

$$E = \langle \varphi \mid (\hat{T} + V) \mid \varphi \rangle = \langle \varphi \mid \hat{T} \mid \varphi \rangle + \langle \varphi \mid V \mid \varphi \rangle \tag{2.1}$$

体系的动能和势能分别为 $\langle \varphi \mid \hat{T} \mid \varphi \rangle$ 和 $\langle \varphi \mid V \mid \varphi \rangle$,除去动能用 T 表示外,势能用带有上标(或下标)的 E 表示,并用上、下标表示特定含义,例如,E_{xc} 代表交换关联能。

2.1　哈特里－福克近似

哈特里－福克近似是在福克近似的基础上发展而来的,其基本思想是首先将多电子波函数表达成单电子波函数的乘积,然后将波函数代入多电子体系薛定谔方程进行求解。本节主要阐述哈特里近似和哈特里－福克近似的基本思想和方法。

2.1.1　哈特里近似

参照式(1.14)和式(1.19),可以将绝热近似下的电子体系的哈密顿量写为

$$\hat{H}_e = \sum_i \left[-\frac{\hbar^2}{2m_e} \nabla_i^2 + V_{ext}(\boldsymbol{r}_i) \right] + \sum_{i>j,j} \frac{e^2}{4\pi\varepsilon_0 \mid \boldsymbol{r}_i - \boldsymbol{r}_j \mid} = \sum_i \hat{H}_i + \sum_{i>j,j} \hat{H}_{ij}$$

式中，$V_{ext}(\boldsymbol{r}_i)$ 为包括所有离子在内的外场对第 i 个电子作用的势函数，它仅仅为第 i 个电子坐标的函数，而且是以晶体平移矢量为周期的周期函数；$\hat{H}_{ij}$ 为电子 - 电子之间的库仑相互作用势，且有

$$\begin{cases} \hat{H}_i = -\dfrac{\hbar^2}{2m_e}\nabla_i^2 + V_{ext}(\boldsymbol{r}_i) \\[2mm] \hat{H}_{ij} = \dfrac{e^2}{4\pi\varepsilon_0|\boldsymbol{r}_i - \boldsymbol{r}_j|} \end{cases} \tag{2.2}$$

电子体系的薛定谔方程为

$$\Big(\sum_i \hat{H}_i + \sum_{i>j,j} \hat{H}_{ij}\Big)\psi_e(\boldsymbol{r}_1,\boldsymbol{r}_2,\cdots) = E_t\psi_e(\boldsymbol{r}_1,\boldsymbol{r}_2,\cdots) \tag{2.3}$$

式中，ψ_e 为电子体系的多体波函数；E_t 为电子体系的总能量。

很明显，由于 $\hat{H}_{ij}$ 中含有 i 和 j 两个电子之间的坐标交叉项，不能分离变量求解，因此式（2.3）的直接解析求解几乎是不可能的。第1章中能带计算方法的逻辑是假定可以找到等效的单粒子势函数，然后分离变量，最后获得单电子薛定谔方程。哈特里近似的思想是：不去寻找单电子势函数，而是将电子体系的多体波函数直接写成分离变量的形式。也就是说，哈特里近似隐喻了单电子近似的成立，将分离变量的多电子波函数直接代入式（2.3）的薛定谔方程求解。

对于 N_e 个价电子组成的体系，在不计自旋的情况下，哈特里假定电子体系的波函数为

$$\psi_e = \varphi_1(\boldsymbol{r}_1)\varphi_2(\boldsymbol{r}_2)\cdots\varphi_{N_e}(\boldsymbol{r}_{N_e}) = \prod_{i=1}^{N_e}\varphi_i(\boldsymbol{r}_i) \tag{2.4}$$

这就是哈特里近似，称这种波函数为哈特里波函数。式（2.4）中，不仅总波函数 ψ_e 是正交归一的，单粒子波函数 $\varphi_i(\boldsymbol{r}_i)$ 之间也是正交归一的，即

$$\langle\varphi_i(\boldsymbol{r}_i)\mid\varphi_j(\boldsymbol{r}_j)\rangle = \delta_{ij} \tag{2.5}$$

将式（2.4）的哈特里波函数代入式（2.3），并利用单电子波函数之间的正交归一化条件，可以得到

$$E_t = \langle\psi_e\mid\hat{H}_e\mid\psi_e\rangle = \sum_i\langle\varphi_i\mid\hat{H}_i\mid\varphi_i\rangle + \sum_{i>j,j}\langle\varphi_i\varphi_j\mid\hat{H}_{ij}\mid\varphi_i\varphi_j\rangle \tag{2.6}$$

根据单电子波函数之间的正交归一条件有

$$\langle\varphi_i(\boldsymbol{r}_i)\mid\varphi_i(\boldsymbol{r}_i)\rangle - 1 = 0 \tag{2.7}$$

可以引入拉格朗日乘子 E_i，通过求解拉格朗日条件极值，获得基态能量。拉格朗日条件极值通过下述变分确定，即

$$\frac{\delta}{\delta\langle\varphi_i\mid}\Big\{E_t - \sum_{i=1}^{N_e}E_i\big[\langle\varphi_i(\boldsymbol{r}_i)\mid\varphi_i(\boldsymbol{r}_i)\rangle - 1\big]\Big\} = 0 \tag{2.8}$$

将式（2.6）的 E_t 表达式代入式（2.6），得

$$\Big(\hat{H}_i + \sum_{j\neq i}\langle\varphi_j\mid\hat{H}_{ij}\mid\varphi_j\rangle\Big)\mid\varphi_i\rangle = E_i\mid\varphi_i\rangle \tag{2.9}$$

E_i 虽然不能等同于单电子能级，但与单电子能级具有等同的地位[1]，关于这一点将在后面进行讨论。式(2.9)中等号左边第二项可以写成如下的积分形式：

$$\sum_{j \neq i} \langle \varphi_j \mid \hat{H}_{ij} \mid \varphi_j \rangle = \frac{e^2}{4\pi\varepsilon_0} \sum_{j \neq i} \int \frac{|\varphi_j(\boldsymbol{r}')|^2}{|\boldsymbol{r}' - \boldsymbol{r}|} \mathrm{d}\boldsymbol{r}' \qquad (2.10)$$

式(2.10)中求和不包括参考电子(i)本身。

式(2.9)对于每个电子而言，形式都是相同的，所以可以略去电子的编号。对于任一个参考电子，式(2.9)也可以等价地写为

$$\left[-\frac{\hbar^2}{2m_{\mathrm{e}}}\nabla^2 + V_{\mathrm{ext}}(\boldsymbol{r}) + \frac{e^2}{4\pi\varepsilon_0} \sum_j \int \frac{|\varphi_j(\boldsymbol{r}')|^2}{|\boldsymbol{r}' - \boldsymbol{r}|} \mathrm{d}\boldsymbol{r}'\right] \varphi(\boldsymbol{r}) = E\varphi(\boldsymbol{r}) \quad (2.11)$$

式(2.9)或式(2.11)称为哈特里方程。$|\varphi_j(\boldsymbol{r}')|^2 \equiv \rho_j^{\mathrm{H}}(\boldsymbol{r}')$ 表示电子 i' 在 $\boldsymbol{r}'$ 处的概率密度，即粒子密度。除去参考电子以外，所有粒子在 $\boldsymbol{r}'$ 处产生的粒子密度为

$$\rho^{\mathrm{H}}(\boldsymbol{r}') = \sum_{j \neq i} \rho_j^{\mathrm{H}}(\boldsymbol{r}') \qquad (2.12)$$

式(2.12)中的求和不包括参考电子 i，定义哈特里势函数为

$$V_{\mathrm{H}}(\boldsymbol{r}) = \frac{e^2}{4\pi\varepsilon_0} \int \frac{\rho^{\mathrm{H}}(\boldsymbol{r}')}{|\boldsymbol{r}' - \boldsymbol{r}|} \mathrm{d}\boldsymbol{r}' \qquad (2.13)$$

哈特里势函数表明每个电子都受到来自其他所有电子的库仑排斥作用。可以将式(2.11)表示的哈特里方程改写为

$$\left[-\frac{\hbar^2}{2m_{\mathrm{e}}}\nabla^2 + V_{\mathrm{ext}}(\boldsymbol{r}) + V_{\mathrm{H}}(\boldsymbol{r})\right] \varphi(\boldsymbol{r}) = E\varphi(\boldsymbol{r}) \qquad (2.14)$$

在形式上，哈特里方程似乎为单电子方程，因为经过积分以后，哈特里势函数只是参考电子坐标 $\boldsymbol{r}$ 的函数。从这个意义上讲，哈特里假设与单电子近似是相符的。

但是，哈特里方程不能直接用解析的方法求解。原因是哈特里势能需要通过单电子波函数来计算，而求解单电子波函数又需要知道哈特里势函数。另外，哈特里方程中包含有其他电子的波函数，欲求解哈特里方程，必须对 N_{e} 个方程组进行联立求解。所以，哈特里方程只能通过迭代—自洽的方式进行求解，即事先假定一组初始的波函数，利用初始波函数计算哈特里势函数；将哈特里势函数代入哈特里方程求出新的波函数和能级。反复进行上述迭代过程，直到获得自洽解。

2.1.2 福克近似

如果单电子近似成立，由于电子具有不可分辨性，在哈特里波函数中任意对调两个粒子的坐标编号并不产生新的状态。电子是费米子，满足泡利(Pauli)不相容原理，波函数具有反对称性。所以，任意对调哈特里波函数中两个粒子的编号后，波函数要改变正负号，如

$$\varphi_1(\boldsymbol{r}_1)\varphi_2(\boldsymbol{r}_2)\cdots\varphi_i(\boldsymbol{r}_j)\varphi_j(\boldsymbol{r}_i)\cdots\varphi_{N_e}(\boldsymbol{r}_{N_e})=$$
$$-\varphi_1(\boldsymbol{r}_1)\varphi_2(\boldsymbol{r}_2)\cdots\varphi_i(\boldsymbol{r}_i)\varphi_j(\boldsymbol{r}_j)\cdots\varphi_{N_e}(\boldsymbol{r}_{N_e}) \tag{2.15}$$

考虑到各种交换的可能性,福克提出用交换后波函数的线性组合作为多电子体系波函数。在不考虑自旋的情况下,福克近似的波函数用下述斯莱特(Slater)行列式表示[2-3]:

$$\psi_e(\boldsymbol{r}_1,\boldsymbol{r}_2,\cdots,\boldsymbol{r}_{N_e})=\frac{1}{\sqrt{N_e!}}\begin{vmatrix}\varphi_1(\boldsymbol{r}_1) & \cdots & \varphi_{N_e}(\boldsymbol{r}_1)\\ \varphi_1(\boldsymbol{r}_2) & \cdots & \varphi_{N_e}(\boldsymbol{r}_2)\\ \vdots & & \vdots\\ \varphi_1(\boldsymbol{r}_{N_e}) & \cdots & \varphi_{N_e}(\boldsymbol{r}_N)\end{vmatrix} \tag{2.16}$$

式中,$1/\sqrt{N_e!}$ 为归一化因子。

式(2.16)所示的多电子体系波函数称为哈特里－福克近似。很容易验证,任意交换两个电子,斯莱特行列式所表达的波函数是反对称的。电子体系的总能量为

$$E_t=\langle\psi_e\mid\hat{H}_e\mid\psi_e\rangle$$

将式(2.1)和式(2.16)代入上式并整理,可得

$$E_t=\sum_i\langle\varphi_i(\boldsymbol{r}_i)\mid\hat{H}_i\mid\varphi_i(\boldsymbol{r}_i)\rangle+\sum_{i>j,j}\langle\varphi_i(\boldsymbol{r})\varphi_j(\boldsymbol{r}')\mid\hat{H}_{ij}\mid\varphi_i(\boldsymbol{r}')\varphi_j(\boldsymbol{r})\rangle-$$
$$\frac{e^2}{4\pi\varepsilon_0}\sum_{i>j,j}\langle\varphi_i(\boldsymbol{r})\varphi_j(\boldsymbol{r}')\mid\frac{1}{\mid\boldsymbol{r}-\boldsymbol{r}'\mid}\mid\varphi_i(\boldsymbol{r}')\varphi_j(\boldsymbol{r})\rangle \tag{2.17}$$

式中

$$\mid\varphi_i(\boldsymbol{r}')\varphi_j(\boldsymbol{r})\rangle=\mid\varphi_i(\boldsymbol{r}')\rangle\mid\varphi_j(\boldsymbol{r})\rangle$$
$$\langle\varphi_i(\boldsymbol{r})\varphi_j(\boldsymbol{r}')\mid=\langle\varphi_i(\boldsymbol{r})\mid\langle\varphi_j(\boldsymbol{r}')\mid$$

由于单粒子波函数之间满足正交归一条件

$$\langle\varphi_i(\boldsymbol{r}_i)\mid\varphi_i(\boldsymbol{r}_i)\rangle-1=0$$

因此,引进拉格朗日乘子 E_i,通过条件极值确定基态极小值 E_i,即令

$$\frac{\delta}{\delta\langle\varphi_i\mid}\left\{E_t-\sum_{i=1}^{N_e}E_i\left[\langle\varphi_i(\boldsymbol{r}_i)\mid\varphi_i(\boldsymbol{r}_i)\rangle-1\right]\right\}=0 \tag{2.18}$$

将式(2.17)代入式(2.18),整理得

$$\left[H_i+\frac{e^2}{4\pi\varepsilon_0}\sum_{j\neq i}\int\frac{\mid\varphi_j(\boldsymbol{r}')\mid^2}{\mid\boldsymbol{r}'-\boldsymbol{r}\mid}d\boldsymbol{r}'\right]\varphi_i(\boldsymbol{r})-\frac{e^2}{4\pi\varepsilon_0}\sum_{j\neq i}\int\frac{\varphi_j^*(\boldsymbol{r}')\varphi_i(\boldsymbol{r}')}{\mid\boldsymbol{r}'-\boldsymbol{r}\mid}d\boldsymbol{r}'\varphi_j(\boldsymbol{r})=$$
$$E_i\varphi_i(\boldsymbol{r}) \tag{2.19}$$

同哈特里近似相同,E_i 并不是严格意义上的单电子能量,具体意义将在后面讨论。式(2.19)称为哈特里－福克方程。式(2.19)等号左边第二项与哈特里近似的表达式一致,体现了一个电子受到其他电子平均势场的作用;第三项则是交换电子引起的能量变化,一般称为交换势场。交换势场并没有经典对应,在经典力学中交换两个相同的粒子并不会引起能量的变化。但是,在量子力学中,由于全同粒子波函数在空间有一定的扩展,导致交换两个全同粒子会引起体系能量的变化。下面对式(2.19)等号左边第三项进行处

理。

$$\sum_{j(\neq i)} \int \frac{\varphi_j^*(\boldsymbol{r}')\varphi_i(\boldsymbol{r}')}{|\boldsymbol{r}'-\boldsymbol{r}|} \mathrm{d}\boldsymbol{r}' \varphi_j(\boldsymbol{r}) =$$

$$\sum_j \int \varphi_j(\boldsymbol{r}) \frac{\varphi_j^*(\boldsymbol{r}')\varphi_i(\boldsymbol{r}')}{|\boldsymbol{r}'-\boldsymbol{r}|} \mathrm{d}\boldsymbol{r}' - \left[\iint \frac{|\varphi_i(\boldsymbol{r}')|^2}{|\boldsymbol{r}'-\boldsymbol{r}|} \mathrm{d}\boldsymbol{r}' \right] \varphi_i(\boldsymbol{r}) =$$

$$\left[\sum_j \int \frac{1}{|\boldsymbol{r}'-\boldsymbol{r}|} \frac{\varphi_j^*(\boldsymbol{r}')\varphi_i(\boldsymbol{r}')\varphi_i^*(\boldsymbol{r})\varphi_j(\boldsymbol{r})}{\varphi_i^*(\boldsymbol{r})\varphi_i(\boldsymbol{r})} \mathrm{d}\boldsymbol{r}' - \int \frac{|\varphi_i(\boldsymbol{r}')|^2}{|\boldsymbol{r}'-\boldsymbol{r}|} \mathrm{d}\boldsymbol{r}' \right] \varphi_i(\boldsymbol{r}) =$$

$$\left[\iint \frac{1}{|\boldsymbol{r}'-\boldsymbol{r}|} \sum_j \frac{\varphi_i^*(\boldsymbol{r})\varphi_j(\boldsymbol{r})}{|\varphi_i(\boldsymbol{r})|^2} \varphi_j^*(\boldsymbol{r}')\varphi_i(\boldsymbol{r}') \mathrm{d}\boldsymbol{r}' - \int \frac{|\varphi_i(\boldsymbol{r}')|^2}{|\boldsymbol{r}'-\boldsymbol{r}|} \mathrm{d}\boldsymbol{r}' \right] \varphi_i(\boldsymbol{r})$$

$$(2.20)$$

如果定义哈特里－福克等效电子密度为

$$\rho_i^{\mathrm{HF}} = \sum_{i'} \frac{\varphi_i^*(\boldsymbol{r})\varphi_j(\boldsymbol{r})}{|\varphi_i(\boldsymbol{r})|^2} \varphi_j^*(\boldsymbol{r}')\varphi_i(\boldsymbol{r}') \tag{2.21}$$

将式(2.21)和式(2.20)代入式(2.19),得

$$\left[H_i + \frac{e^2}{4\pi\varepsilon_0} \sum_j \int \mathrm{d}\boldsymbol{r}' \frac{|\varphi_{i'}(\boldsymbol{r}')|^2}{|\boldsymbol{r}'-\boldsymbol{r}|} - \frac{e^2}{4\pi\varepsilon_0} \int \mathrm{d}\boldsymbol{r}' \frac{\rho_i^{\mathrm{HF}}(\boldsymbol{r},\boldsymbol{r}')}{|\boldsymbol{r}'-\boldsymbol{r}|} \right] \varphi_i(\boldsymbol{r}) = E_i \varphi_i(\boldsymbol{r})$$

$$(2.22)$$

令

$$\rho(\boldsymbol{r}') = \sum_j \rho_j^{\mathrm{H}}(\boldsymbol{r}') \tag{2.23}$$

需要指出的是,$\rho(\boldsymbol{r}')$ 与 $\rho^{\mathrm{H}}(\boldsymbol{r}')$[见式(2.12)]不同,前者是所有电子在 $\boldsymbol{r}'$ 处贡献的电子密度,而后者则是除去参考电子 i 以外所有电子在 $\boldsymbol{r}'$ 处贡献的电子密度,所以前者略去了上标"H"。哈特里－福克方程在形式上也是一个单粒子方程,可以将哈特里－福克方程即式(2.22)改写为

$$\left[-\frac{\hbar^2}{2m} \nabla^2 + V_{\mathrm{eff}}(\boldsymbol{r}) \right] \varphi(\boldsymbol{r}) = E_i \varphi(\boldsymbol{r}) \tag{2.24}$$

式中

$$V_{\mathrm{eff}} = V_{\mathrm{ext}}(\boldsymbol{r}) + \frac{e^2}{4\pi\varepsilon_0} \int \frac{\rho(\boldsymbol{r}')}{|\boldsymbol{r}'-\boldsymbol{r}|} \mathrm{d}\boldsymbol{r}' - \frac{e^2}{4\pi\varepsilon_0} \int \frac{\rho_i^{\mathrm{HF}}(\boldsymbol{r},\boldsymbol{r}')}{|\boldsymbol{r}'-\boldsymbol{r}|} \mathrm{d}\boldsymbol{r}' \tag{2.25}$$

包含 ρ_i^{HF} 的积分反映了电子之间的交换势场,平均到每个电子的交换势函数为

$$V_{\mathrm{x}} = -\frac{e^2}{4\pi\varepsilon_0} \int \frac{\rho^{\mathrm{HF}}(\boldsymbol{r},\boldsymbol{r}')}{|\boldsymbol{r}'-\boldsymbol{r}|} \mathrm{d}\boldsymbol{r}' \tag{2.26}$$

电子体系的总交换能为

$$E_{\mathrm{x}} = -\frac{e^2}{8\pi\varepsilon_0} \sum_{i,j\neq i} \int \frac{\varphi_i^*(\boldsymbol{r})\varphi_j(\boldsymbol{r})\varphi_j^*(\boldsymbol{r}')\varphi_i(\boldsymbol{r}')}{|\boldsymbol{r}'-\boldsymbol{r}|^2} \mathrm{d}\boldsymbol{r}' \mathrm{d}\boldsymbol{r} \tag{2.27}$$

式中,E_{x} 为体系的总交换能,积分前的 1/2 因子(1/2 因子已被计算入公式的 "$1/8\pi\varepsilon_0$" 中)是由于双重积分中每两对电子的排斥势能都被计算了两遍。一般情况下,获得精确的电子交换能很难,只有在均匀电子气中可以得到精确的电子交换能。

虽然哈特里－福克方程形式上是单电子方程,但由于电子密度是通过参考电子及其他电子的波函数得到的,欲通过哈特里－福克方程求解波函数(单电子态)和能级,需要求解 N_e 个方程组。因此,哈特里－福克方程只能自洽求解,即预先给定试探波函数,通过反复迭代直至结果自洽。图 2.1 所示为自洽求解哈特里－福克方程的基本过程[4]。

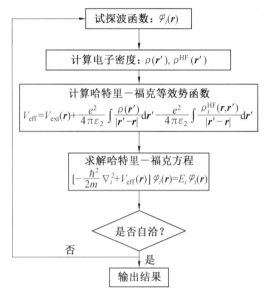

图 2.1　自洽求解哈特里－福克方程的基本过程

由于哈特里－福克电子密度的计算十分复杂,斯莱特建议使用平均的哈特里－福克电子密度,即

$$\rho_a^{HF}(\boldsymbol{r},\boldsymbol{r}') = \frac{\sum_i \varphi_i^*(\boldsymbol{r}) \rho_i^{HF}(\boldsymbol{r},\boldsymbol{r}') \varphi_i(\boldsymbol{r})}{\sum_i \varphi_i^*(\boldsymbol{r}) \varphi_i(\boldsymbol{r})} \tag{2.28}$$

2.1.3　哈特里－福克方程中的电子自旋

在阐述哈特里－福克方程之前,为了学习方便,曾约定不考虑自旋,现在来分析哈特里－福克方程中的电子自旋。利用狄拉克符号表示自旋波函数非常方便,可以不考虑变量及其函数形式。考虑到电子自旋相对于参考方向有两个取向,如果用变量 $S_\sigma(\sigma = 1, 2)$ 表示自旋量子数,则 $S_1 = 1/2$ 和 $S_2 = -1/2$ 分别表示自旋向上和向下两个取向,电子自旋波函数可以用狄拉克符号表示为 $|S_\sigma\rangle$,在不涉及磁性的体系中,自旋波函数满足正交归一条件为

$$\langle S_\sigma | S_{\sigma'} \rangle = \delta_{\sigma\sigma'}$$

若不考虑自旋与轨道的相互作用,那么包含自旋的单电子波函数是空间波函数和自旋波函数的乘积,即

$$|S_\sigma \varphi_i(\boldsymbol{r})\rangle = |S_\sigma\rangle |\varphi_i(\boldsymbol{r})\rangle$$

在哈特里－福克近似进行电子体系能量计算时，包含不同取向自旋的波函数均因不同自旋波函数的正交性而消掉，例如

$$\langle S_\sigma \varphi_i(\boldsymbol{r}) | \hat{H}_e | S_{\sigma'} \varphi_i(\boldsymbol{r}) \rangle = \langle \varphi_i(\boldsymbol{r}) | \hat{H}_e | \varphi_i(\boldsymbol{r}) \rangle \langle S_\sigma | S_{\sigma'} \rangle = \delta_{\sigma\sigma'} \quad (2.29)$$

所以，不同取向的自旋波函数在哈特里－福克方程中不能出现。如果计入自旋，哈特里－福克方程给出的是电子自旋取向相同的波函数，因此很难直接利用哈特里－福克方程处理磁性问题。对于涉及磁性的体系中，不一定要求自旋波函数是正交的，此时需要对哈特里－福克近似进行改进才可以应用。

2.1.4 拉格朗日乘子的意义

哈特里方程和哈特里－福克方程是通过引入拉格朗日乘子 E_i，利用变分方法求基态能量。拉格朗日乘子 E_i 虽然具有能量的意义，但是它与单电子能级的关系尚需分析。库普曼斯(Koopmans)证明了如下定理：

拉格朗日乘子 E_i 相当于从由大量电子组成的多体体系中移去一个电子的能量；或者说，将某个电子从 i 态移到 i' 态的能量差为 $E_i' - E_i$。

从一个电子数庞大的多电子体系中移走一个电子，可以认为不改变其他电子的状态。数学上，移走电子 i 的方法就是将斯莱特行列式的第 i 行和第 i 列去掉。移走电子 i 的能量(ΔE_i)可由哈特里－福克方程计算：

$$\Delta E_i = \langle \psi_e^i | \hat{H}_e | \psi_e^i \rangle - \langle \psi_e | \hat{H}_e | \psi_e \rangle \quad (2.30)$$

式中，ψ_e^i 是在斯莱特行列式中去掉第 i 行和第 i 列后的波函数。

利用哈特里－福克方程可以证明，从体系中移除一个电子后体系的能量变化与 E_i 相等[1]，这就是库普曼斯定理。库普曼斯定理表明，虽然拉格朗日乘子 E_i 与单电子能量不完全等同，但在研究电子跃迁、输运等问题时，可以按单电子能级对待。库普曼斯定理对碱金属而言是一个很好的近似，但对于其他体系而言可能产生较大的误差。

哈特里－福克近似方法在计算团簇、分子等电子结构方面取得了很大成功，在晶体能带的计算方面也获得了广泛应用。但是，其不足也是明显的。虽然哈特里－福克近似考虑了交换作用能，但没有考虑电子间的关联作用(后面将详细论述)，例如 $\boldsymbol{r}$ 处的电子密度如何影响 $\boldsymbol{r}'$ 处的电子密度在哈特利－福克近似中完全没有涉及。

2.1.5 均匀电子气体的交换能

一般情况下，哈特里－福克方程只能通过迭代方法获得自洽的近似解，但可以在均匀理想电子气体系中获得精确解。这里，利用均匀电子气体计算电子交换能[2-5]。对于均匀理想电子气体，单电子波函数可以写为

$$\varphi_i(\boldsymbol{r}) = \frac{1}{\sqrt{\Omega}} e^{i\boldsymbol{k}_i \cdot \boldsymbol{r}} \quad (2.31)$$

式中，Ω 为晶体的体积。

利用函数 $1/r$ 的傅里叶变换，有

$$\int \frac{e^{i(k-k_j)\cdot r}}{|r'-r|}dr' = \frac{4\pi}{|k-k_j|^2} \tag{2.32}$$

利用 k 空间的态密度 $\Omega/8\pi^3$(见第 1 章),对 k 的求和用积分代替,即

$$\sum_k = \frac{\Omega}{8\pi^3}\int dk \tag{2.33}$$

利用式(2.32)和式(2.33)以及交换能表达式(2.27),可以得到一个电子的交换能,即

$$\varepsilon_x = -\frac{e^2}{4\pi\varepsilon_0}\sum_{k'}^{k_F}\frac{1}{\Omega}\frac{4\pi}{|k'-k|}$$

k 空间体积元 $dk = k^2\sin\theta d\theta d\varphi dk$,代入上式并积分,可得

$$\varepsilon_x = -\frac{e^2 k_F}{4\pi^2\varepsilon_0}f(x) \tag{2.34}$$

式中,k_F 为费米波矢;$x = k/k_F$;$f(x)$ 的表达式为

$$f(x) = \left(1 + \frac{1-x^2}{2x}\ln\left|\frac{1+x}{1-x}\right|\right) \tag{2.35}$$

尽管均匀电子气体是一个理想模型,但式(2.35)非常重要,在密度泛函理论的局域密度近似中有重要应用。

2.2   霍恩伯格－科恩定理

前面介绍的能带计算方法可以认为是基于波函数的方法,这些方法需要已知单电子势场的具体形式或已知初始给定所有电子的单电子波函数进行自洽计算(哈特里－福克方法)。科恩(Kohn)、霍恩伯格(Hohen berg)和沈吕九(Sham)发展了基于电子密度的密度泛函理论(Density Functional Theory,DFT),其基础是霍恩伯格－科恩定理。密度泛函理论在分子、团簇和固体等的计算方面取得了巨大成功。

通常的函数是一个或几个自变量的函数,函数 $f(x)$ 的值由自变量 x 确定。这里可以将泛函(Functional)通俗地理解为自变量为函数的函数,即泛函的自变量是一个函数,例如,泛函 $F[f(x)]$、泛函 F 的值由函数 $f(x)$ 确定。

根据绝热近似,相互作用的电子体系的哈密顿量可写为

$$\hat{H}_e = -\frac{\hbar^2}{2m_e}\sum_i\nabla_i^2 + \frac{1}{4\pi\varepsilon_0}\sum_{i>j,i}\frac{e^2}{|r_i-r_j|} + \sum_i V_{ext}(r_i) = \hat{T} + \hat{H}_{e-e} + \hat{H}_{ext} \tag{2.36}$$

式(2.36)中哈密顿量第一项为动能算符;第二项为电子和电子间的库仑排斥势能算符;第三项为电子体系所受的外部势场,对于电子体系而言,外部势场可以理解为所有离子对电子的作用。式(2.36)中各算符的表达式为

$$\begin{cases} \hat{T} = -\dfrac{\hbar^2}{2m_e} \sum_i \nabla_i^2 \\[3mm] \hat{H}_{e-e} = \dfrac{1}{4\pi\varepsilon_0} \sum_{i>j,i} \dfrac{e^2}{|\boldsymbol{r}_i - \boldsymbol{r}_j|} \\[3mm] \hat{H}_{ext} = \sum_i V_{ext}(\boldsymbol{r}_i) \end{cases} \tag{2.37}$$

求解以式(2.36)为哈密顿量的定态薛定谔方程的通常思路是：给定外部势场 $V_{ext}(\boldsymbol{r}_i)$ 后，通过薛定谔方程的求解获得体系的波函数(当然包括基态波函数)，进而获得基态电子密度函数，如图 2.2 细箭头所示。1927 年托马斯(Thomas)和费米(Fermi)提出电子体系的动能可以用电子密度的泛函表示。受此启发，霍恩伯格和科恩(1964 年)证明了两个简单明了的定理(霍恩伯格－科恩定理)，奠定了相互作用体系的密度泛函理论基础。霍恩伯格－科恩定理的基本思想如下[4]：

首先，基态电子密度 $\rho_0(\boldsymbol{r})$ 唯一确定了外势场 $V_{ext}(\boldsymbol{r}_i)$(最多差一个常数)。一般情况下，如果电子体系的电子密度为 $\rho(\boldsymbol{r})$，电子体系的总能量可由式(2.38)获得，即

$$E_e = \langle \psi | \hat{H}_e | \psi \rangle = \langle \psi | \hat{T} + \hat{H}_{e-e} | \psi \rangle + \int V_{ext}(\boldsymbol{r}) \rho(\boldsymbol{r}) \mathrm{d}\boldsymbol{r} \tag{2.38}$$

其次，电子体系的基态可以对电子密度进行变分求极小值而得到。

如图 2.2 所示，霍恩伯格－科恩定理表明，从基态电子密度出发可以得到外部势场、体系波函数。

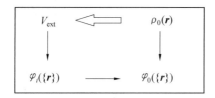

图 2.2　霍恩伯格－科恩定理示意图

(φ_i 表示体系的波函数；φ_0 表示体系的基态波函数；$\{r\}$ 表示所有电子的坐标)

定理一：基态的电子密度唯一地决定了体系的外部势场 $V_{ext}(\boldsymbol{r})$，这里，"唯一"是指外部势场可以附加一个常数。

下面用反证法证明定理一。假定两个不同的外部势场 $V_{ext}^{(1)}(\boldsymbol{r})$ 和 $V_{ext}^{(2)}(\boldsymbol{r})$ 对应同一个基态电子密度 $\rho_0(\boldsymbol{r})$。$V_{ext}^{(1)}(\boldsymbol{r})$ 和 $V_{ext}^{(2)}(\boldsymbol{r})$ 对应的哈密顿量分别为 $\hat{H}_e^{(1)}$ 和 $\hat{H}_e^{(2)}$，式(2.36)表明，两个哈密顿算符的差别仅是外部势场一项，因为动能算符和电子间库仑排斥势的表达式是普适的。若 $\hat{H}_e^{(1)}$ 和 $\hat{H}_e^{(2)}$ 对应的基态波函数分别用 $\psi_0^{(1)}$ 和 $\psi_0^{(2)}$ 表示，则

$$\begin{cases} \hat{H}_e^{(1)} | \psi_0^{(1)} \rangle = E^{(1)} | \psi_0^{(1)} \rangle \\[2mm] \hat{H}_e^{(2)} | \psi_0^{(2)} \rangle = E^{(2)} | \psi_0^{(2)} \rangle \end{cases} \tag{2.39}$$

因为 $\psi_0^{(2)}$ 不是 $\hat{H}_e^{(1)}$ 的基态,所以必然有

$$E^{(1)} = \langle \psi_0^{(1)} \mid \hat{H}_e^{(1)} \mid \psi_0^{(1)} \rangle < \langle \psi_0^{(2)} \mid \hat{H}_e^{(1)} \mid \psi_0^{(2)} \rangle \tag{2.40}$$

而

$$\langle \psi_0^{(2)} \mid \hat{H}_e^{(1)} \mid \psi_0^{(2)} \rangle = \langle \psi_0^{(2)} \mid \hat{H}_e^{(2)} + \hat{H}_e^{(1)} - \hat{H}_e^{(2)} \mid \psi_0^{(2)} \rangle =$$
$$\langle \psi_0^{(2)} \mid \hat{H}_e^{(2)} \mid \psi_0^{(2)} \rangle + \langle \psi_0^{(2)} \mid \hat{H}_e^{(1)} - \hat{H}_e^{(2)} \mid \psi_0^{(2)} \rangle =$$
$$E^{(2)} + \int \left[V_{\text{ext}}^{(1)}(\boldsymbol{r}) - V_{\text{ext}}^{(2)}(\boldsymbol{r}) \right] \rho_0(\boldsymbol{r}) \mathrm{d}\boldsymbol{r}$$

结合式(2.40),可得

$$E^{(1)} < E^{(2)} + \int \left[V_{\text{ext}}^{(1)}(\boldsymbol{r}) - V_{\text{ext}}^{(2)}(\boldsymbol{r}) \right] \rho_0(\boldsymbol{r}) \mathrm{d}\boldsymbol{r} \tag{2.41}$$

同理,因为 $\psi_0^{(1)}$ 不是 $\hat{H}_e^{(2)}$ 的基态,所以必然有

$$E^{(2)} = \langle \psi_0^{(2)} \mid \hat{H}_e^{(2)} \mid \psi_0^{(2)} \rangle < \langle \psi_0^{(1)} \mid \hat{H}_e^{(2)} \mid \psi_0^{(1)} \rangle \tag{2.42}$$

仿照前面的推导,可得

$$E^{(2)} < E^{(1)} + \int \left[V_{\text{ext}}^{(2)}(\boldsymbol{r}) - V_{\text{ext}}^{(1)}(\boldsymbol{r}) \right] \rho_0(\boldsymbol{r}) \mathrm{d}\boldsymbol{r} \tag{2.43}$$

将式(2.41)和式(2.43)两个不等式两边分别相加,可得

$$E^{(1)} + E^{(2)} < E^{(1)} + E^{(2)} \tag{2.44}$$

式(2.44)显然是自相矛盾的,所以,两个不同的外部势场不可能对应同一个基态电子密度。至此,定理一得证。

由定理一可以得到如下的推论:当哈密顿量完全确定以后(可以差一个无关紧要的常数),多电子体系的所有状态(基态和激发态)的波函数也随之确定。所以,一旦给定了基态电子密度 $\rho_0(\boldsymbol{r})$,系统的所有性质都是完全确定的。

定理二:在电子数不变的情况下,电子体系的基态能量可以通过能量泛函的极小值获得。也就是说,可以利用体系能量泛函对电子密度变分为 0 作为条件,求得体系的基态能量和电子密度。

首先定义一个与外场无关的密度泛函,即

$$F[\rho(\boldsymbol{r})] \equiv \langle \psi_e \mid \hat{T} + \hat{H}_{e\text{-}e} \mid \psi_e \rangle \tag{2.45}$$

电子体系的总能量为

$$E_t[\rho] = F[\rho] + \int V_{\text{ext}}(\boldsymbol{r}) \rho(\boldsymbol{r}) \mathrm{d}\boldsymbol{r} \tag{2.46}$$

泛函 $F[\rho(\boldsymbol{r})]$ 形式上具有普适意义,对于任何相互作用的粒子体系在形式上都是正确的。所以,只要得到了电子密度 $\rho(\boldsymbol{r})$,即可确定电子体系外场势能 $\int V_{\text{ext}}(\boldsymbol{r}) \rho(\boldsymbol{r}) \mathrm{d}\boldsymbol{r}$,进而确定体系的总能量泛函,依据定理二,通过变分即可获得基态能量和电子密度。

定理二的证明非常简单。假定基态的电子密度是 $\rho_0(\boldsymbol{r})$,对应的哈密顿量、基态波函数和电子体系的总能量分别为 $\hat{H}_0$、ψ_0 和 E_0,E_0 可由式(2.46)所示的能量泛函表示,且

$$E_0 = E_0[\rho] = \langle \psi_0 \mid \hat{H}_0 \mid \psi_0 \rangle \qquad (2.47)$$

考虑任意不同于上述基态的状态:电子密度为 $\rho'(r)$,哈密顿量为 $\hat{H}'$,波函数为 ψ',总能量为 E'。因为 ψ' 不是 $\hat{H}_0$ 的基态,所以必然有

$$E_0 = \langle \psi_0 \mid \hat{H}_0 \mid \psi_0 \rangle < \langle \psi' \mid \hat{H}' \mid \psi' \rangle = E' \qquad (2.48)$$

式(2.48)表明,任何异于基态电子密度的状态均比基态能量高。所以,可以对式(2.46)所示的能量泛函变分求极值的方法获得基态的电子密度和基态能量。

霍恩伯格－科恩定理(有时称 HK 定理)简单明了,易于理解。其重要意义在于给出了一个求解体系基态能量和电子密度的方法和途径,避免了用复杂的三维波函数作为试探波函数进行求解。只要找到了体系能量关于电子数密度的泛函关系,就可以通过能量泛函的变分求得体系的基态能量和电子密度等。

2.3 科恩－沈方程

科恩和沈吕九(Sham)在霍恩伯格－科恩定理的基础上,得到了单电子形式的科恩－沈(KS)方程。KS 方程不仅在理论上证明了单电子近似的合理性,也为原子、分子和固体的电子结构和性能计算给出了行之有效的方法。本节在能量泛函构建的基础上论述 KS 方程。

2.3.1 能量泛函

首先,电子体系的外部势能泛函可以方便地写为

$$E_{\mathrm{ext}} \equiv \langle \psi_{\mathrm{e}} \mid \hat{H}_{\mathrm{ext}} \mid \psi_{\mathrm{e}} \rangle = \int V_{\mathrm{ext}}(r)\rho(r)\mathrm{d}r \qquad (2.49)$$

由式(2.46)可以发现,构建泛函 $F[\rho(r)]$ 是构建能量泛函的关键。基于哈特里－福克近似(见 2.1 节)的分析,可以认为,$F[\rho]$ 由三部分组成:第一部分是电子体系的动能($T[\rho]$);第二部分是电子－电子之间的库仑排斥相互作用势能($E_{\mathrm{H}}[\rho]$,也称哈特里势能);第三部分是电子之间的交换－关联势能($E_{\mathrm{xc}}[\rho]$)。

$$F[\rho] = T[\rho] + E_{\mathrm{H}}[\rho] + E_{\mathrm{xc}}[\rho] \qquad (2.50)$$

其中,电子之间的哈特里库仑排斥能为

$$E_{\mathrm{H}} = \frac{1}{2}\frac{e^2}{4\pi\varepsilon_0}\iint\frac{\rho(r)\rho(r')}{|r-r'|}\mathrm{d}r\mathrm{d}r' = \frac{e^2}{8\pi\varepsilon_0}\iint\frac{\rho(r)\rho(r')}{|r-r'|}\mathrm{d}r\mathrm{d}r' \qquad (2.51)$$

积分前的 1/2 因子是由于双重积分中每两对电子的排斥势能都被计算了两遍。从而,电子体系的总能量可以记为

$$E_{\mathrm{t}}[\rho] = T[\rho] + E_{\mathrm{H}}[\rho(r)] + \int V_{\mathrm{ext}}(r)\rho(r)\mathrm{d}r + E_{\mathrm{xc}}[\rho(r)] \qquad (2.52)$$

对于相互作用的粒子体系给出动能泛函的准确表达式是非常困难的。科恩和沈吕九提出以无相互作用粒子体系作为辅助体系构建 $T[\rho]$ 的表达

式。无相互作用粒子组成的辅助体系,可以写出其单粒子哈密顿量(参见第1章),即

$$\hat{H} = -\frac{\hbar^2}{2m_e} \nabla^2 + V(\mathbf{r}) \tag{2.53}$$

无相互作用辅助体系的单粒子波基态函数为 $\varphi_i(\mathbf{r})$,为了方便起见,假定所有粒子的自旋都是平行的(关于不同自旋体系,后面将简要介绍)。此时,无相互作用辅助体系的电子密度为

$$\rho(\mathbf{r}) = \sum_i |\varphi_i(\mathbf{r})|^2 \tag{2.54}$$

无相互作用体系的动能为

$$T_s[\rho] = -\frac{\hbar^2}{2m_e} \sum_i \langle \varphi_i(\mathbf{r}) \mid \nabla^2 \mid \varphi_i(\mathbf{r}) \rangle \tag{2.55}$$

科恩和沈吕九建议用 $T_s[\rho]$ 代替实际具有相互作用的粒子体系的动能。至于相互作用体系的动能不能用式(2.52)代替的部分,都可以放到交换－关联能中。从这个意义上讲,总是可以用 $T_s[\rho]$ 代替实际具有相互作用的粒子体系的动能。

至此,对交换－关联能的具体含义和表达式还没有给出说明。其中,交换－关联势能中的"交换"的含义与哈特里－福克近似中的交换能意义相近。但"关联"的具体含义尚不明确,尽管知道 $\mathbf{r}$ 处的电子密度对 $\mathbf{r}'$ 处的电子密度的影响应该包含在关联能中,但绝不仅仅如此。按上面的讨论,利用无相互作用粒子体系的动能代替相互作用体系的动能所引起的误差也包含在交换－关联能中。甚至可以将交换－关联能理解成用 $T[\rho] + E_H[\rho]$ 表示 $F[\rho]$ 的所有误差。科恩和沈吕九认为,尽管交换－关联势能泛函的具体形式难以确定,但可以表达成电子密度的泛函,即

$$E_{xc}[\rho] = F[\rho] - (T_s[\rho] + E_H[\rho]) \tag{2.56}$$

交换－关联能包含了电子间及其他所有复杂相互作用,目前还没有办法精确地给出电子交换－关联势能函数的表达式。既然如此,E_{xc} 就像一个"整理箱",可以将所有难以确定的"能量"都放到这个"整理箱"中,然后再想办法确定"交换－关联能"的近似或经验表达式。这就是交换－关联能包含了电子间所有复杂相互作用的含义。

2.3.2　科恩－沈方程

获得了能量泛函的表达式以后,可以通过霍恩伯格－科恩定理二获得电子体系的基态电子密度和基态能量。也就是说,科恩－沈(KS)体系的基态可以看作是关于电子密度 $\rho(\mathbf{r})$ 最小化问题的解。由于体系的动能 T_s 被明确地表示为波函数的泛函,如式(2.52)所示,而其他项都被认为是电子密度的泛函,可以通过对波函数变分和链式法则推导 KS 方程。由式(2.52)可得

$$\frac{\delta E_t}{\delta \varphi_i^*(\mathbf{r})} = \frac{\delta T_s}{\delta \varphi_i^*(\mathbf{r})} + \left(\frac{\delta E_H}{\delta \rho} + \frac{\delta E_{ext}}{\delta \rho} + \frac{\delta E_{xc}}{\delta \rho} \right) \frac{\delta \rho(\mathbf{r})}{\delta \varphi_i^*(\mathbf{r})} \tag{2.57}$$

由式(2.54)和式(2.55)可得

$$\frac{\delta T_s}{\delta \varphi_i^*(\boldsymbol{r})} = -\frac{\hbar^2}{2m_e}\nabla_i^2\varphi_i(\boldsymbol{r}) \tag{2.58}$$

以及

$$\frac{\delta \rho}{\delta \varphi_i^*(\boldsymbol{r})} = \varphi_i(\boldsymbol{r}) \tag{2.59}$$

因为单电子波函数满足归一化条件

$$\langle \varphi_i(\boldsymbol{r}) \mid \varphi_i(\boldsymbol{r}) \rangle - 1 = 0$$

或

$$\int \varphi_i^*(\boldsymbol{r})\varphi_i(\boldsymbol{r})\mathrm{d}\boldsymbol{r} - 1 = 0$$

所以,可以引入拉格朗日乘子 E_i,通过体系总能量对单粒子波函数的变分为0,获得基态方程,即

$$\frac{\delta}{\delta \varphi_i^*(\boldsymbol{r})}\left\{E_t[\rho(\boldsymbol{r})] - \sum_i E_i\left[\int \varphi_i^*(\boldsymbol{r})\varphi_i(\boldsymbol{r})\mathrm{d}\boldsymbol{r} - 1\right]\right\} = 0 \tag{2.60}$$

将式(2.57)、式(2.58)和式(2.59)代入式(2.60),可得

$$\begin{cases}\left(-\dfrac{\hbar^2}{2m_e}\nabla^2 + V_{KS}[\rho(\boldsymbol{r})]\right)\varphi_i(\boldsymbol{r}) = E_i\varphi_i(\boldsymbol{r}) \\ V_{KS} = V_{ext}(\boldsymbol{r}) + \dfrac{e^2}{4\pi\varepsilon_0}\displaystyle\int\dfrac{\rho(\boldsymbol{r}')}{|\boldsymbol{r}-\boldsymbol{r}'|}\mathrm{d}\boldsymbol{r}' + V_{xc}[\rho(\boldsymbol{r})]\end{cases} \tag{2.61}$$

式(2.61)称为科恩－沈方程或 KS 方程;$V_{KS}[\rho(\boldsymbol{r})]$ 称为 KS 等效势场,$V_{xc}[\rho(\boldsymbol{r})]$ 称为交换－关联势场,其与交换－关联能的关系为

$$V_{xc} = \frac{\delta E_{xc}}{\delta \rho} \tag{2.62}$$

很显然,KS 方程是一个单粒子方程,$\varphi_i(\boldsymbol{r})$ 和 E_i 可以看作是式(2.63)所示哈密顿算符($\hat{H}_{KS}$)的本征函数和本征值。

$$\hat{H}_{KS} = -\frac{\hbar^2}{2m_e}\nabla^2 + V_{KS}[\rho(\boldsymbol{r})] \tag{2.63}$$

KS 方程证明了单电子近似的合理性。如果获得了交换－关联势能,结合能带计算方法(见第 1 章),就可以通过求解 KS 方程计算电子体系的波函数和能量等。一般说来,KS 方程需要自洽求解,例如先给定试探电子密度,利用电子密度计算单电子波函数,获得新的电子密度后再重复上述计算;反复进行上述计算,直到自洽为止。自洽求解 KS 方程的过程如图 2.3 所示[4]。

如图 2.3 所示,KS 方程自洽求解的第一步需要给定试探电子密度函数 $\rho(\boldsymbol{r})$。为了获得试探电子密度,可以首先利用第 1 章中介绍的能带计算方法计算电子波函数,进而求得电子密度,以此作为求解 KS 方程的试探电子密度函数。例如,可以用赝势方法计算试探电子密度函数。

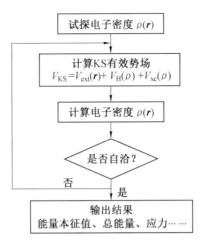

图 2.3 自洽求解 KS 方程的过程

2.3.3 KS 方程能量本征值的意义

从 KS 方程的推导过程可以发现，$\varphi_i(\boldsymbol{r})$ 实际上是无相互作用体系的单粒子波函数，所以 KS 方程的能量本征值 E_i 不是相互作用体系中真正意义上的单电子能量。可以认为 KS 方程的本征函数和本征值描述的是一种准粒子，其能量是 KS 方程的本征值 E_i。可以借助费米－狄拉克(Fermi-Dirac)分布函数分析不同能级准粒子的占有情况。若 $\varphi_i(\boldsymbol{r})$（能级为 E_i）态准粒子的占有数(概率)为 n_i，则电子密度可以表示为

$$\rho(\boldsymbol{r}) = \sum_i n_i \left| \varphi_i(\boldsymbol{r}) \right|^2 \tag{2.64}$$

式中，n_i 由费米－狄拉克分布函数决定，即

$$n_i = \frac{1}{\mathrm{e}^{(E_i - \mu)/k_\mathrm{B}T} + 1} \tag{2.65}$$

式中，k_B 为玻耳兹曼(Boltzmann)常数；μ 为化学势。

在讨论实际问题时，可以将 E_i 理解为单电子能级。当温度为 0 K、$E < \mu$ 时，$n_i = 1$，即所有的准粒子能级均被准粒子占据；$E > \mu$ 时，$n_i = 0$，即所有的准粒子能级均未被占据。所以，0 K 下的化学势具有费米能级的意义，密度泛函理论计算中常常将 0 K 下电子的最高占据能级定义为费米能级。

下面讨论化学势的确定。由于体系的电子数守恒，即

$$\delta \int \rho(\boldsymbol{r})\,\mathrm{d}\boldsymbol{r} = 0$$

引入拉格朗日乘子 μ（即平均到一个电子的化学势），对体系总能量变分求极小值，可得

$$\delta \left[E_\mathrm{t} - \mu \int \rho(\boldsymbol{r})\,\mathrm{d}\boldsymbol{r} \right] = 0$$

将式(2.52)总能量泛函代入上式，有

$$\int \left[\frac{\delta T(\rho)}{\delta \rho} + V_{\text{ext}}(\boldsymbol{r}) + \frac{e^2}{4\pi\varepsilon_0} \int \frac{\rho(\boldsymbol{r}')}{|\boldsymbol{r}-\boldsymbol{r}'|} \mathrm{d}\boldsymbol{r}' + \frac{\delta E_{\text{xc}}(\rho)}{\delta \rho} - \mu \right] \delta\rho \, \mathrm{d}\boldsymbol{r} = 0$$
$$(2.66)$$

式(2.66)要求对任意的 $\delta\rho(\boldsymbol{r})$ 都成立,必然有

$$\mu = \frac{\delta T(\rho)}{\delta \rho} + V_{\text{ext}}(\boldsymbol{r}) + \frac{e^2}{4\pi\varepsilon_0} \int \frac{\rho(\boldsymbol{r}')}{|\boldsymbol{r}-\boldsymbol{r}'|} \mathrm{d}\boldsymbol{r}' + \frac{\delta E_{\text{xc}}(\rho)}{\delta \rho} \qquad (2.67)$$

2.3.4　晶体总能量和弹性性质

　　若忽略离子的动能,晶体的总能量(E_{T})为电子体系总能量与离子间库仑排斥势能($E_{\text{I-I}}$)的和,即

$$E_{\text{T}} = T[\rho] + E_{\text{H}}[\rho(\boldsymbol{r})] + \int V_{\text{ext}}(\boldsymbol{r})\rho(\boldsymbol{r})\mathrm{d}\boldsymbol{r} + E_{\text{xc}}[\rho(\boldsymbol{r})] + E_{\text{I-I}} \quad (2.68)$$

利用不同的试探晶体结构参数,可以建立晶体总能量与结构参数之间的关系,进而通过总能量极小化进行晶体结构优化。

　　与离子位移相对应的力可以由下式求得,即

$$\boldsymbol{F}_{\text{I}} = -\nabla_R E_{\text{T}} \qquad (2.69)$$

式中,$\boldsymbol{F}_{\text{I}}$ 为晶体所受的力;∇_R 表示对离子坐标求梯度。

　　结合式(2.68)和式(2.69)可得

$$\boldsymbol{F}_{\text{I}} = -\int \rho(\boldsymbol{r}) \, \nabla_R V_{\text{ext}} \mathrm{d}\boldsymbol{r} - \nabla_R E_{\text{I-I}} \qquad (2.70)$$

晶体的应力张量与应变张量的关系为

$$\sigma_{ij} = -\frac{1}{\Omega} \frac{\partial E_{\text{T}}}{\partial \varepsilon_{ij}} \qquad (2.71)$$

根据式(2.71)可以求得晶体的刚度张量(弹性模量)。关于晶体总能量和弹性性质的计算详细论述可参阅相关文献[1]。

2.4　局域密度近似

　　密度泛函理论不仅为单电子近似提供了清晰的物理图像,而且为利用电子密度确定电子体系的基态波函数和能量等物理量奠定了理论基础,但密度泛函理论没有对交换－关联势给出说明。理论确定交换－关联能的精确表达式是极为困难的。本节主要介绍基于局域密度近似(Local Density Approximation, LDA)处理交换－关联势场的基本方案[1-2]。

　　局域密度近似是由科恩和沈吕九首先提出的[6],其核心思想非常简单:电子之间的交换－关联能是由局域电子密度决定的,而其中的非局域效应可以忽略。后来,科恩进一步证明多粒子体系的 $\boldsymbol{r}$ 点静态物理特征依赖于该点临近区域(如费米波长为半径的区域)的粒子,而对远处的粒子不敏感,进一步证实了局域密度近似的正确性[7]。

　　局域密度近似进一步假定:对于电子密度变化缓慢的体系,局部交换－

关联势能可用无相互作用体系的交换－关联能代替。此时,可以将体系的交换－关联势能近似地写成积分形式,即

$$E_{xc} = \int \rho(\boldsymbol{r}) \varepsilon_{xc}[\rho] \mathrm{d}\boldsymbol{r} \tag{2.72}$$

式中,ε_{xc} 是交换－关联能密度或平均到一个电子的交换－关联能。按局域密度近似,可以得到交换－关联势场为

$$V_{xc} = \frac{\delta E_{xc}}{\delta \rho} \approx \frac{\mathrm{d}}{\mathrm{d}\rho}\{\rho(\boldsymbol{r})\varepsilon_{xc}[\rho]\}$$

即

$$V_{xc}[\rho] = \varepsilon_{xc}[\rho] + \rho \frac{\mathrm{d}\varepsilon_{xc}[\rho]}{\mathrm{d}\rho} \tag{2.73}$$

进一步假定交换－关联能是交换能(ε_x)和关联能(ε_c)的和,则

$$\varepsilon_{xc}[\rho] = \varepsilon_x[\rho] + \varepsilon_c[\rho] \tag{2.74}$$

进而可以将交换－关联势场也表达成交换势和关联势的和,即

$$V_{xc}[\rho] = V_x[\rho] + V_c[\rho] \tag{2.75}$$

下面分别讨论几种处理交换能和关联能的近似方法。

2.4.1　交换能近似

1. 斯莱特平均交换势场近似

式(2.34)给出了平均到一个电子的均匀电子体系的交换势能,对其在整个费米球内平均可以得到平均交换能密度为

$$\varepsilon_x = -\frac{e^2 k_F}{4\pi^2 \varepsilon_0} \langle f(x) \rangle \tag{2.76}$$

而

$$\langle f(x) \rangle = \frac{\int_0^1 f(x) 4\pi x^2 \mathrm{d}x}{\int_0^1 4\pi x^2 \mathrm{d}x} = \frac{3}{2}$$

上式中,$x = 1$ 对应于 $k = k_F$。将式(2.35)代入上式,可得

$$\varepsilon_x = -\frac{3e^2 k_F}{8\pi^2 \varepsilon_0} \tag{2.77}$$

利用自由电子模型,很容易得到

$$k_F = [3\pi^2 \rho(\boldsymbol{r})]^{1/3} \tag{2.78}$$

利用式(2.73)和式(2.77)可得

$$V_x[\rho] = -\frac{3e^2}{8\pi^2 \varepsilon_0}[3\pi^2 \rho(\boldsymbol{r})]^{1/3} \tag{2.79}$$

2. Xα 近似

如果在式(2.76)中不是对 $f(x)$ 求平均,而是取 $f(x)$ 在费米面上的值,即 $f(x) = 1$,可以得到另外一种形式的交换能近似(Kohn-Sham-Gaspar,KSG)。很显然,KSG 交换势与斯莱特平均交换势相比,相差一个因子 2/3。据此,斯莱特提出引进一个与具体材料有关的常数 α,将交换势场写为

$$V_x[\rho] = -\alpha \frac{3e^2}{8\pi^2\varepsilon_0} \left[3\pi^2\rho(\bm{r})\right]^{1/3} \quad \left(\frac{2}{3} \leqslant \alpha \leqslant 1\right) \tag{2.80}$$

当 $\alpha = 1$ 时,式(2.80)是斯莱特平均交换势;当 $\alpha = 2/3$ 时,式(2.80)是 KSG 交换势。上述方法的交换势中包含待定系数 α,故称 Xα 近似。

2.4.2 关联能近似

为了公式表达简单的需要,引进无量纲参量 r_S,并使其满足

$$\frac{1}{\rho} = \frac{\Omega}{N_e} \equiv \frac{4\pi}{3}(r_S a_B)^3$$

式中,Ω 为晶体的体积,则

$$r_S = \frac{1}{a_B}\left(\frac{3}{4\pi\rho}\right)^{1/3} \tag{2.81}$$

式中,$a_B = 0.529\,177\,249 \times 10^{-10}$ m,为玻尔(Bohr)半径。很显然,r_S 是电子间距离的一种度量。

魏格纳(Wigner)首次给出了均匀电子体系的关联能表达式,即

$$\varepsilon_c = -\frac{0.88}{r_S + 7.79} \text{ Ry} \tag{2.82}$$

式(2.82)的量纲为里德堡(Ry)。利用式(2.73),可以得到魏格纳关联势场为

$$V_c = -\frac{0.88(2r_S/3 + 7.79)}{(r_S + 7.79)^2} \tag{2.83}$$

Ceperley 和 Alder 利用蒙特卡罗模拟,给出了交换和关联能(CA 交换关联能)表达式,即

$$\varepsilon_x = -\frac{0.914\,6}{r_S} \tag{2.84}$$

$$\varepsilon_c = \begin{cases} \dfrac{\gamma}{1 + \beta_1\sqrt{r_S} + \beta_2 r_S} & (r_S \geqslant 1) \\ A\ln r_S + B + Cr_S\ln r_S + Dr_S & (r_S \leqslant 1) \end{cases} \tag{2.85}$$

式中的参数见表 2.1[8]。图 2.4 所示为魏格纳及 CA 关联势场的比较,可以发现 CA 关联势场的"校正"效果小于魏格纳的关联势场[4]。目前 CA 交换关联应用得比较广泛。

表 2.1 CA 关联能参数

自旋极化情况	γ	β_1	β_2
无极化	$-0.284\,6$	$1.052\,9$	$0.333\,4$
自旋全部向上	$-0.168\,6$	$1.398\,1$	$0.261\,1$

自旋极化情况	A	B	C	D
无极化	$0.062\,2$	-0.096	$0.004\,0$	$-0.033\,2$
自旋全部向上	$0.031\,1$	$-0.053\,8$	$0.001\,4$	$-0.009\,6$

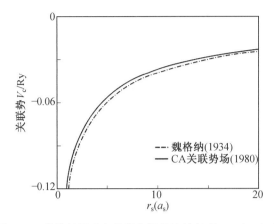

图 2.4　魏格纳及 CA 关联势场的比较(1 Ry = 13.6 eV)

2.4.3　广义梯度近似

为了改善局域密度近似的计算精度,人们提出以广义梯度近似(Generalized Gradient Approximation,GGA)代替局域密度近似。广义梯度近似的核心思想是将交换－关联能展开为电子密度梯度的级数形式。可以将交换－关联泛函能写为

$$E_{xc}[\rho] = \int \rho(\boldsymbol{r}) \varepsilon_{xc}(\rho, |\nabla \rho|) \mathrm{d}\boldsymbol{r} =$$
$$\int \rho(\boldsymbol{r}) \varepsilon_x[\rho] F_{xc}(\rho, |\nabla \rho|) \mathrm{d}\boldsymbol{r} \tag{2.86}$$

式中,$\varepsilon_x[\rho]$ 为非自旋极化的均匀电子体系的交换势能密度泛函;$F_{xc}(\rho, |\nabla \rho|)$ 为无量纲的关于电子密度及其梯度的泛函,并表示成电子密度及其梯度的级数展开的形式。第 m 阶约化(无量纲)电子密度梯度定义为

$$S_m = \frac{|\nabla^m \rho|}{(2k_F)^m \rho} \tag{2.87}$$

式中,k_F 为费米波矢的长度。

例如,一阶梯度项为

$$S_1 = \frac{|\nabla \rho|}{(2k_F)\rho} = \frac{|\nabla r_S|}{2(2\pi/3)^{1/3} r_S}$$

可以将 F_{xc} 写成"交换"和"关联"两部分之和,即

$$F_{xc} = F_x + F_c \tag{2.88}$$

F_x 最低阶展开项可由解析计算得到,且

$$F_x = 1 + \frac{10}{81}S_1^2 + \frac{146}{2\ 025}S_2^2 + \cdots \tag{2.89}$$

在高电子密度的情况下,F_c 的最低阶项为

$$F_c = \frac{\varepsilon_c^{LDA}}{\varepsilon_x^{LDA}}(1 + 0.219\ 51 S_1^2 + \cdots) \tag{2.90}$$

式中,ε_x^{LDA} 和 ε_c^{LDA} 是由局域密度近似(LDA)得到的交换能密度和关联能密

度。

为了获得广义梯度近似(GGA)下的势场[4]，先来分析交换－关联能的变分，即

$$\delta E_{xc} = \int d\mathbf{r} \left[\varepsilon_{xc} + \rho \frac{\partial \varepsilon_{xc}}{\partial \rho} + \rho \frac{\partial \varepsilon_{xc}}{\partial \nabla \rho} \nabla \right]_r \delta \rho[\mathbf{r}] \qquad (2.91)$$

可以证明，GGA 的交换关联势场为[4]

$$V_{xc}(\mathbf{r}) = \left[\varepsilon_{xc} + \rho \frac{\partial \varepsilon_{xc}}{\partial \rho} - \nabla \left(\rho \frac{\partial \varepsilon_{xc}}{\partial \nabla \rho} \right) \right]_r \qquad (2.92)$$

为了满足不同计算的精度需要，人们构建了多种 GGA 近似方案，这也间接反映了构建准确的交换－关联势是非常困难的。尽管 GGA 比 LDA 在处理交换－关联能方面有所改进，但依然存在许多问题，例如，所计算的能带带隙普遍偏小。

2.4.4 局域自旋密度近似

科恩和沈吕九已经在他们的开创性论文中指出，交换和关联的影响是局部的，据此他们提出了局域密度近似(LDA)。在很多情况下，考虑电子自旋极化是必要的，所以将 LDA 扩展为局域自旋密度近似(LSDA)。在 LSDA 中交换－关联能是整个空间的积分，每个点上的交换－关联能密度假设与具有该密度的均匀电子气体相同，即

$$E_{xc}^{LSDA} = \int \rho(\mathbf{r}) \varepsilon_{xc}(\rho^{\uparrow}, \rho^{\downarrow}) d\mathbf{r} =$$

$$\int \rho(\mathbf{r}) \left[\varepsilon_x(\rho^{\uparrow}, \rho^{\downarrow}) + \varepsilon_c(\rho^{\uparrow}, \rho^{\downarrow}) \right] d\mathbf{r} \qquad (2.93)$$

式中，箭头表示自旋取向。LSDA 既可以用不同自旋取向电子密度 $\rho^{\uparrow}$ 和 $\rho^{\downarrow}$ 表示，也可以用总电子密度 ρ 和自旋极化分数 ζ 表示。ζ 定义为

$$\zeta = \frac{\rho^{\uparrow}(\mathbf{r}) - \rho^{\downarrow}(\mathbf{r})}{\rho(\mathbf{r})} \qquad (2.94)$$

可以证明自旋极化体系的交换能密度为

$$\varepsilon_x(\rho, \zeta) = \varepsilon_x(\rho, 0) + \left[\varepsilon_x(\rho, 1) - \varepsilon_x(\rho, 0) \right] f(\zeta) \qquad (2.95)$$

式中

$$f(\zeta) = \frac{1}{2} \frac{(1+\zeta)^{4/3} + (1-\zeta)^{4/3} - 2}{2^{1/3} - 1} \qquad (2.96)$$

严格推导关联能密度与自旋极化的关系是困难的，一般假定关联能与式(2.95)具有相同的形式，即

$$\varepsilon_c(\rho, \zeta) = \varepsilon_c(\rho, 0) + \left[\varepsilon_c(\rho, 1) - \varepsilon_c(\rho, 0) \right] f(\zeta) \qquad (2.97)$$

结合式(2.95)～(2.97)和 LDA 交换－关联近似，可以获得自旋极化的交换－关联势场，进而通过求解 KS 方程最终给出体系自旋极化和磁性等信息。

2.5   晶体电子结构举例

密度泛函理论为计算晶体的电子结构提供了重要途径,其中的核心困难是构建电子交换 — 关联势函数。局域密度近似为处理交换 — 关联能和势函数提供了有效方法,基于密度近似的密度泛函理论广泛用于固体的电子结构的计算,并取得了巨大成功。

2.5.1   布里渊区的对称点

能带结构、态密度等是晶体电子结构的核心内容,由于能带结构具有周期性,第一布里渊区中能量函数的对称性具有重要意义。研究发现,布里渊区内能量函数具有同晶体点群一致的对称性,能量函数这一特点大大简化了能带的计算。能带结构的许多特性可以从对称性得到,第一布里渊区中点的对称性越高,所需要的计算量越少。图 2.5 所示为简单晶体结构第一布里渊区对称轴和对称点示意图。

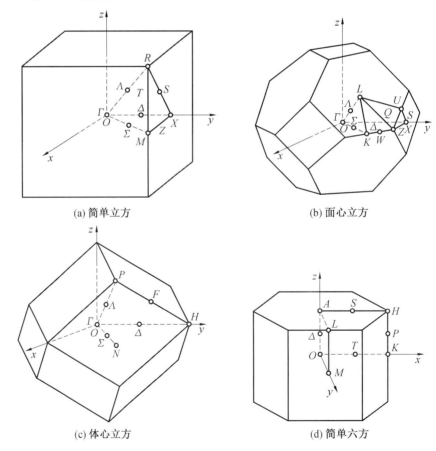

(a) 简单立方   (b) 面心立方

(c) 体心立方   (d) 简单六方

图 2.5   简单晶体结构第一布里渊区对称轴与对称点示意图

2.5.2　截断能

KS方程从理论上严格地证明了单电子近似的合理性,单电子波函数满足布洛赫定理,以下从布洛赫定理出发论述截断能的意义[9]。按布洛赫定理,单电子波函数可以表示为

$$\varphi(r) = u_k(r)e^{ik\cdot r}$$

式中,$u_k(r) = u_k(r+R)$(R是晶体的平移矢量)是周期函数,可以向平面波展开为

$$u_k(r) = \sum_G C_G e^{iG\cdot r}$$

所以,单电子波函数可以表示为

$$\varphi_k(r) = \sum_G C_{k+G} e^{i(k+G)\cdot r} \qquad (2.98)$$

式(2.98)表明,即使是在 k-空间一个 k 点进行计算,也需要对无穷多的可能 G 取值进行加和。为此,需要寻求一种避免无穷加和困难的方法。如果式(2.98)是KS方程(或其他近似的薛定谔方程)的解,能量本征值中所包含的动能为

$$T = \frac{\hbar^2}{2m_e}(k+G)^2$$

由于低能量解比高能量解的物理意义更重要,可以将动能限制在某个有限值以下,这样就避免了能带计算时的无穷加和。这个动能的上限称为截断能,记为 E_{cut}。因为

$$E_{cut} = \frac{\hbar^2}{2m_e}G_{cut}^2$$

所以,在实际计算时,有

$$G \leqslant G_{cut} = \frac{\sqrt{2m_e E_{cut}}}{\hbar^2} \qquad (2.99)$$

图 2.6 所示为在 0.364 nm 晶格常数下计算 fcc—Cu 的晶体总能量(平均到每个原子)与截断能的关系。可见,当截断能大于 240 eV 时,总能量的变化幅度比较小。所以,合适的截断能对减少计算量非常重要,但截断能过小会降低计算精度。

需要指出的是,截断能可能影响晶体总能量和能带的性质,所以,当对多粒子体系进行计算的晶体能量进行比较时,需要使用相同的截断能。

在确定了交换—关联势函数以后,初始试探电子密度对应用密度泛函理论计算固体电子结构具有重要意义。一般需将密度泛函理论与某种能带计算方法(如赝势方法)相结合,进行电子结构的计算。其中,能带计算方法主要是提供初始电子密度的计算。本节介绍几种简单元素晶体的电子结构。

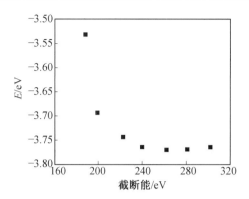

图 2.6   在 0.364 nm 晶 格 常 数 下 计 算 fcc－Cu 的晶体总能量（平均到每个原子）与截断能的关系

2.5.3   元素晶体电子结构举例

1. 碱金属的电子结构

首先介绍碱金属的电子结构[10]。碱金属是最简单的一类晶体，它们都具有体心立方晶体结构。其电子结构可以用近自由电子近似处理，费米面的测量表明，它们的费米面与球面的差别只有 0.1％。碱金属的能带结构非常相似，这里只介绍 Li 的能带结构。选择体心立方（bcc）、面心立方（fcc）和密排六方（hcp）结构进行计算，如图 2.7 所示[11]，计算结果表明体心立方结构的总能量低于密排六方和面心立方，即体心立方结构是稳定相，与试验吻合。如表 2.2 所示[10]，通过几何优化得到的晶格常数也与试验吻合得较好。但是，对 Na、K、Rb、Cs 和 Fr 的计算，却发现面心立方能量稍低。但晶格常数的计算与试验相符合，表明理论计算精度有限。

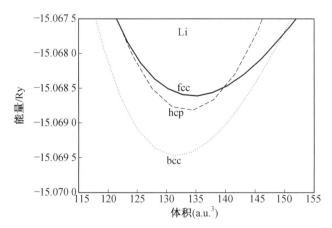

图 2.7   Li 晶体不同结果的总能量计算结果（a. u. 代表原子单位）

表 2.2　Li 晶体点阵参数与体弹模量的计算结果

晶体结构	点阵参数 (a_B)		体弹模量 /GPa
fcc	8.164	—	19.6
bcc	6.410	—	29.6
hcp	5.738	9.371	33.9
试验值	6.597 (bcc)	—	11.6
$\Delta a_{bcc-hcp}$	0.692 a_B		
$\Delta E_{t,bcc-hcp}$	0.654 mRy		

　　Li 的能带结构如图 2.8 所示[4]，图中的虚线代表费米能级。因为自由电子的能量与波矢 k^2 成正比，所以能量与 k 的抛物线关系表明了近自由电子特征。图 2.8 表明，Li 晶体的价电子行为与近自由电子非常接近。

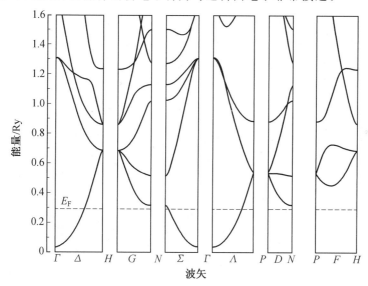

图 2.8　Li 的能带结构

　　图 2.9 所示为 Li 价电子的总态密度（Density of State，DOS）与单电子能量的关系。可见，费米能级（图 2.9 中的虚线）以下，态密度与自由电子态密度（$\propto \sqrt{k}$）非常相似，也说明近自由电子模型对碱金属是适用的。

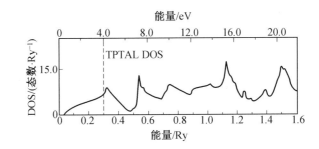

图 2.9   Li 价电子的总态密度与单电子能量的关系

2. Fe 的电子结构

Fe 是典型的磁性金属,在居里温度以下,具有铁磁性。这里简要介绍 bcc—Fe 能带的一般特点。在计算 Fe 的能带结构时,必须考虑自旋极化。图 2.10 所示为 Fe 的能带,包括自旋向上极化和向下极化,其中图(a)的插图是第一布里渊区示意图。从 −4 eV 开始的形状类似于宽的抛物线的能带是近自由电子的 s 带,它们很难出现自旋极化。自旋向下的 s 带在 −3~−2 eV 之间与 d 带发生杂化。比较平滑的是 d 带,自旋向上的 d 带几乎位于费米能级以下,基态下是被电子占据的能带;而自旋向下的 d 带主要位于费米能级以上,基态下是未被占据的能带。d 带劈裂(自旋向上和自旋向下的 d 带能量不相等)引起 bcc—Fe 铁自发磁化及铁磁性,如图 2.11 所示。

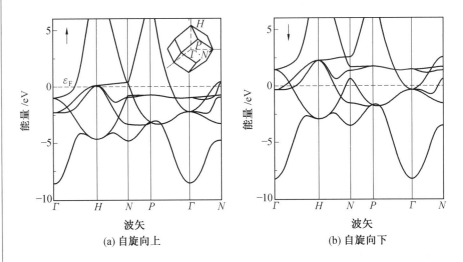

(a) 自旋向上   (b) 自旋向下

图 2.10   Fe 的能带

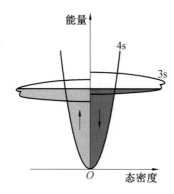

图 2.11   3d－带劈裂引起 Fe 自发磁化示意图(箭头表示自旋取向)

图 2.12 所示为 Fe 的态密度曲线,为了比较,图 2.12 中还给出了 fcc 结构 Fe 的态密度,图 2.12 中自旋向上的态密度为正,自旋向下的态密度用负值代表,费米能级为 0(以费米能级为能量参考点)。从图 2.12 中可以发现 bcc－Fe 中自旋向上的占据态密度(费米能级以下)大于未占据态密度,所以 bcc－Fe 具有自发磁化和铁磁性。但是,fcc－Fe 中自旋向上和自旋向下的态密度相等,也就是说 fcc－Fe 是非自旋极化的,因而不具有铁磁性。

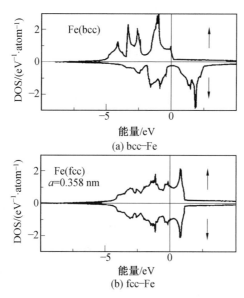

图 2.12   Fe 的态密度曲线

3. Si 的电子结构

用赝势方法计算的 Si 的能带结构如图 2.13 所示[4]。能量最高的价带顶位于布里渊区中心,但能量最低导带低位于 X 点,不在布里渊区中心。所以 Si 是典型的间接带隙半导体。Si 的带隙值位于可见光区,有利于制造可见光区工作的光电器件,但间接带隙不利于提高光电转换效率。

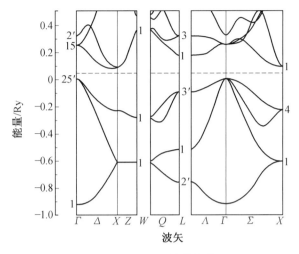

图 2.13　Si 的能带结构

　　密度泛函理论建立以来,经过研究者几十年的努力,无论在理论本身还是在应用研究中均取得了巨大成就,已经成为材料计算和设计的重要手段。关于密度泛函理论和应用有多部著作和综述文章可供参考,其中不乏许多优秀的中文著作[1,2,12-13]。

本章参考文献

[1] 谢希德,陆栋. 固体能带理论[M]. 上海:复旦大学出版社,1998.

[2] 冯端,金国钧. 凝聚态物理学(上卷)[M]. 北京:高等教育出版社,2003.

[3] 李正中. 固体理论[M]. 北京:高等教育出版社,2002.

[4] MARTIN R M. Electronic structure-basic theory and practical methods [M]. Cambridge:Cambridge University Press, 2010.

[5] 阎守胜. 现代固体物理学导论[M]. 北京:北京大学出版社,2008.

[6] KHON W, SHAM L J. Self-consistent equations including exchange and correlation effects [J]. Physical Review, 1965,140:A1133.

[7] KOHN W. Density functional and density matrix method scaling linearly with the number of atoms [J]. Physical Review Letters, 1996, 76:3168.

[8] TAYLOR P L, HEINONEN O A. Quantum approach to condensed matter physics [M]. Cambridge:Cambridge University Press,2002.

[9] SHOLL D S, STECKEL J A. 密度泛函理论[M]. 李健,周勇,译. 北京:国防工业出版社,2014.

[10] PAPACONSTANTOPOULOS D A. Handbook of the band structure of elemental solids [M]. New York:Springer, 2015.

［11］ COEY J M D. Magnetism and magnetic materials［M］. Cambridge：Cambridge Press，2009.

［12］ 胡英，刘洪来. 密度泛函理论［M］. 北京：科学出版社，2016.

［13］ 陈志谦，李春梅，李冠男，等. 材料的设计、模拟与计算［M］. 北京：科学出版社，2019.

第3章 分子动力学模拟

固体中的原子或分子(粒子)的运动速度一般较小,而质量相对于电子又大得多,所以其运动规律可以近似地利用经典力学和经典统计热力学进行描述。分子动力学(Molecular dynamics)模拟通过牛顿方程的数值求解,模拟计算粒子的运动规律,结合统计热力学,阐明多粒子体系的宏观性质。

分子动力学模拟具有物理图像清晰、适用范围广等优点。既可以模拟材料的静态性质,也可以模拟材料在外场(如应力、温度等)作用下的动态特性。分子动力学已经成为材料及其相关领域研究的重要工具,广泛应用于晶体缺陷结构、表面与界面结构、微结构形成过程、材料变形与断裂等方面的模拟分析,是材料计算的重要方法之一[1-2]。

本章旨在对分子动力学模拟的物理基础进行阐述,为使用分子动力学方法进行材料学相关问题的模拟计算奠定基础。

3.1 分子动力学的基本原理

设想有 N 个粒子(原子或分子)组成的体系中,粒子间相互作用势函数已知,而且,粒子的运动规律可以用牛顿经典力学描述。分子动力学模拟过程可以做以下简单描述:首先,建立一个由 N 个粒子组成的模型体系(统计系综),并给定粒子之间相互作用势函数的具体形式;然后,利用牛顿力学模拟计算粒子的运动规律,结合统计热力学条件,当体系达到平衡状态后,进行体系宏观性质的计算。

3.1.1 分子动力学的基本思想

考虑一个由具有相互作用的 N 个粒子组成的孤立体系。假定粒子的坐标为 $r_1, r_2, \cdots$,粒子之间的相互作用总势能为 $V(r_1, r_2, \cdots)$,则第 i 个粒子(质量为 m_i)所受的力为

$$f_i = -\nabla_i V(r_1, r_2, \cdots) \tag{3.1}$$

式中,梯度算符由下式给出:

$$\nabla_i = i \frac{\partial}{\partial x_i} + j \frac{\partial}{\partial y_i} + k \frac{\partial}{\partial z_i}$$

i, j 和 k 是笛卡儿坐标系三个坐标轴的单位矢量,可见,如果粒子间的相互作用势函数已知,则可以得到每个粒子所受的力。第 i 个粒子的加速度可由牛顿第二定律获得:

$$\frac{\mathrm{d}\bm{v}_i}{\mathrm{d}t} = \frac{\mathrm{d}^2\bm{r}_i}{\mathrm{d}t^2} = \frac{\bm{f}_i}{m_i} \tag{3.2}$$

如果初始条件(包括粒子在初始时刻的位置和速度)给定,对加速度积分可以得到粒子的速度,再对速度积分可以得到粒子的位置坐标。进而可以得到 t 时刻粒子的动能、势能及体系的总能量。

当对实际材料(包括结晶和非结晶态)进行分子动力学模拟时,需要给出原子间的相互作用势函数。目前,势函数主要有经验、半经验和第一性原理计算三大类。 例如, 从分子晶体得到的经验伦纳德 — 琼斯(Lennard-Jones)势,即

$$u(\bm{r}) = -\frac{A}{r^6} + \frac{B}{r^{12}} \tag{3.3}$$

式中,$u(\bm{r})$ 为两个原子间的势函数;A 和 B 为待定经验参数,可以通过试验或已知材料性能加以确定;r 为两个原子间的距离;式中负号表示吸引势,正号表示排斥势。一旦确定了原子间的相互作用势函数,就可以利用牛顿方程计算粒子的加速度;利用加速度就可以计算粒子的速度和动能;利用粒子的速度可以得到粒子的位置,进而得到粒子的势能。

实际模拟时,对式(3.2)的积分过程是以数值积分的方式进行的。假定计算的时间步长为 Δt,则计算到第 n 步时的时间为 $t = n\Delta t$。通过数值积分运算可以获得粒子位置和速度:$\bm{r}_i(n)$ 和 $\bm{v}_i(n)$,据此可以获得相应的体系动能、势能和总能量的平均值,利用热力学统计物理理论可以计算体系的其他物理量的平均值。持续上述计算过程,直至获得满意的结果,可以获得体系的宏观热力学和动力学性质。可以用图 3.1 所示的示意图表示分子动力学模拟的基本过程及其物理图像。

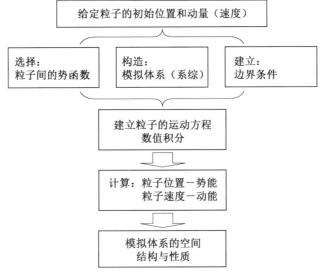

图 3.1　分子动力学模拟的原理示意图

　　由于计算机只能计算含有限数目粒子的体系,因此,在计算过程中必须选择合适的边界条件(如周期性边界条件)。另外,针对不同的问题,实际模拟时需要在给定的统计系综体系下进行,例如,微正则系综、正则系综、巨正则系综等。由图 3.1 可以发现,理解分子动力学模拟方法需要初学者对以下知识有所了解:① 粒子间的相互作用势函数;② 粒子的运动方程;③ 运动方程的数值积分方法;④ 统计热力学中有关系综的统计方法,以便获得不同热力学条件下(如等温、等压条件等)的宏观性能。

3.1.2　初始条件

　　按照分子动力学模拟的基本思路可知,其模拟计算过程是从给定初始条件逐步计算到体系趋于平衡的过程。初始化条件的选择对计算效率乃至结果的正确性都有影响。因此在进行分子动力学模拟之前,应对初始条件进行分析,给出合理的初始化条件。

　　初始化条件包括两部分,一是粒子的初始位置坐标;二是粒子的初始速度(或动量)。对于初始位置可参照试验结构进行构建。粒子的初始速度设定要考虑粒子的速度满足统计分布规律。粒子的初始速度(或动量)可以按统计分布规律随机抽样选取,并使粒子的动能之和满足经典统计的能量均分定理,即所有粒子的动能满足下述关系:

$$\sum_{i=1}^{N} \frac{3}{2} m_i v_i{}^2 = \frac{1}{2} N_f k_B T \tag{3.4}$$

式中,T 为绝对温度;N 为粒子数;N_f 为体系的总自由度,N_f 等于 $3N$ 减去约束条件的总数。

3.1.3　边界条件

　　分子动力学既可以模拟小的体系(即含有少数原子的体系,如大分子),也可以模拟大的液体和固体体系。由于计算机计算能力的限制,不可能将较大体系的所有粒子全部纳入体系进行计算。因此,对于大的体系而言,一般选取周期性边界条件。周期性边界条件最早是由玻恩(Born)和冯卡门(von Karman)在研究晶体时提出的,所以也称玻恩－冯卡门边界条件。这里介绍在分子动力学模拟时使用周期性边界条件的方法。

　　实际进行分子动力学模拟时,根据要模拟的问题和计算机的计算能力,首先选择一定数目的粒子的模拟体系(材料模拟时,通常是指原子的数目)。假定有无穷多个同样的虚拟体系(模拟体系的"复制品"),连同模拟体系一起构成一个无穷大的周期体系,如图 3.2 所示,所有体系中相对应的粒子具有相同的受力状态和相同的速度。假定模拟体系是一个边长为 L 的立方体,如果将坐标系的原点选在模拟体系上,所有虚拟体系的原点位置矢量($\boldsymbol{R}_{mnl}$)可以表示为

$$\boldsymbol{R}_{mnl} = L(m\boldsymbol{i} + n\boldsymbol{j} + l\boldsymbol{k}) \tag{3.5}$$

这样,每个虚拟的体系都可以用一组整数(mnl)表示。那么,标号为(mnl)的虚拟复制体系中第 i 个粒子的坐标($r_{i,mnl}$)和速度($v_{i,mnl}$)与模拟体系的坐标(r_i)和速度(v_i)的关系为

$$\begin{cases} r_{i,mnl} = r_i + R_{mnl} \\ v_{i,mnl} = v_i \end{cases} \tag{3.6}$$

在周期性边界条件的约束下,若有一个粒子溢出模拟体系,在溢出粒子的相反方向有一个粒子进入模拟体系,从而保证了模拟体系的粒子数不变。

一般而言,原子间的势函数都随原子间距增加逐渐地趋于零,这样,在计算原子间相互作用及计算总势能时,就要考虑无穷多原子。为了避免上述困难,须对原子间的势函数进行截断处理,即当粒子间的距离大于临界值 r_c 时,令势函数为 0。若取 $r_c < L/2$,当计算模拟体系中一个粒子(如图 3.2 所示的 A 粒子)与其他 $N-1$ 个粒子相互作用时,若某粒子与 A 粒子的距离大于 $L/2$,可用虚拟体系的对应粒子与 A 粒子的相互作用代替。也就是说,以 A 粒子为球心、$L/2$ 为半径画一个球,计算 A 粒子与球内粒子的相互作用就相当于计算了 A 粒子与模拟体系中所有粒子的相互作用。

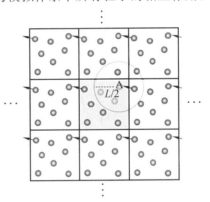

图 3.2　周期性边界条件示意图

当模拟界面、薄膜等特殊体系时,还需选择其他形式的边界条件。例如,当模拟薄膜体系时,可以在平行薄膜的方向上选择周期性边界条件,而在垂直于薄膜表面的方向上,采用其他边界条件。总之,边界条件在分子动力学模拟中非常重要,需要针对具体研究对象进行具体分析。

3.2　运动方程

按分子动力学模拟方法,当给定粒子的初始位置和初始速度以后,就可以按经典粒子的运动方程进行计算了。虽然牛顿第二定律可以完全描述粒子的运动规律,但为了方便地表达统计热力学条件,使用与牛顿第二定律等价的拉格朗日(Lagrange)方程和哈密顿(Hamilton)方程更为方便。本节从最小作用原理出发介绍拉格朗日方程和哈密顿方程。

3.2.1 拉格朗日方程

为了表述方便,对粒子的坐标和速度统一进行编号,坐标记为 x_1, $x_2,\cdots,x_{3N},\dot{x}_1,\dot{x}_2,\cdots,\dot{x}_{3N}$,那么 $x_1,x_2,\cdots,x_{3N},\dot{x}_1,\dot{x}_2,\cdots,\dot{x}_{3N}$ 组成一个 $6N$ 维"空间",一般称为相空间。这里,变量上方的点表示对时间求导数。体系的任何一个状态都可以用相空间中的一点表示,而体系的变化则可以形象地表示为相空间中的一条轨迹。

定义拉格朗日函数(L)为体系的动能和势能的差,则

$$L = \sum_{i=1}^{3N} \frac{1}{2} m_i \dot{x}_i^2 - V(x_1,x_2,\cdots,x_{3N}) \qquad (3.7)$$

下面利用最小作用量原理推导拉格朗日方程。如图 3.3 所示,在相空间中从 t_1 到 t_2 时间内,自点 A 到点 B 的作用量(S)为

$$S = \int_{t_1}^{t_2} L \mathrm{d}t \qquad (3.8)$$

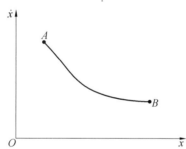

图 3.3 相空间中体系运动轨迹示意图

最小作用量原理是力学系统的普遍原理,一个保守完整的力学体系,在相空间中的运动"路径"的作用量最小,所以有

$$\delta S = \delta \int_{t_1}^{t_2} L \mathrm{d}t = 0 \qquad (3.9)$$

式中,变分和积分可以换序,且有

$$\delta \dot{x}_i = \delta \frac{\mathrm{d}}{\mathrm{d}t} x_i = \frac{\mathrm{d}}{\mathrm{d}t} \delta x_i$$

将上式代入式(3.9),可得

$$\delta S = \int_{t_1}^{t_2} \delta L \mathrm{d}t = \sum_{i=1}^{3N} \int_{t_1}^{t_2} \left(\frac{\partial L}{\partial x_i} \delta x_i + \frac{\partial L}{\partial \dot{x}_i} \delta \dot{x}_i \right) \mathrm{d}t = 0 \qquad (3.10)$$

对式(3.10)积分的第二项利用分部积分,整理后得到

$$\sum_{i=1}^{3N} \frac{\partial L}{\partial \dot{x}_i} \delta x_i \bigg|_{t_1}^{t_2} + \sum_{i=1}^{3N} \int_{t_1}^{t_2} \left(\frac{\partial L}{\partial x_i} - \frac{\mathrm{d}}{\mathrm{d}t} \frac{\partial L}{\partial \dot{x}_i} \right) \delta x_i \mathrm{d}t = 0 \qquad (3.11)$$

在两个端点上,$\delta x_i = 0$,式(3.11)左边第一项为 0;因此,式(3.11)左边第二项积分对任意 δx_i 都为 0,则式(3.11)左边第二项的被积函数必须为 0,即

$$\frac{\partial L}{\partial x_i} - \frac{\mathrm{d}}{\mathrm{d}t}\frac{\partial L}{\partial \dot{x}_i} = 0 \tag{3.12}$$

式(3.12)称为拉格朗日方程。

下面,用一个粒子一维运动进一步分析拉格朗日方程的意义。对于一个一维粒子,拉格朗日函数可以写为

$$L = \frac{1}{2}m\dot{x}^2 - V(x) \tag{3.13}$$

将式(3.13)代入拉格朗日方程式(3.12),可得

$$-\frac{\partial L}{\partial x} = -\frac{\partial V}{\partial x} = f = m\ddot{x} \tag{3.14}$$

式中,f 是粒子所受的力,变量上方的两点表示对时间求二阶导数。

很显然,式(3.14)就是牛顿第二定律。也就是说,拉格朗日方程实质上是牛顿第二定律的另外一种表达形式。但拉格朗日方程具有更为广泛的意义。由拉格朗日方程,可以得到牛顿方程,即

$$m_i\ddot{x}_i = -\frac{\partial V}{\partial x_i} = f_i \tag{3.15}$$

3.2.2   哈密顿方程

拉格朗日方程给出了以粒子坐标和速度描述的动力学方程。下面介绍以坐标和动量描述保守体系动力学规律的哈密顿方程。

定义体系的总能量为哈密顿量(H),即

$$H = \sum_{i=1}^{3N}\frac{p_i^2}{2m_i} + V(x_1,\cdots,x_{3N}) = \sum_{i=1}^{3N}m_i\dot{x}_i^2 - L = \sum_{i=1}^{3N}p_i\dot{x}_i - L \tag{3.16}$$

则

$$\mathrm{d}H = \sum_{i=1}^{3N}(p_i\mathrm{d}\dot{x}_i + \dot{x}_i\mathrm{d}p_i) - \mathrm{d}L \tag{3.17}$$

L 全微分可以表示为

$$\mathrm{d}L = \sum_{i=1}^{3N}(\frac{\partial L}{\partial x_i}\mathrm{d}x_i + \frac{\partial L}{\partial \dot{x}_i}\mathrm{d}\dot{x}_i) \tag{3.18}$$

按拉格朗日函数的定义及拉格朗日方程,可得

$$\begin{cases}\frac{\partial L}{\partial x_i} = \frac{\mathrm{d}}{\mathrm{d}t}\frac{\partial L}{\partial \dot{x}_i} = m_i\ddot{x}_i = \dot{p}_i \\ \frac{\partial L}{\partial \dot{x}_i} = p_i\end{cases} \tag{3.19}$$

将式(3.19)代入式(3.18)得

$$\mathrm{d}L = \sum_{i=1}^{3N}(\dot{p}_i\mathrm{d}x_i + p_i\mathrm{d}\dot{x}_i) \tag{3.20}$$

将式(3.20)代入式(3.17)可得

$$\mathrm{d}H = \sum_{i=1}^{3N}(-\dot{p}_i\mathrm{d}x_i + \dot{x}_i\mathrm{d}p_i) \tag{3.21}$$

另外,由拉格朗日函数和哈密顿量的定义有

$$H = \sum_{i=1}^{3N} \frac{p_i^2}{2m_i} + V(x_1, x_2, \cdots, x_{3N})$$

式(3.22)表明体系的哈密顿量可以表达为粒子坐标和动量的函数,即

$$H = H(x_1, x_2, \cdots, x_{3N}, p_1, p_2, \cdots, p_{3N}) \qquad (3.22)$$

所以,H 的全微分还可以表示为

$$\mathrm{d}H = \sum_{i=1}^{3N} \left(\frac{\partial H}{\partial x_i} \mathrm{d}x_i + \frac{\partial H}{\partial p_i} \mathrm{d}p_i \right) \qquad (3.23)$$

比较式(3.21)和式(3.23)可得

$$\begin{cases} \dot{p}_i = -\dfrac{\partial H}{\partial x_i} \\[2mm] \dot{x}_i = \dfrac{\partial H}{\partial p_i} \end{cases} \qquad (3.24)$$

式(3.24)称为哈密顿方程,它给出了粒子的动量和坐标对时间的导数与体系哈密顿量的关系。同样,读者可以用一个粒子在保守势场中的运动证明,式(3.24)同牛顿第二定律是等价的。

前面从最小作用量原理出发给出了拉格朗日方程和哈密顿方程,对于保守的力学系统而言,拉格朗日方程和哈密顿方程与牛顿方程是等价的。但哈密顿方程的适用范围更为广泛,有些情况下,使用哈密顿方程更方便。

3.3 积分算法

分子动力学模拟的计算过程是通过运动方程(牛顿方程、拉格朗日方程或哈密顿方程)的积分计算粒子的速度(或动量),再通过粒子速度的积分计算粒子的坐标。所以,分子动力学模拟的核心计算过程是运动方程的积分。目前已经发展了多种适合分子动力学模拟的积分算法,本节只介绍比较简单的沃勒特(Verlet)和吉尔(Gear)算法。

由于每个粒子所满足的拉格朗日方程或哈密顿方程在形式上相同,所需要求解的积分方程也是相似的。因此,为了简便和易于理解,在本节的叙述中略去了坐标、速度、加速度和力的编号。有关计算程序的编写可参阅相关文献。

3.3.1 沃勒特算法

1. 沃勒特算法的基本原理

假定模拟计算的虚拟时间步长为 $\Delta t = h$,如果 h 较小,则可以将 $t+h$ 和 $t-h$ 时刻的位置 $x(t+h)$ 和 $x(t-h)$ 做泰勒(Taylor)展开,即

$$x(t+h) = x(t) + v(t)h + \frac{a(t)}{2}h^2 + \cdots \qquad (3.25)$$

$$x(t-h) = x(t) - v(t)h + \frac{a(t)}{2}h^2 + \cdots \qquad (3.26)$$

式中，$v(t)$ 和 $a(t)$ 分别为 t 时刻粒子的速度和加速度，且 $a(t) = f(t)/m$。

在分子动力学模拟过程中，势函数是已知的，所以粒子的受力也是已知的。将式（3.25）和式（3.26）相加并略去高阶无穷小，可得

$$x(t+h) = 2x(t) - x(t-h) + \frac{f(t)}{m}h^2 \qquad (3.27)$$

式（3.25）和式（3.26）相加时，h 的奇次方项被自然消掉，所以式（3.27）的误差与 h^4 成正比。另外，只要知道 t 时刻的位置，可以计算该时刻的力 $f(t)$，这样结合 $(t-h)$ 时刻的坐标值，就可以得到 $(t+h)$ 时刻的位置。

将式（3.25）和式（3.26）相减忽略高级无穷小，可得

$$v(t) = \frac{x(t+h) - x(t-h)}{2h} \qquad (3.28)$$

在式（3.25）和式（3.26）相减的过程中，偶次方项被自然消掉，所以速度的计算误差与 h^2 成正比。式（3.28）还表明，必须先得到 $(t+h)$ 的位置才能计算 t 时刻的速度。也就是说，沃勒特算法的速度计算滞后于位置坐标的计算。

沃勒特算法具有简单明了等特点，但其缺点也十分明显。从以上的分析可以发现，沃勒特算法是基于牛顿方程的时间反演对称性的。但是，计算过程的舍入误差的积累会逐渐破坏这种时间对称性，误差的累积将严重劣化模拟计算结果的精确性。另外，沃勒特算法中速度的计算总是滞后于坐标计算一步，在某些模拟（如需要速度标定的模拟）中是很大的缺点。由于在位置坐标的计算中不涉及速度的计算，且坐标的计算误差与 h^4 成正比，因此对某些与速度无关或粒子的速度可以忽略的模拟中，粒子位置（结构）的模拟精度可以相当高。

2. 蛙跃算法

为了克服沃勒特算法的缺点，防止舍入误差的积累和速度计算滞后，人们提出一种被称为蛙跃（Leap-frog）的计算方法。按牛顿方程，速度的差分（加速度）与力的关系为

$$\frac{v(t+h/2) - v(t-h/2)}{h} = \frac{f(t)}{m} \qquad (3.29)$$

由此可以得到 $t + h/2$ 时刻的速度为

$$v(t+h/2) = v(t-h/2) + \frac{h}{m}f(t) \qquad (3.30)$$

蛙跃算法中，位置坐标的计算是基于速度定义进行的。利用 $t+h$ 时刻与 t 时刻的位置坐标的差分表示 $t+h/2$ 时刻的速度，即

$$\frac{x(t+h) - x(t)}{h} = v(t+h/2) \qquad (3.31)$$

从而有

$$x(t+h) = x(t) + hv(t+h/2) \qquad (3.32)$$

蛙跃算法示意图如图 3.4 所示,首先利用 t 时刻的位置计算该时刻的力 $f(t)$;利用 $f(t)$ 按式(3.30)计算出 $t+h/2$ 时刻的速度;利用 $t+h/2$ 时刻的速度 $v(t+h/2)$ 计算 t 时刻的位置坐标 $x(t+h)$。

可见,在蛙跃算法中,速度的计算比位置坐标的计算提前半个步长 $h/2$。沃勒特算法或蛙跃式算法,对求解线性微分方程是方便的,但对于非线性微分方程的求解还有困难。

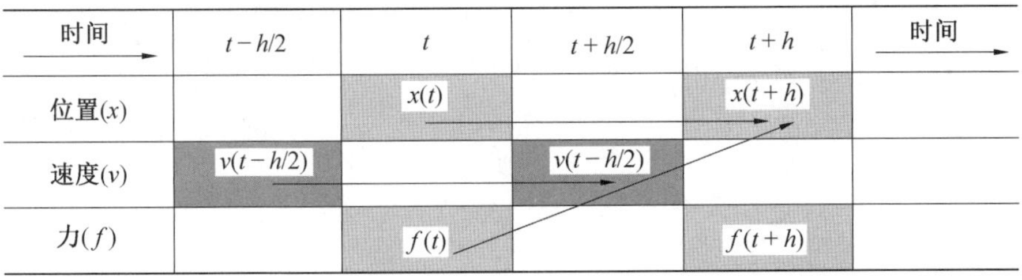

时间	$t-h/2$	t	$t+h/2$	$t+h$	时间
位置(x)		$x(t)$		$x(t+h)$	
速度(v)	$v(t-h/2)$		$v(t-h/2)$		
力(f)		$f(t)$		$f(t+h)$	

图 3.4　蛙跃算法示意图

3.3.2　吉尔算法

吉尔算法也被称为预测 — 校正法(Predictor-corrector method)[3]。假定计算的时间步长为 h,第 k 步的时间为 $t_k=kh$,粒子相应的位置坐标记为 x_k。吉尔算法的基本思想是当获得了第 k 步的粒子坐标及其对时间的 n 阶导数,首先利用泰勒展开预测第 $k+1$ 步的粒子坐标及其对时间的导数;然后利用牛顿第二定律(二阶微分方程)对预测结果进行修正;通过循环计算求解微分方程。

如果将粒子的运动轨迹视为连续函数,可以对位置坐标及其对时间的各阶导数进行泰勒展开。为了方便,引进下列记号,即

$$x^{(n)} \equiv \frac{\mathrm{d}^n x}{\mathrm{d} t^n} \tag{3.33}$$

式中,$x^{(0)}=x$。

当得到第 k 步的 $x^{(n)}(n=1,2,\cdots)$ 以后,可以利用泰勒展开预测第 $k+1$ 步的 $x^{(n)}$ 值,即

$$\begin{cases} x_{k+1}^{(0)} = x_k^{(0)} + x_k^{(1)}h + \dfrac{1}{2!}x_k^{(2)}h^2 + \dfrac{1}{3!}x_k^{(3)}h^3 + \dfrac{1}{4!}x_k^{(4)}h^4 + \cdots \\ x_{k+1}^{(1)} = x_k^{(1)} + x_k^{(2)}h + \dfrac{1}{2!}x_k^{(3)}h^2 + \dfrac{1}{3!}x_k^{(4)}h^3 + \cdots \\ x_{k+1}^{(2)} = x_k^{(2)} + x_k^{(3)}h + \dfrac{1}{2!}x_k^{(4)}h^2 + \cdots \\ x_{k+1}^{(3)} = x_k^{(3)} + x_k^{(4)}h + \cdots \\ x_{k+1}^{(4)} = x_k^{(4)} + \cdots \end{cases} \tag{3.34}$$

为了讨论问题的方便,引进新的变量 $X^{(n)}$,有

$$X^{(n)} = \frac{h^n}{n!} x^{(n)} \tag{3.35}$$

由式(3.34)和式(3.35)可得

$$\begin{pmatrix} X_{k+1}^{(0)} \\ X_{k+1}^{(1)} \\ X_{k+1}^{(2)} \\ X_{k+1}^{(3)} \\ X_{k+1}^{(4)} \\ \vdots \end{pmatrix} = \begin{pmatrix} 1 & 1 & 1 & 1 & 1 & \cdots \\ 0 & 1 & B_{23} & B_{24} & B_{25} & \cdots \\ 0 & 0 & 1 & B_{34} & B_{35} & \cdots \\ 0 & 0 & 0 & 1 & B_{45} & \cdots \\ 0 & 0 & 0 & 0 & 1 & \cdots \\ \vdots & \vdots & \vdots & \vdots & \vdots & \end{pmatrix} \begin{pmatrix} X_k^{(0)} \\ X_k^{(1)} \\ X_k^{(2)} \\ X_k^{(3)} \\ X_k^{(4)} \\ \vdots \end{pmatrix} \tag{3.36}$$

若定义

$$\boldsymbol{X}_k \equiv (X_k^{(0)} \quad X_k^{(1)} \quad X_k^{(2)} \quad \cdots)^{\mathrm{T}} \tag{3.37}$$

式中,上标"T"表示转置。

式(3.36)可以简单表示为

$$\boldsymbol{X}_{k+1} = \boldsymbol{B} \boldsymbol{X}_k \tag{3.38}$$

由式(3.36)可知,如果泰勒展开取到坐标对时间的 n 次微分项,式(3.38)中的矩阵 $\boldsymbol{B}$ 是一个 $(n+1) \times (n+1)$ 维右上三角方阵(左下三角元素为 0),其对角元素和第一行元素为 1,其余不为 0 的元素记为 B_{ij}。利用式(3.34)的泰勒展开及式(3.35)可以证明,不为 0 和 1 的 B_{ij} 可以表示为

$$B_{ij} = \binom{j-1}{i} = \frac{(j-1)!}{i!(j-i-1)!} \tag{3.39}$$

以上的分析表明,只要得到第 k 步的计算结果,就可以通过泰勒展开预测下一步(第 $k+1$ 步)的结果。由于加速度可以利用牛顿第二定律计算,因此可以用来校正由上述泰勒展开给出的预测值。结合牛顿第二定律和式(3.35)的定义,可以得到第 $k+1$ 步 $X^{(2)}$ 的计算值(牛顿第二定律)与预测值(泰勒展开)的差为

$$\delta_{k+1} = \frac{h^2 f_{k+1}}{2m} - X_{k+1}^{(2)} \tag{3.40}$$

吉尔算法的校正方案为

$$\begin{cases} \overline{X}_{k+1}^{(0)} = X_{k+1}^{(0)} + C_0 \delta_{k+1} \\ \overline{X}_{k+1}^{(1)} = X_{k+1}^{(1)} + C_1 \delta_{k+1} \\ \overline{X}_{k+1}^{(2)} = X_{k+1}^{(2)} + C_2 \delta_{k+1} \\ \overline{X}_{k+1}^{(3)} = X_{k+1}^{(3)} + C_3 \delta_{k+1} \\ \quad \cdots \end{cases} \tag{3.41}$$

式中,$X_{k+1}^{(n)}$ 为利用泰勒展开得到的第 $k+1$ 步预测值;$\overline{X}_{k+1}^{(n)}$ 为第 $k+1$ 步的校正后的值。

式(3.41)也可以表示为

$$\overline{\boldsymbol{X}}_{k+1} = \boldsymbol{B}\,\boldsymbol{X}_k + \boldsymbol{C}\,\delta_{k+1} \tag{3.42}$$

式中，$\boldsymbol{C}$ 是一个列矢量，其分量数值取决于泰勒展开的项数。吉尔利用泰勒展开确定了当展开项数为 5 项时 $\boldsymbol{C}$ 的取值，即：$C_0 = 3/20, C_1 = 251/360,$ $C_2 = 1, C_3 = 11/18, C_4 = 1/6, C_5 = 1/60$。上述 C_n 取值是在假定粒子所受的力不是速度的显函数下得到的，如果力是粒子速度的显函数，则取 $C_0 = 3/16$，其他不变[2-3]。

一般情况下，可以反复使用式(3.41)或式(3.42)，通过多次循环计算预测值和校正值，直到 δ_{k+1} 收敛到容许值为止。在分子动力学实际模拟过程中，为了减少计算量，可以不进行多次循环校正。有时只进行一次校正即可满足精度要求。

3.4　平衡态结构分析及物理量计算

前面给出了分子动力学模拟的基本概念、运动方程及其数值积分。在数值积分过程中，每一步都可以得到新的动能(由粒子速度确定)和新的势能(由粒子坐标确定)。当模拟体系趋于稳定后，就可以对体系的结构和性能进行分析。本节主要介绍几种调控体系的平衡态温度和压力的方法及几种常见的平衡态力学量的计算方法。

3.4.1　体系趋稳与结构分析

1. 模拟体系趋稳

实际模拟计算过程中，必须给定初始条件：粒子的初始位置坐标和速度。粒子的初始位置可以先置于事先给定的空间网格的格点上，而速度可以在满足玻耳兹曼统计分布律的条件下随机给定。这样给定的初始条件一般不是平衡态，通过一定步数(时间)的计算才能达到平衡。事实上，不仅很难做到精确给定体系的初始条件，也没有意义。如前所述，体系的平均动能满足能量均分定理，即式(3.4)，所以可以用对速度进行标定的方法对体系的温度进行校正进而调节体系的总能量。

对速度进行标定的具体做法是在计算的某一步给出的速度乘以一个标度因子(λ)，令体系的动能满足能量均分定理，作为下一步计算的初始速度。对速度进行重新标度以后，可以使速度发生很大的变化，所以需要有足够的计算时间让体系再次建立平衡。反复进行上述标定过程并使体系趋于稳定，此时体系的平均动能和势能趋于稳定，这一过程称为体系的趋稳。图3.5给出了模拟体系趋稳过程示意图，可见，当运行(积分运算)若干步(时间)以后，模拟体系的能量在某个平均值附近振荡(涨落)。分子动力学模拟过程中，当模拟计算趋于稳定时，粒子的位置坐标和速度依然存在涨落。体系稳定以后，可以对某些物理量的平均值进行计算。

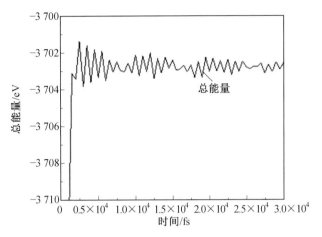

图 3.5　模拟体系趋稳过程示意图

2. 结构分析

分子动力学中的结构分析是当体系趋稳以后,对粒子的分布特性进行长时间的平均。结构分析不仅对玻璃态或非晶态材料的结构表征十分重要,而且当研究晶体相变时,需要随时跟踪体系的结构演化,以便表征体系的相变行为。

径向分布函数 $g(r)$ 是体系的重要结构特征。如图 3.6 所示,$g(r)$ 是在 $r \sim r + \mathrm{d}r$ 球壳内找到粒子的概率,$g(r)$ 可以定义为

$$g(r) = \frac{\Omega}{N} \frac{\Delta N(r)}{4\pi r^2 \Delta r} \tag{3.43}$$

式中,Ω 为体系的体积;$\Delta N(r)$ 为图 3.6 中 $r \sim r + \mathrm{d}r$ 球壳中的平均粒子数。

分子动力学模拟中,径向分布函数计算相对简单。模拟过程中每一步计算都可以得到所有粒子的坐标,根据径向分布函数的物理意义,计算方法为

$$\langle g(r) \rangle = \frac{1}{n - n_0} \sum_{k=n_0}^{n} \left(\frac{\Omega}{N} \frac{\Delta N_k(r)}{4\pi^2 \Delta r} \right) \tag{3.44}$$

式中,$\Delta N_k(r)$ 是第 $t_k = kh$(第 k 步)时刻球壳内的粒子数;n_0 是大于体系趋稳所需的步数。

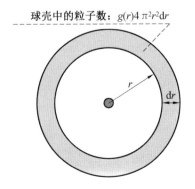

图 3.6　对关联函数 $g(r)$ 的意义

获得了粒子的坐标后,可以计算静态结构因子。如果以粒子散射 X 射线的振幅为单位,模拟体系平均到一个粒子的 X 射线散射振幅为

$$S(\boldsymbol{G}) = \frac{1}{N} \left| \sum_{\alpha}^{N} e^{i\boldsymbol{G} \cdot \boldsymbol{r}_{\alpha}} \right| \tag{3.45}$$

式中,$S(\boldsymbol{G})$ 为静态结构因子;$\boldsymbol{G}$ 是倒格矢;$i = \sqrt{-1}$。

对于理想晶体,$S=1$;对于完全无序体系(如理想流体),$S=0$。所以,静态结构因子是体系有序程度的表征。X 射线散射强度(I)与静态结构因子的关系为

$$I \propto \left| S(\boldsymbol{G}) \right|^2$$

可以利用上式预测模拟体系的 X 射线衍射谱,并可与试验进行比较。

3.4.2　体系能量的计算

1. 动能及能量均分定理

可以证明,在热力学极限下的平衡体系满足能量均分定理,体系的总动能与温度的关系为

$$\langle E_K \rangle = \frac{1}{n-n_0} \sum_{k=n_0}^{n} \sum_{i=1}^{3N} \frac{p_{i,k}^2}{2m_i} = \frac{N_f}{2} k_B T \tag{3.46}$$

式中,$p_{i,k}$ 为第 i 个粒子 $t_k = kh$ 时刻的动量;$\langle \cdots \rangle$ 表示平均。

式(3.46)既可用来计算体系的温度,也可用于校正和检验模拟计算结果。

2. 体系势能的校正

得到了粒子的坐标后,可以计算任意两个粒子之间的距离,进而获得体系的势能,即

$$\langle V' \rangle = \frac{1}{2(n-n_0)} \sum_{k=n_0}^{n} \sum_{i \neq j}^{N} u(r_{ij}) \tag{3.47}$$

式中,$\langle V' \rangle$ 为经过截断处理后的平均势能;$u(r_{ij})$ 为标号为“i”和“j”的两个粒子之间的势函数;求和前的 1/2 因子是考虑到 ij 和 ji 被求和了 2 次。

前已述及,在分子动力学模拟力的计算过程中需要对势函数进行截断处理(见 3.1 节)。若假定截断半径为 r_c,式(3.47)给出了 $r_{ij} < r_c$ 条件下的平均势能。也就是说,对势函数的截断处理会引起势能和总能量的计算误差。被“截断”的势函数尾部的能量可以由下式给出,即

$$\langle \Delta V \rangle = \frac{1}{2} \int_{r_c}^{\infty} u(r) g(r) 4\pi r^2 dr = 2\pi \int_{r_c}^{\infty} u(r) g(r) r^2 dr \tag{3.48}$$

式中,积分号前的因子 1/2 的引入原因同前。

从而体系的势能为

$$\langle V \rangle = \langle V' \rangle + \langle \Delta V \rangle$$

3.4.3 模拟体系的温度和压力

前面介绍了分子动力学的基本原理和积分算法等,除此之外,需要定义体系的热力学性质或模拟的热力学条件。这里介绍模拟体系的温度和压力的确定及其调节方法。温度和压力调节有两个目的:① 对模拟体系的温度或压力进行定标;② 对体系的温度或压力进行调控。例如,研究相变时需要模拟退火(或淬火)过程;有时需要研究力学量对压力(或其他广义力)的关系,调控压力等外部条件是十分必要的。

1. 温度及调控方法

模拟体系的温度是用能量均分定理定义的。按能量均分定理,体系在 t 时刻($t = hk$,h 是步长,k 是运算的步数)的温度 $T(t)$ 为

$$T(t) = \frac{1}{N_f} \sum_{i=1}^{3N} m_i v_i^2(t) \tag{3.49}$$

式中,N_f 为体系的自由度;$v_i(t)$ 为 t 时刻的第 i 个速度分量。

调控体系温度的理论依据是能量均分定理。

(1)速度标度方法[4]。

式(3.49)表明,通过调节粒子的速度是调控体系温度的最简单直接的方法。速度标度方法是指将某一时刻 t 的速度乘以一个无量纲标度因子 λ,使体系的温度达到预期温度。如果预期温度为 T_R,根据式(3.49)可得

$$\frac{1}{N_f} \sum_{i=1}^{3N} m_i [\lambda v_i(t)]^2 = \lambda^2 T(t) = T_R$$

则温度调控的标度因子为

$$\lambda = \sqrt{\frac{T_R}{T(t)}} = \left[\frac{N_f T_R}{\sum_i m_i v_i^2} \right]^{1/2} \tag{3.50}$$

容易得出调节前后的温度差为

$$\Delta T = (\lambda^2 - 1) T(t)$$

(2)热浴方法[5-7]。

热浴方法中假定体系与一个很大的热浴相接触。热源对体系的作用可以用一个与粒子速度成正比的"摩擦力"来表示。热源通过摩擦力来改变体系的速度,进而由能量均分定理改变体系的温度。热浴方法中,粒子的运动方程被表示为

$$m_i \frac{dv_i}{dt} = f_i - \zeta m_i v_i \tag{3.51}$$

式中,ζ 为热源的"摩擦力"系数,其数值应使体系的动能守恒。

当 ζ 大于 0 时,相当于体系温度高于预期温度,热浴吸收热量;当 ζ 小于 0 时,相当于体系温度低于预期温度,体系从热浴吸收热量。温度调节也可用等温扩展方法进行,利用虚拟的动能和势能调节体系的压力(见 3.5 节)。

2. 压力及调控方法

首先,模拟体系的压强(单位面积的压力)是根据维里(Virial)定理[8] 定义的,即

$$p = \frac{1}{3\Omega}\left[\sum_{i=1}^{N} m_i \dot{\boldsymbol{r}}_i^2 - \sum_{i=1}^{N}\sum_{j>i}^{N} r_{ij}\frac{\partial u(r_{ij})}{\partial r_{ij}}\right] \tag{3.52}$$

式中,$\boldsymbol{r}_i$ 为第 i 个粒子的位置矢量;$r_{ij}=|\boldsymbol{r}_i-\boldsymbol{r}_j|$,代表两个粒子之间的距离。

可用类似于温度标度的方法对体系的压力进行调整。由式(3.52)可知,可通过对体系的体积标定的方法调节体系的压力。这里只讨论立方体系的情况。对于立方的模拟体系受静水压力的简单情况,可以引入体积标度因子$(\lambda_V)^{1/3}$(此时坐标的标度因子为$(\lambda_V)^{1/3}$),对体系的体积进行标度以达到调节体系压力的目的[9]。标度后的体积 Ω^* 与标度前的体积关系为

$$\Omega^* = \lambda_V \Omega \tag{3.53}$$

假定体系所受的压力为静水压力,模拟计算 t 时刻的静水压强为 $p(t)$,期望压强为 p_R,则有[9]

$$\lambda_V = 1 + c[p(t) - p_R] \tag{3.54}$$

式中,c 为与体系－压浴之间耦合系数、计算步长等有关的常数[9]。

上述方法可以扩展到各向异性的情况。

压力调节也可利用等压扩展方法进行,利用虚拟的动能和势能调节体系的压力(见 3.5 节)。

3.4.4 物理量的计算

以扩散系数为例说明力学量的统计计算方法。假定在分子动力学模拟过程中,体系遍历所有可能状态(遍历性假设),对状态的求和可以转化为对时间求和。在分子动力学模拟过程中,当体系趋稳以后,涨落依然存在,所以,力学量 A 的平均值可由下式得到,即

$$\langle A \rangle = \frac{1}{n-n_0}\sum_{k=n_0}^{n} A_k \tag{3.55}$$

式中,k 为计算的步数;n_0 为体系趋稳后的某一步数。

下面从一维扩散布朗(Brown)运动出发,分析如何利用分子动力学模拟计算扩散系数[10]。一般情况下,由菲克(Fick)定律可以得到粒子流密度(单位时间内通过单位面积的粒子数)矢量 $\boldsymbol{J}$ 为

$$\boldsymbol{J} = -D\,\nabla n(\boldsymbol{r},t) \tag{3.56}$$

式中,$n(\boldsymbol{r},t)$ 为粒子密度;D 为扩散系数。

一维情况下,式(3.56)表示为

$$J = -D\frac{\partial n}{\partial x} \tag{3.57}$$

连续方程为

$$\frac{\partial n}{\partial t} + D\frac{\partial J}{\partial x} = 0 \tag{3.58}$$

联立式(3.57)和式(3.58),可得

$$\frac{\partial n}{\partial t} = D\frac{\partial^2 n}{\partial x^2} \tag{3.59}$$

假定 $t = 0$ 时,所有粒子均位于 $x = 0$ 处。在此初始条件下,式(3.59)的解为

$$n(x,t) = \frac{N}{2\sqrt{\pi D t}} e^{-\frac{x^2}{4Dt}} \tag{3.60}$$

位移 x 的均方值为

$$\langle x^2 \rangle = \frac{1}{N}\int_{-\infty}^{+\infty} x^2 \frac{N}{2\sqrt{\pi D t}} e^{-\frac{x^2}{4Dt}} \mathrm{d}x = 2Dt \tag{3.61}$$

即

$$D = \frac{1}{2t}\langle x^2 \rangle \tag{3.62}$$

可以通过计算位移的方均值获得扩散系数,即

$$D = \frac{1}{2(t-t_0)}\sum_{t=t_0}^{t}\left[x(t)-x(t_0)\right]^2 = \frac{1}{2(n-n_0)}\sum_{k=k_0}^{n}\left[x(k)-x(k_0)\right]^2 \tag{3.63}$$

式中,$t = hk$;$t_0(t_0 = hk_0(h$ 是时间步长))为模拟体系达到稳定后的某个时间。

对于三维情况,由于

$$\langle \boldsymbol{r}^2 \rangle = \langle x^2 \rangle + \langle y^2 \rangle + \langle z^2 \rangle = 3\langle x^2 \rangle$$

所以,三维扩散系数为

$$D = \frac{1}{6t}\langle \boldsymbol{r}^2 \rangle = \frac{1}{6(n-n_0)}\sum_{k=k_0}^{n}\left[\boldsymbol{r}(k)-\boldsymbol{r}(k_0)\right]^2 \tag{3.64}$$

其他物理量的计算在后面统计系综模拟中介绍。

3.5　分子动力学模拟的统计系综

实际模拟体系一般是具有相互作用的多粒子体系,需要通过统计力学计算模拟结果的统计平均值,以获得体系宏观性能的模拟值。然而,对于具有相互作用的粒子组成的多粒子体系,无法用近独立子系(如理想气体)的统计方法获得体系的热力学性能。所以,需要采用系综统计方法进行热力学量的计算。另外,实际模拟是在一定的热力学条件下进行的(如等温、等压等),因此,需要给出相应的方法将热力学条件引入模拟计算中。本节主要介绍几种常用的统计系综及分子动力学模拟的处理方法。

3.5.1　统计系综的概念及宏观物理量的计算

为了描述体系的统计热力学性质,设想由 $M(M \to \infty)$ 个与研究体系结

构完全相同热力学条件的体系组成,而且这些体系之间没有相互作用,称这 M 个系统的集合为统计系综。假定系综的一个系统中有 N 个粒子,系统的状态可以用粒子的坐标和动量来描述。为了书写方便,假定 x 代表所有粒子的坐标 $(x_1, x_2, \cdots, x_{3N})$, p 代表所有粒子的动量 $(p_1, p_2, \cdots, p_{3N})$,这样 (x, p) 组成了一种特殊的空间——相空间。系综中每个系统的状态都可以用 (x, p) 相空间中的一个点来描述,相空间中的体积元 $\mathrm{d}x\mathrm{d}p$ 为

$$\mathrm{d}x\mathrm{d}p = \mathrm{d}x_1\mathrm{d}x_2 \cdots \mathrm{d}x_{3N}\mathrm{d}p_1\mathrm{d}p_2 \cdots \mathrm{d}p_{3N} \tag{3.65}$$

假定处于相空间中 (x, p) 点的系统的概率密度为 $\rho(x, p)$(ρ 实际上是系综的统计分布函数),则某一宏观物理量 A 的平均值 $\langle A \rangle$ 为

$$\langle A \rangle = \int A(x, p)\rho(x, p)\mathrm{d}x\mathrm{d}p \tag{3.66}$$

上述相空间中的统计平均可以转化成对历史(时间)平均。现在,利用硬币试验对二者的等价性予以说明。假定有 M 个硬币的字面(或花面)向上或向下是完全随机的,其统计平均结果是字面(或花面)向上的概率(或向下)的概率为 $1/2$。现在,用一个硬币随机投币 M 次,对 M 次投币试验进行统计平均,同样可以得到上述 M 个硬币的统计结果。

在分子动力学模拟中,用时间平均代替相空间中的统计平均,即

$$\langle A \rangle = \frac{1}{t_k - t_0}\int_{t_0}^{t_k} A(x, p)\mathrm{d}t \tag{3.67}$$

式中, t_k 为 t_0 以后第 k 步的时间,且 $t_k = kh$(h 为模拟计算的时间步长); t_0 为计算平均值的起始时间(体系趋于稳定以后)。

实际计算中采用离散变量进行数值积分,式(3.67)积分可以简化成从第 $k = n_0$ 步到第 $k = n$ 步的求和,即

$$\langle A \rangle = \frac{1}{n - n_0}\sum_{k=n_0}^{n} A_k(x_k, p_k)$$

式中, n_0 为体系稳定后的某一步; n 为终了步数; k 为计算的步数; x_k 代表所有粒子在模拟计算第 k 步的坐标; p_k 代表所有粒子在模拟计算第 k 步的动量。

物理量 A 的均方差 $\langle (\Delta A)^2 \rangle$ 为

$$\langle (\Delta A)^2 \rangle \equiv \langle (A - \langle A \rangle)^2 \rangle = \langle A^2 \rangle - (\langle A \rangle)^2 \tag{3.68}$$

3.5.2 微正则系综

如果系综中所有体系都是孤立体系,且体系的粒子数 N、体积 Ω 和能量 E 均保持不变,则称此系综为微正则系综,又称为 NVE 系综(在一般的热力学和统计物理教科书中,一般用 V 表示体积,本书为了与势函数的相区分用 Ω 表示体系的体积)。如果在 (x, p) 相空间中代表点描述微正则系综系统,那么系统的运动轨迹只能在能量为 E 的等能面上。所以,微正则系综的统计分布函数为下述 δ 函数,即

$$\rho(x, p) = A\delta(H - E) \tag{3.69}$$

式中, A 为归一化常数。

实际模拟时,可以认为 H 只能在 $E \sim (E + \Delta E)$ 区间内取值,式(3.69)可以改写为

$$\rho(x, p) = \begin{cases} A & (E \leqslant H \leqslant E + \Delta E) \\ 0 & (H < E,\ H > E + \Delta E) \end{cases} \tag{3.70}$$

如果粒子的位置坐标用 r_i 表示,速度用 $v_i(i = 1, 2, \cdots, N)$ 表示,体系的哈密顿量可以表示为

$$H = \sum_{i=1}^{N} \frac{1}{2} m_i v_i^2 + V(r_1, \cdots, r_N) = \sum_{i}^{N} \frac{1}{2} m_i v_i^2 + \frac{1}{2} \sum_{i \neq j}^{N} u(r_{ij}) \tag{3.71}$$

式中,i 为粒子的标号;r_i 为第 i 个粒子的位置矢量;$u(r_{ij})$ 为第 i 个粒子和第 j 个粒子间的相互作用势能,且 r_{ij} 为

$$r_{ij} = r_i - r_j$$

体系中第 i 个粒子的运动满足牛顿方程为

$$\ddot{r}_i = \frac{f_i}{m_i} = -\nabla_i V$$

体系的平均能量可由速度和坐标的计算而获得,即

$$\langle E \rangle = \frac{1}{n - n_0} \sum_{k=n_0}^{n} H_k \tag{3.72}$$

式中,n_0 为系统趋于稳定以后的某一起始步数;k 为计算的步数;$n(> n_0)$ 是计算平均值的终了步数。

实际模拟过程中不可能给出精确的初始条件,为了满足系综的条件,需要对计算结果进行校正或补偿。最常用的方法是利用能量均分定理对粒子的速度进行补偿。例如,将第 $k + 1$ 步的粒子速度乘上一个标度因子 λ 作为标定后的速度。微正则系综不仅要求体系粒子动量和为 0,而且体系在相空间的运动轨迹只能在某个等能面上,是一种强约束统计系综。分析表明维持恒温且能量不变的速度标度因子 λ 为

$$\lambda = \left[\frac{(N-1)k_B T}{16 \sum_i m_i v_i^2} \right]^{\frac{1}{2}} \tag{3.73}$$

微正则系综要求在模拟过程中保持能量守恒,给模拟大量粒子的体系带来很大的困难,一般在研究原子或分子集团时才使用微正则系综。对于较大体系的模拟一般采用其他统计系综,后面逐一进行阐述。

3.5.3 正则系综

如果统计系综的体系具有恒定的粒子数 N、体积 Ω 和温度 T,则称此系综为正则系综,也称为 NVT 系综。为了实现系综中体系的温度不变,可以假想每个体系都与一个无限大的温度为 T 的热源相接触。体系和大热源之间有能量交换,但由于热源很大,可以认为热源的温度恒定。但是,系综中不同体系之间没有交互作用。这里主要介绍 NVT 系综的统计物理特性及模拟计算时的温度控制方法。

1. 正则系综的热力学公式

首先分析 NVT 统计系综的基本特性和热力学公式。根据统计物理学[10]，NVT 系综系统能量为哈密顿量 H 的概率为

$$\rho_{\text{NVT}} = \frac{1}{Z_{\text{NVT}}} e^{-H/k_B T} = \frac{1}{Z_{\text{NVT}}} e^{-\beta H} \tag{3.74}$$

式中，H 为体系的哈密顿量；$\beta = (k_B T)^{-1}$，是一种方便记法；Z 为配分函数。容易证明，Z 的表达式为

$$Z = \sum_s e^{-\beta H} \tag{3.75}$$

式(3.75)的求和遍及所有状态。通过配分函数可以获得其他热力学量[10]，即

$$\langle A \rangle = \sum_s \rho A \tag{3.76}$$

体系总能量的平均值为

$$\langle E \rangle = \frac{1}{Z} \sum_s H e^{-\beta H} = -\frac{\partial}{\partial \beta} \ln Z \tag{3.77}$$

若体系的广义力 Y 对应的广义坐标为 y（如压强 p 和体积 Ω），那么广义力是 $\partial H/\partial y$ 的统计平均值，所以有

$$Y = \frac{1}{Z} \sum_s \frac{\partial H}{\partial y} e^{-\beta H} = -\frac{1}{\beta} \frac{\partial}{\partial y} \ln Z \tag{3.78}$$

对于体系的压强，则可以方便地表示为

$$p = \frac{1}{\beta} \frac{\partial}{\partial \Omega} \ln Z \tag{3.79}$$

另外，亥姆霍兹（Helmholtz）自由能 F 与配分函数之间有简单的函数关系：

$$F = E - TS = -\frac{1}{\beta} \ln Z \tag{3.80}$$

依据前面的分析可知，只要通过模拟获得配分函数，即可获得其他感兴趣的物理量。下面简单介绍如何利用体系稳定后的涨落计算定容热容。由定容热容的定义，可得 NVT 体系的定容热容为

$$c_V = \left(\frac{\partial \langle E \rangle}{\partial T}\right)_V = \frac{\partial \langle E \rangle}{\partial \beta} \frac{\partial \beta}{\partial T} = -\frac{1}{k_B T^2} \frac{\partial \langle E \rangle}{\partial \beta} \tag{3.81}$$

根据 NVT 系综的概率密度分布函数(3.74)，可得

$$\frac{\partial \langle E \rangle}{\partial \beta} = \frac{\partial}{\partial \beta} \left[\frac{\sum H e^{-\beta H}}{\sum e^{-\beta H}} \right] = -\frac{\sum H^2 e^{-\beta H}}{\sum e^{-\beta H}} + \left(\frac{\sum H e^{-\beta H}}{\sum e^{-\beta H}} \right)^2 =$$
$$-(\langle E^2 \rangle - (\langle E \rangle)^2) =$$
$$-\langle (\Delta E)^2 \rangle \tag{3.82}$$

结合式(3.81)和式(3.83)可以得到体系的定容热容为

$$c_V = \frac{\langle (\Delta E)^2 \rangle}{k_B T^2} = \frac{\langle (\Delta H)^2 \rangle}{k_B T^2} \tag{3.83}$$

式中，体系能量的涨落可以在模拟过程达到平衡以后，通过 E^2 的平均值和 E

的平均值计算并利用式(3.83)得到。

2. 速度标度法

在 NVT 系综的实际模拟计算过程中,核心问题是保持体系的温度不变,或体系的温度维持预期值。首先介绍温度调节的速度标度法。

如前所述,体系的等能平均值可以由能量均分定理给出。在 NVT 系综中,要求系统的总动量为 0,三个方向的总动量为 0,体系减少了三个自由度。另外,NVT 系综的温度不变,即体系的动能守恒,体系的动能守恒使体系减少一个自由度。所以,为了维持体系的温度不变,粒子速度的标度因子 λ 一般为[11]

$$\lambda = \left[\frac{(3N-4)k_{\mathrm{B}}T}{\sum_i m_i v_i^2} \right]^{\frac{1}{2}} \tag{3.84}$$

具体做法是,将第 $k+1$ 步的速度乘以标度因子,即 $v_{k+1} \rightarrow \lambda v_{k+1}$。利用标度过的速度进行第 $k+2$ 步的计算,直到体系达到平衡,且温度稳定为预期值,而后可以进行其他力学量的计算。

3. 等温扩展体系法

前面介绍了利用能量均分定理对粒子的速度进行标度,进而实现模拟体系恒温的方法。速度标定方法虽然简单,但是速度标定以后,会引起模拟结果产生波动,需要进行若干步骤的计算以后,体系才能重新趋于稳定。为了克服上述缺点,诺斯(Nosé)提出了扩展体系法[12-13]。

为了保证 NVT 系综中体系的温度不变,可以认为系统与相同温度大热源相接触。等温扩展体系法的核心是将热源对体系的影响用虚拟的坐标(对应于虚拟的势能)和与之共轭的虚拟动量来表示,通过热源模拟体系哈密顿量或拉格朗日函数的影响对真实体系的温度进行自动修正,以保持体系的温度恒定。扩展体系由真实体系(模拟体系)与表达热源的虚拟体系共同组成。扩展体系的运动方程可由哈密顿方程或拉格朗日方程给出。

首先分析扩展体系的哈密顿方程。为了实现热源对体系的动量的自动标度,引进表达热源对体系影响的新自由度"s"。诺斯假定扩展体系变量 (x, p, t) 同真实体系变量 (x', p', t') 的标度关系为

$$\begin{cases} x_i' = x_i \\ p_i' = p_i/s \\ t' = \mathrm{d}t/s \end{cases} \tag{3.85}$$

表 3.1 给出了真实体系与扩展体系的对比,其中扩展体系(虚拟体系)的粒子坐标和动量为 x_i、p_i;真实体系的粒子坐标和动量为 x_i'、p_i'。真实体系与扩展体系的粒子的坐标相同,但动量不同,虚拟动量是真实动量的 s 倍;真实体系和扩展体系的时间也不同,分别为 t' 和 t。

表 3.1　真实体系与扩展体系的对比

体系	粒子坐标	粒子动量	虚拟自由度	时间
真实体系	x'	p'	无	t'
扩展体系	x	$p = sp'$	s	t

由式(3.85)可得

$$\frac{\mathrm{d}p'_i}{\mathrm{d}t} = \frac{\mathrm{d}p_i}{s\,\mathrm{d}t} - \frac{\mathrm{d}s}{s^2\,\mathrm{d}t}p_i$$

利用扩展体系和真实体系之间的时间标度关系,上式可以改写为

$$\frac{\mathrm{d}p'_i}{\mathrm{d}t'} = \frac{\mathrm{d}p_i}{\mathrm{d}t} - \frac{\mathrm{d}\ln s}{\mathrm{d}t}p_i \tag{3.86}$$

　　根据式(3.85)扩展体系和真实体系动量的标度关系可以发现,热源通过变量 s 对动量进行标度。当 $s > 1$ 时,真实动量小于扩展体系的动量;当 $s < 1$ 时,真实动量大于扩展体系的动量;当 $s = 1$ 时,真实动量等于扩展体系的动量。另外,式(3.86)表明,真实体系和扩展体系动量变化率的差与 $\ln s$ 的变化率成正比。为了构造扩展体系的哈密顿量,需要给出基于变量 s 的描述热源的虚拟势能和虚拟动能。热源的作用是通过影响体系中粒子的动能实现体系的温度恒定,根据能量均分定理,可以认为热源的虚拟势能正比于 $N_f k_B T$。

　　依据上述分析,诺斯提出热源的虚拟势能(V_s)为

$$V_s = N_f k_B T \ln s \tag{3.87}$$

当 $s = 1$ 时,$V_s = 0$,热源势能为 0;当 $s > 1$ 时,热源的势能为正,相当于对体系提供能量;而当 $s < 1$ 时,热源的势能为负,相当于从体系中取走能量。诺斯构造的扩展体系哈密顿量为[12]

$$H = \sum_{i=1}^{3N} \frac{p_i^2}{2m_i s^2} + V(x) + \frac{p_s^2}{2M_Q} + N_f k_B T \ln s \tag{3.88}$$

式中,p_s 为与热源坐标 s 相对应的共轭动量;M_Q 为对应于 s 的虚拟质量;x 代表所有粒子坐标的集合。

　　式(3.88)等号右边第一项为粒子的真实动能;第二项为粒子的真实势能;第三项为热源的虚拟动能;最后一项为热源的虚拟势能,温度 T 为体系或热源的温度。式(3.88)左边的前两项为真实体系的哈密顿量,后面两项可以理解为热源的哈密顿量(动能 + 势能)。

　　下面对式(3.88)做以下几点说明:

　　①s 是扩展体系中的一个坐标变量,相当于添加了一个新的自由度,所以扩展体系的自由度为 $N_f = 3N + 1$。

　　② 扩展体系的哈密顿量不是严格推导的物理量。研究表明,这样构造的哈密顿量满足正则系综的统计性质[12],可以在模拟计算中方便地实现温度自然调节。如果 $s > 1$,哈密顿量的第一项动能减少,热源的势能大于 0;

如果 $s<1$，哈密顿量的第一项动能增加，热源的势能小于 0；当 $s=1$ 时，热源的势能为 0。可见，扩展体系通过热源的虚拟"运动"实现温度调节。

③ 热源的势能一项之所以表示成与 $\ln s$ 成正比，也是出于真实体系正则系综统计性质的需要。由于两个体系的时间标度不一致，扩展体系新增加的变量 s 是一个与时间有关的变量，所以不能通过上述两个体系动量之间的关系推导两个体系速度之间的关系。

扩展体系的运动方程由哈密顿方程给出。利用合适的积分算法，求解由哈密顿方程给出的运动方程，利用时间统计方法计算物理量的平均值。

实际模拟计算发现，计算过程和结果对热源虚拟质量不敏感。诺斯利用 108 个氩原子组成的体系进行模拟（粒子间的相互作用势函数取为伦纳德－琼斯势），结果如图 3.7 所示，当 M_Q 的取值分别为 1 $(kJ \cdot mol)(ps)^2$、10 $(kJ \cdot mol)(ps)^2$、100 $(kJ \cdot mol)(ps)^2$ 时，模拟结果中温度的差别小于 1 K，其他物理量（如扩散系数、压强、定容比热的差别也比较小，但 $M_Q=$ 1 $(kJ \cdot mol)(ps)^2$ 时，似乎结果更好[12]。

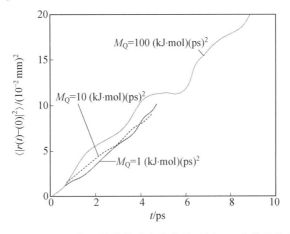

图 3.7　Ar 原子体系扩散位移方均值的不同 M_Q 值模拟结果

扩展体系的哈密顿量仅仅是为了计算模拟系综而提出的形式上的方法，其目的是在模拟计算过程中实现温度的自然调节。表达热源作用的扩展体系方法可能不是唯一的，扩展体系的哈密顿量也可能有其他表达形式。实践表明，式（3.88）所给出的扩展体系方案在分子动力学模拟过程中十分有效，被广泛采用。

假定上述方法构造的扩展体系满足哈密顿方程，扩展体系的坐标和动量等随时间的变化关系及虚拟变量和真实变量的关系等均由哈密顿方程式（3.24）给出。根据扩展体系的哈密顿方程可以得到体系的运动方程为

$$\begin{cases} \dfrac{\mathrm{d}x_i}{\mathrm{d}t}=\dfrac{\partial H}{\partial p_i}=\dfrac{p_i}{m_i s^2} \\ \dfrac{\mathrm{d}p_i}{\mathrm{d}t}=-\dfrac{\partial H}{\partial x_i}=-\dfrac{\partial V}{\partial x_i}=f_i \end{cases} \tag{3.89}$$

根据式(3.89)中的第二式及式(3.88)的标度关系,可得

$$f_i = \frac{\mathrm{d}s p'_i}{\mathrm{d}t} = s\frac{\mathrm{d}p'_i}{\mathrm{d}t} + \frac{\mathrm{d}s}{\mathrm{d}t}p'_i =$$
$$s\frac{\mathrm{d}p'_i}{\mathrm{d}t} + s\frac{\mathrm{d}\ln s}{\mathrm{d}t}p'_i \tag{3.90}$$

利用式(3.62),式(3.90)可以整理为

$$\frac{\mathrm{d}p'_i}{\mathrm{d}t'} = f_i - \frac{\mathrm{d}\ln s}{\mathrm{d}t'}p'_i = f_i - \dot{\eta}p'_i \tag{3.91}$$

式中,$\dot{\eta} = \frac{\mathrm{d}\ln s}{\mathrm{d}t'}$。

式(3.65)表明,扩展体系热源对真实粒子体系的运动的影响可以解释为:热源对体系施加了一个与动量成正比的摩擦力。

另外,由哈密顿方程可以得到热源的"运动方程"为

$$\begin{cases} \frac{\mathrm{d}s}{\mathrm{d}t} = -\frac{\partial H}{\partial p_s} = \frac{p_s}{M_Q} \\ \frac{\mathrm{d}p_s}{\mathrm{d}t} = -\frac{\partial H}{\partial s} = \left(\sum_{i=1}^{3N}\frac{p_i^2}{m_i s^2} - N_f k_B T\right)/s \end{cases} \tag{3.92}$$

$\mathrm{d}p_s/\mathrm{d}t$ 为 0 即表示体系与热源之间达到了热平衡,没有热量交换。当体系的温度低于热源温度时,热源的广义动量 p_s 对时间的变化率小于 0,热源向体系输入能量;反之,则表示热源从体系吸收热量。当热源温度与体系温度平衡时,热源的虚拟动量不变。

真实体系的哈密顿量和概率密度分布函数为

$$\begin{cases} H' = \sum_{i=1}^{3N}\frac{p_i'^2}{2m_i} + V(x) \\ \rho_{NVT}(x',p') = \frac{1}{Z_{NVT}}e^{-\beta H'} \end{cases} \tag{3.93}$$

由于扩展体系方法实现了体系温度的自然调节,为模拟过程和物理量的计算带来了很大的方便。物理量的统计平均为

$$\lim_{t\to t_0}\frac{1}{t-t_0}\int_{t_0}^t A\left(\frac{p}{s},x\right)\mathrm{d}t = \left\langle A\left(\frac{p}{s},x\right)\right\rangle = \langle A(p',x')\rangle_{NVT} \tag{3.94}$$

式中,t_0 为体系趋于稳定后的时间;为了书写方便,p、x 和 p'、x' 分别代表扩展体系及真实体系的所有粒子动量和坐标;下标 NVT 代表 NVT 系综。

式(3.94)表明,在扩展体系中对某个力学量求平均,可以方便地获得真实体系的该物理量平均值。

下面讨论扩展体系拉格朗日函数的构造方法。这里要强调指出的是,不能用扩展体系的哈密顿量直接构造扩展体系的拉格朗日函数,原因是式(3.63)只给出了其中的坐标和动量的标度关系。若只取式(3.63)的坐标和时间的标度关系,并假定

$$\begin{cases} x'_i = x_i \\ v'_i = sv_i \\ dt' = dt/s \end{cases} \qquad (3.95)$$

通过式(3.95)给出的标度关系构造扩展体系的拉格朗日函数为

$$L = \sum_{i=1}^{3N} \frac{1}{2} m_i s^2 \dot{x}_i^2 - V(x) + \frac{1}{2} M_Q \dot{s}^2 - N_f k_B T \ln s \qquad (3.96)$$

如果 $s > 1$,拉格朗日函数的第一项动能增加,热源的势能减少;如果 $s < 1$,拉格朗日函数的第一项动能减小,热源的势能增加;当 $s = 1$ 时,热源的势能为零。可见,扩展体系通过热源的虚拟"运动"实现温度调节。利用式(3.12)所示的拉格朗日方程可以得到运动方程。由式(3.96)可得

$$\frac{\partial L}{\partial \dot{x}_i} = m_i s^2 \dot{x}_i = m_i s$$

将上式代入拉格朗日方程,可得

$$\frac{d(m_i s x_i)}{dt} = \frac{\partial L}{\partial x_i} = -\frac{\partial V}{\partial x_i} = f_i$$

整理上式可得

$$m_i \frac{dx}{dt'} = f_i - m_i \frac{d\ln s}{dt'} x_i \qquad (3.97)$$

式(3.97)表明,热源对真实体系中粒子的运动的作用相当于施加了一个正比于速度的摩擦力。

根据拉格朗日方程,有

$$\frac{d}{dt} \frac{\partial L}{\partial \dot{s}} = \frac{\partial L}{\partial s}$$

将扩展体系的拉格朗日函数代入上式,可得

$$M_Q \frac{d\dot{s}}{dt} = \left(\sum_{i=1}^{3N} m_i s^2 \dot{x}_i^2 - N_f k_B T \right) / s \qquad (3.98)$$

式(3.98)与式(3.92)所表达的物理含义是一致的,表明虚拟热源通过修正体系的动量达到恒温的目的。

3.5.4 等温等压系综

如果组成统计系综的体系具有恒定的粒子数 N、压力 p 和温度 T,则称此系综为等温等压系综,也称 NPT 系综。这里首先阐述与等温扩展法相似的等压扩展法,然后结合等温扩展法给出 NPT 系综的扩展体系方法。

1. 等压扩展法

历史上,安德森(Anderson)先于诺斯给出了等压扩展法[14]。与诺斯的等温扩展法相似,安德森设想每个真实体系处于一个大的静水压力均匀的环境中(常被称为"压浴")。可以假想热浴通过一种无摩擦的"活塞"改变体系的体积而对体系产生影响。在扩展体系中引入一组附加的"共轭"变量:体

积 Ω 和与之对应的动量 p_Ω。所以,扩展体系比真实体系多了一个自由度。用 l 表示体系的线度,且

$$l = \Omega^{1/3} \tag{3.99}$$

扩展体系的粒子坐标和动量由下面的标度方法给出,即

$$\begin{cases} x'_i = l x_i \\ p'_i = p_i / l \end{cases} \tag{3.100}$$

式中,p_i、x_i 和 p'_i、x'_i 分别代表扩展体系及实际体系的所有粒子动量和坐标。

与诺斯的等温扩展体系相似,等压扩展体系的基本思想如下:

① 利用扩展体系坐标和动量与真实体系坐标和动量之间的标度关系,建立等压扩展体系的哈密顿量。

② 利用哈密顿方程给出运动方程。与等温扩展方法相同的是,这里的粒子坐标和动量的标度不同,所以只能用哈密顿方程导出运动方程。

③ 利用合适的积分算法,求解由哈密顿方程给出的运动方程,利用时间统计方法计算物理量的平均值。

安德森假定等压扩展体系的哈密顿量为

$$\begin{aligned} H &= \sum_{i=1}^{3N} \frac{p_i^2}{2m_i l^2} + V(lx) + \frac{p_\Omega^2}{2M_\Omega} + p_e \Omega = \\ &\quad \sum_{i=1}^{3N} \frac{p_i^2}{2m_i \Omega^{2/3}} + \frac{1}{2} \sum_{\alpha \neq \beta}^{N} u(\Omega^{1/3} r_{\alpha\beta}) + \frac{p_\Omega^2}{2M_\Omega} + p_e \Omega \end{aligned} \tag{3.101}$$

式中,M_Ω 和 p_Ω 为与坐标"Ω"运动相对应的虚拟质量和动量;p_e 为压浴环境的静水压强;$r_{\alpha\beta}$ 为第 α 个粒子和第 β 个粒子之间的距离;$u(r_{\alpha\beta})$ 为两个粒子间的势能。

根据哈密顿方程式(3.24)可以得到如下运动方程,即

$$\begin{cases} \dfrac{\mathrm{d}x_i}{\mathrm{d}t} = \dfrac{\partial H}{\partial p_i} = \dfrac{p_i}{m_i l^2} \\[2mm] \dfrac{\mathrm{d}p_i}{\mathrm{d}t} = -\dfrac{\partial H}{\partial x_i} = -\dfrac{\partial V}{\partial x_i} \\[2mm] \dfrac{\mathrm{d}V}{\mathrm{d}t} = \dfrac{\partial H}{\partial p_\Omega} = \dfrac{p_\Omega}{M_\Omega} \\[2mm] \dfrac{\mathrm{d}p_\Omega}{\mathrm{d}t} = -\dfrac{\partial H}{\partial \Omega} = \dfrac{1}{3\Omega} \left[\sum_{i=1}^{3N} \dfrac{p_i}{m_i l^2} - \dfrac{1}{2} \sum_{\alpha \neq \beta}^{N} r_{\alpha\beta} \dfrac{\partial u(\Omega^{1/3} r_{\alpha\beta})}{\partial r_{\alpha\beta}} \right] - p_e \end{cases} \tag{3.102}$$

式(3.102)中的第一个关系式是两个体系速度之间的标度关系,即

$$v_i = \frac{v'_i}{l} \tag{3.103}$$

由维里定理可得

$$\frac{\mathrm{d}p_\Omega}{\mathrm{d}t} = p' - p_e \tag{3.104}$$

式中,p' 为真实体系的压强。

式(3.104)表明压浴通过下述方式调节真实体系的压强,当真实体系的压力小于设定压力时,压浴的动量随时间的变化率小于 0;反之,压浴的动量随时间的变化率大于 0。

与等温扩展拉格朗日函数的构造方法相同,可以利用式(3.100)和式(3.103)构造扩展体系的拉格朗日函数,其具体形式为

$$L = \sum_{i=1}^{3N} \frac{1}{2} m_i l^2 \dot{x}_i^2 - \sum_{i=1}^{N} \sum_{j>i}^{N} u(lr_{ij}) + \frac{M_\Omega}{2} \dot{\Omega}^2 - p_e \Omega \qquad (3.105)$$

实际模拟过程中,需要给定初始条件,包括粒子的起始坐标和速度、体系的体积及其随时间的变化率(广义体积速度)。粒子坐标和速度初始值的选取前面已经讨论过。体系的初始速度可由能量均分定理确定,体积随时间的变化率的初始值一般为 0。在模拟计算过程中要对 M_Ω 进行试探,以便使计算的涨落为最小。可以得到与式(3.71)相似的关系,并由此模拟计算力学量的统计平均值。

以上仅仅讨论了体系受静水压力的情况,只考虑了立方体的情况,当体系受到任意应力(包括正应力和剪切应力)时,等压扩展方法可以在上述推导的物理思想的基础上进行。有兴趣的读者可以参考相应的文献[2, 9, 15]。

2. 等温等压系综

(1)等温等压扩展体系。

为了利用扩展体系方法处理等温等压(NPT)系综,可以设想实际体系与一个恒温的大热源和恒压的大压浴同时接触,大热源与体系之间通过能量交换维持体系恒温,大压浴与体系之间通过压力传递维持体系恒压。综合等温扩展法和等压扩展法,可以得到 NPT 系综的哈密顿量,即

$$H = \sum_{i=1}^{3N} \frac{p_i^2}{2m_i s^2 l^2} + V(lx) + \frac{p_s^2}{2M_\Omega} + N_f k_B T \ln s + \frac{p_\Omega^2}{2M_\Omega} + p_e \Omega \qquad (3.106)$$

将哈密顿方程应用于式(3.83),可以得到关于各个变量的运动方程。与前面的讨论类似,NPT 系综的力学量为

$$\langle A(\frac{p}{sL}, lx, \Omega) \rangle = \langle A(p', x', \Omega) \rangle_{NPT} \qquad (3.107)$$

下面对分子动力学处理系综环境条件(温度和压力)的方法做如下简单小结:

① 将环境与研究的体系组合,构成一个扩展体系,即认为环境是虚拟体系的一部分。例如,恒温环境被假想成一个大的"热源","热源"与要研究的体系构成一个扩展体系。

② 建立环境与体系之间的相互作用的虚拟物理机制。例如,对恒温条件而言,热源与体系之间通过热量交换实现恒温。将虚拟体系(如恒温条件的热源)对真实体系的作用以虚拟的动能和势能加以描述。

③ 由于虚拟体系对真实体系有作用,在扩展体系中需要对体系的粒子坐标和动量(或速度)、时间等进行重新标度。

④ 利用虚拟动能和势能、重新标度的粒子坐标和动量（或速度）构建扩展体系的哈密顿量（或拉格朗日函数）；利用哈密顿方程（或拉格朗日方程）建立扩展体系中的运动方程。

扩展体系方法以诺斯[12-13]和安德森[14]等的研究为基础，广泛应用于各种环境条件下原子（或分子）基团、材料等模拟研究。

（2）NPT 系综的配分函数。

对于 NPT 系综，体系的概率密度分布函数为

$$\rho_{NTP} = \frac{1}{Z_{NTP}} e^{-\beta(H+p\Omega)} = \frac{1}{Z_{NTP}} e^{-\beta H_H} \tag{3.108}$$

式中，H_H 为体系的焓。

所以，体系的等压热容（c_p）为

$$c_p = \left(\frac{\partial \langle H_H \rangle}{\partial T}\right)_V = \frac{\partial \langle H_H \rangle}{\partial \beta} \frac{\partial \beta}{\partial T} = -\frac{1}{k_B T^2} \frac{\partial \langle H_H \rangle}{\partial \beta} \tag{3.109}$$

仿照 NVT 系综的推导过程，可以得到 NPT 系综的比定压热容为

$$c_p = \frac{\langle (\Delta H_H)^2 \rangle}{k_B T^2} = \frac{\langle (\Delta(H+p\Omega))^2 \rangle}{k_B T^2} \tag{3.110}$$

对于其他力学量可以利用统计物理理论，利用配分函数推导不同系综的热力学量的公式，再利用涨落理论给出其统计平均值的计算方法。

3.5.5　巨正则系综

许多实际问题是粒子数不守恒的开放体系，例如，材料表面的吸附问题。此时利用上述 NVT 和 NPT 研究都不方便，需要在巨正则系综下对开放体系进行分子动力学模拟。所谓巨正则系综是指粒子的化学势 μ、体系的体积 Ω 和温度 T 保持不变，所以有时也称为 μVT 系综。为了清晰起见，先介绍等化学势扩展法，然后讨论 μVT 扩展体系的运动方程。

1. 等化学势扩展法

开放体系等化学势扩展法最先是由卡然（Cagin）和佩蒂特（Pettitt）于1991年提出的[16-17]。首先，假想真实体系与一个大的粒子库相接触构成扩展体系，粒子库中的粒子具有与实际体系粒子相等的化学势，真实体系和粒子库之间可以交换粒子。粒子库足够大，不因失去或获得有限粒子而改变粒子的化学势。按照等温扩展法和等压扩展法的思路，需要引进一组共轭的可以表达粒子库对体系影响的虚拟动能和势能，进而构建扩展体系的拉格朗日函数或哈密顿量。为了叙述方便，这里主要分析扩展体系的拉格朗日函数。

事实上，粒子库主要是影响体系粒子数目，所以引进与体系总粒子数变化相关的虚拟动能和势能。当粒子库向真实体系输送粒子时，意味着真实体系的化学势较低，所以定义与体系总粒子数变化的势能为 $w\mu$，其中 w 为总粒子数（是时间的函数），μ 为粒子的化学势。表达粒子库"运动"的虚拟动能为 $(1/2)M_w \dot{w}^2$。所以，与虚拟量"w"相联系的运动对扩展体系的拉格朗日函数

的贡献为

$$L_w = \frac{1}{2} M_w \dot{w}^2 - \mu w \qquad (3.111)$$

这样引入了总粒子数"运动"的虚拟动能和势能以后,带来了一个新的问题:如果要求总粒子数的虚拟"运动速度"存在,总粒子数必须是随时间连续变化的,此时必然出现粒子数为分数的现象。为了描述这一现象,卡然和佩蒂特[16]认为扩展体系的总粒子数由两部分组成:① 普通意义的粒子,其数目为整数 N,称为"全粒子(Full particle)",其行为与常规意义下的粒子一致;② 总粒子数中的小数部分,称为"分数粒子(Fractional particle)"。分数粒子数 ξ 与总粒子数的关系为

$$\xi = w - N \qquad (3.112)$$

当 $\xi = 1$ 时,就相当于在体系中产生了一个全粒子;当 $\xi = 0$ 时,相当于体系还是 N 个粒子的状态。下面讨论完全粒子和分数粒子对扩展体系拉格朗日函数的贡献。为了清晰起见,在分析问题之前,先对各种矢量和坐标进行如表 3.2 所示的约定。

表 3.2   粒子坐标的符号记法

第 α 个全粒子的位置矢量及坐标	位置矢量	$\boldsymbol{r}_\alpha$
	位置矢量分量	$\boldsymbol{r}_\alpha = x_{\alpha,1}\boldsymbol{i} + x_{\alpha,2}\boldsymbol{j} + x_{\alpha,3}\boldsymbol{k}$ 分量统一记为:$x_{\alpha,i}, i = 1, 2, 3$
第 α 和第 β 个全粒子之间的相对位置矢量及坐标	相对位置矢量	$\boldsymbol{r}_{\alpha\beta} = \boldsymbol{r}_\beta - \boldsymbol{r}_\alpha$
	相对位置矢量分量	$\boldsymbol{r}_{\alpha\beta} = x_{\alpha\beta,1}\boldsymbol{i} + x_{\alpha\beta,2}\boldsymbol{j} + x_{\alpha\beta,3}\boldsymbol{k}$ 分量统一记为:$x_{\alpha\beta,i}, i = 1, 2, 3$
	相对距离	$r_{\alpha\beta} = |\boldsymbol{r}_\beta - \boldsymbol{r}_\alpha| = \sqrt{x_{\alpha\beta,1}^2 + x_{\alpha\beta,2}^2 + x_{\alpha\beta,3}^2}$
分数粒子的位置矢量及坐标	位置矢量	$\boldsymbol{r}_f$
	位置矢量分量	$\boldsymbol{r}_f = x_{f,1}\boldsymbol{i} + x_{f,2}\boldsymbol{j} + x_{f,3}\boldsymbol{k}$ 分量统一记为:$x_{f,i}, i = 1, 2, 3$
分数粒子和第 α 个全粒子之间的相对位置矢量及坐标	相对位置矢量	$r_{\alpha f} = \boldsymbol{r}_f - \boldsymbol{r}_\alpha$
	相对位置矢量分量	$r_{\alpha f} = x_{\alpha f,1}\boldsymbol{i} + x_{\alpha f,2}\boldsymbol{j} + x_{\alpha f,3}\boldsymbol{k}$
	相对距离	$r_{\alpha f} = |\boldsymbol{r}_f - \boldsymbol{r}_\alpha| = \sqrt{x_{\alpha\beta,1}^2 + x_{\alpha\beta,2}^2 + x_{\alpha\beta,3}^2}$

注:表中矢量 $\boldsymbol{i}$、$\boldsymbol{j}$、$\boldsymbol{k}$ 分别代表笛卡儿坐标系三个轴的单位方向矢量。

对于全粒子,其意义与常规意义下的粒子没有差别。全粒子的运动对扩展体系拉格朗日函数的贡献可写为

$$L_1 = \sum_{\alpha=1}^{N} \frac{1}{2} m \dot{\boldsymbol{r}}_\alpha^2 - \frac{1}{2} \sum_{\alpha \neq \beta}^{N} u(r_{\alpha\beta}) \qquad (3.113)$$

式中,L_1 为全粒子对扩展体系拉格朗日函数的贡献;m 为全粒子的质量。这里假定体系只有一种粒子。

卡然等认为[16]，分数粒子的质量为 ξm，而分数粒子与全粒子具有类似于全粒子（常规粒子）的动能和粒子间的作用势能，只是需要乘以因子 ξ。所以，分数粒子对体系拉格朗日函数的贡献 L_f 为

$$L_f = \frac{1}{2}(\xi m)\dot{\boldsymbol{r}}_f^2 - \xi \sum_{\alpha=1}^{N} u(r_{\alpha f}) \tag{3.114}$$

式中，u 是两个粒子间的相互作用势函数；第二项为分数粒子与其他 N 个全粒子的相互作用势能。

利用上面的分析，可以得到扩展体系的拉格朗日函数为

$$L = L_1 + L_f + L_w =$$
$$\sum_{\alpha}^{N} \frac{1}{2} m\dot{\boldsymbol{r}}_\alpha^2 + \frac{1}{2}(w-N)m\dot{\boldsymbol{r}}_f^2 + \frac{1}{2}M_w\dot{w}^2 -$$
$$\frac{1}{2}\sum_{\alpha \neq \beta}^{N} u(r_{\alpha\beta}) - (w-N)\sum_{\alpha=1}^{N} u(r_{\alpha f}) + \mu w \tag{3.115}$$

容易写出扩展体系的哈密顿量为

$$H = \sum_{\alpha}^{N} \frac{p_\alpha^2}{2m} + \frac{p_f^2}{2(w-N)m} + \frac{p_w^2}{2M_w} +$$
$$\frac{1}{2}\sum_{\alpha \neq \beta}^{N} u(r_{\alpha\beta}) + (w-N)\sum_{\alpha=1}^{N} u(r_{\alpha f}) - \mu w \tag{3.116}$$

2. μVT 系综的扩展体系法

结合诺斯提出的等温扩展法和上述等化学势扩展法，并利用诺斯等温扩展体系拉格朗日函数的构造方法[式(3.96)]，很容易得到 μVT 系综扩展体系的拉格朗日函数和哈密顿量。μVT 系综扩展体系的拉格朗日函数可以写为

$$L = \sum_{\alpha=1}^{N} \frac{1}{2} ms^2 \dot{\boldsymbol{r}}_\alpha^2 + \frac{(w-N)}{2} ms^2 \dot{\boldsymbol{r}}_f^2 + \frac{1}{2} M_w \dot{w}^2 + \frac{1}{2} M_Q \dot{s}^2 -$$
$$\frac{1}{2}\sum_{\alpha \neq \beta}^{N} u(r_{\alpha\beta}) - (w-N)\sum_{\alpha=1}^{N} u(r_{\alpha f}) + \mu w - N_f k_B T \ln s \tag{3.117}$$

利用真实体系和扩展体系时间、动量和位置坐标的标度关系，可以得到 μVT 系综扩展体系的哈密顿量为

$$H = \sum_{\alpha=1}^{N} \frac{p_\alpha^2}{2ms^2} + \frac{p_f^2}{2(w-N)ms^2} + \frac{p_w^2}{2M_w} + \frac{p_s^2}{2M_Q} +$$
$$\frac{1}{2}\sum_{\alpha \neq \beta}^{N} u(r_{\alpha\beta}) + (w-N)\sum_{\alpha=1}^{N} u(r_{\alpha f}) - \mu w + N_f k_B T \ln s$$
$$\tag{3.118}$$

式中，p_w 为与表达粒子库的虚拟动量，其他物理量同前。

可得 μVT 系综扩展体系物理量的运动方程，即

$$\begin{cases} ms^2\ddot{x}_{a,i} = -\sum_{\beta=1}^{n}\frac{\partial u(r_{a\beta})}{\partial r_{a\beta}}\frac{x_{a\beta,i}}{r_{a\beta}} - (w-N)\frac{\partial u(r_{af})}{\partial \boldsymbol{r}_f}\frac{x_{af,i}}{r_{af}} - 2mss^2\dot{x}_{a,i} \\[2mm] ms^2\ddot{x}_{f,i} = \sum_{\alpha=1}^{N}\frac{\partial u(r_{af})}{\partial \boldsymbol{r}_f}\frac{x_{af,i}}{r_{af}} - \frac{ms^2\ddot{w}\dot{x}_{f,i}}{(w-N)} - 2mss^2\dot{x}_{f,i} \\[2mm] M_w\ddot{w} = \mu + \frac{1}{2}ms^2\dot{x}_f^2 - \sum_{\alpha=1}^{N}u(r_{af}) \\[2mm] M_Q\ddot{s} = \left[\sum_{\alpha=1}^{N}\frac{1}{2}ms^2\dot{x}_a^2 + \frac{1}{2}(w-N)ms^2\dot{x}_f^2 - N_f k_B T\right]/s \end{cases}$$

$$(3.119)$$

对于 μVT 系综,体系的概率密度分布函数为

$$\rho_{\mu VT} = \frac{1}{Z_{\mu VT}}e^{aN-\beta H} \tag{3.120}$$

式中,$\alpha = \mu/k_B T$。

则 μVT 系综的配分函数为

$$Z_{\mu VT} = \sum_{N=0}^{\infty}\sum_{S}e^{aN-\beta H_S} \tag{3.121}$$

式中,下角标 "S" 表示状态,对 S 求和遍及所有状态,则粒子数和体系能量为

$$\begin{cases} \langle N \rangle = \dfrac{\partial \ln Z_{\mu VT}}{\partial \alpha} \\[3mm] \langle E \rangle = -\dfrac{\partial \ln Z_{\mu VT}}{\partial \beta} \end{cases} \tag{3.122}$$

关于 μVT 系综扩展体系的模拟和力学量的计算可以参照以上等温扩展方法或 NVT 系综进行。

3.6   原子间相互作用势函数

在前几节的内容中,给出了分子动力学的基本思想和方法。原则上讲,如果体系中粒子之间的势函数已知,就可以利用前面给出的思路和方法对体系进行分子动力学模拟。因此,势函数对分子动力学模拟十分重要,历来为研究者所重视。粒子间的势函数可以分为原子间的势函数(如金属、无机晶体中原子间的相互作用)和分子间的势函数(如有机大分子材料中的分子间的相互作用)。为了适应研究不同问题的需要,人们发展了多种形式的势函数,包括经验、半经验和第一性原理等方法得到的势函数。随着硬件技术的发展,计算机的计算能力日益提高,人们可以对复杂的问题进行模拟分析。与之相应,建立能够更准确地反映实际材料行为的原子间(或分子间)势函数成为计算材料学的重点之一。本节只对几种有代表性的原子间的势函数进行介绍。

3.6.1 势函数的一般特点

在讨论具体的势函数以前,先来分析原子势函数的一般特点。图 3.8 所示为固体中两个原子间相互作用势函数和作用力的一般性质。粒子间的相互作用势能包括吸引势能和排斥势能,可以将两个原子间的势函数写成排斥势能和吸引势能之和,即

$$u(r_{ij}) = u^R(r_{ij}) + u^A(r_{ij}) \tag{3.123}$$

式中,r_{ij} 为第 i 个原子和第 j 个原子间的距离;$u(r_{ij})$ 为两个原子间的势函数;$u^R(r_{ij})$ 和 $u^A(r_{ij})$ 分别为两个原子间的排斥和吸引势能。

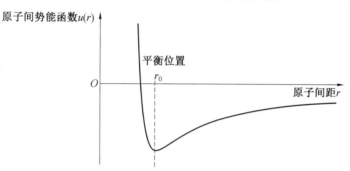

图 3.8 固体中两个原子间相互作用势函数和作用力的一般性质

当原子间距比较小时,原子间的作用力为排斥力;当原子间距比较大时,原子间的作用力为吸引力;当粒子间的排斥力和吸引力相等时,体系达到平衡,对应于势函数的极小值。在平衡位置,粒子间的相互作用力为 0,所以

$$\left.\frac{\partial u(r_{ij})}{\partial r_{ij}}\right|_{a_{ij}} = 0 \tag{3.124}$$

式中,a_{ij} 为粒子间的平衡距离(对于晶体而言就是晶格常数),可由 X 射线衍射等技术确定。

体系的总势能 U 为

$$U = \sum_{i \neq j}^{N} u(r_{ij}) \tag{3.125}$$

可以得到绝对零度下体系的压缩率(对于固态材料就是体弹性模量)为

$$K = \Omega\left(\frac{\partial^2 U}{\partial \Omega^2}\right) \tag{3.126}$$

式中,Ω_0 为晶体平衡时的体积。

综合式(3.123)和式(3.126)确定经验势函数中的待定参数[如式(3.3)中的待定参数 A 和 B]。与体弹性模量与势能的关系类似,晶体的弹性常数也可用于势函数中待定参数的确定。另外,晶体的内聚能、升华热等性能也可用于势函数中待定参数的测定。在后面的论述中可以看到,一般的势函数均含有待定参数,需要通过试验或理论加以确定,其中利用试验数据确定势函数中待定参数是非常重要的方法。

3.6.2　经典对势

对势是指在势函数中只包含两两原子间的相互作用势能。这里主要介绍两种最为经典的对势势函数,一种是如式(3.3)所示的伦纳德－琼斯(Lennard-Jones)势函数,一种是莫尔斯(Morse)势函数。

对于晶体而言,两个原子间的势函数除要满足 3.6.1 节讨论的势函数的一般特点以外,还需要满足下述条件:

① 由于内聚能不能是无限大,所以,势函数的绝对值随原子间距离(r_{ij})衰减的速度必须比 r_{ij}^{-3} 的速度要快。

② 必须保证所有的弹性常数不小于 0;且有 $C_{11}-C_{12}>0$(C_{11} 和 C_{12} 是弹性常数),这一条件可以保证晶体在无限小的切变下是稳定的。

1. 伦纳德－琼斯势函数

伦纳德－琼斯势函数有时也被称为 L－J 势函数,是提出较早、应用较广的一种简单势函数。一般情况下,可以将 L－J 势函数表达为

$$u(r_{ij}) = 4\varepsilon_{ij}\left[\left(\frac{\sigma_{ij}}{r_{ij}}\right)^{12} - \left(\frac{\sigma_{ij}}{r_{ij}}\right)^{6}\right] \tag{3.127}$$

式中,12 次方项为排斥势能;6 次方项为吸引势能;r_{ij} 和 σ_{ij} 为待定参数。

利用式(3.125)可以得到

$$\begin{cases} u_0(a_{ij}) = -\varepsilon_{ij} \\ \sigma_{ij} = 2^{-6}a_{ij} \end{cases} \tag{3.128}$$

式中,u_0 为势函数的最低值,即为体系的内聚能;a_{ij} 为 i 和 j 两个原子间的平衡距离。

也可以利用式(3.126)给出的压缩系数公式确定待定常数 ε_{ij}。有时为了提高计算速度,在研究不同原子组成的体系时,可以采用算术平均和几何平均的方法近似计算待定参数。例如,对于由两种原子组成的体系而言,有下述近似,即

$$\begin{cases} \sigma_{ij} = \dfrac{\sigma_{ii} + \sigma_{jj}}{2} \\ \varepsilon_{ij} = \sqrt{\varepsilon_{ii}\varepsilon_{jj}} \end{cases} \tag{3.129}$$

2. 莫尔斯势函数

莫尔斯势函数用指数函数表示排斥势能和吸引势能,具体形式为

$$u(r_{ij}) = \varepsilon_{ij}\left[e^{-2a(r_{ij}-a_{ij})} - 2e^{-a(r_{ij}-a_{ij})}\right] \tag{3.130}$$

式中,ε_{ij}、α 和 a_{ij} 为待定参数;a_{ij} 为原子间的平衡距离。

利用式(3.124)可得:$u_0(a_{ij}) = -\varepsilon_{ij}$,所以,$\varepsilon_{ij}$ 为内聚能。

L－J 势函数和莫尔斯势函数具有形式简单易于理解等优点,在计算物理学和计算材料学中发挥过巨大作用,在模拟计算惰性气体元素固体、碱金属、液体等体系的结构和性能方面取得了众多有价值的结果;同时,也为复杂势函数的构建提供了参考。例如,描述离子晶体中粒子间相互作用的玻恩－

梅耶－哈金斯(Born-Mayer-Huggins)势函数[18-19]可以表示为

$$u(r_{ij}) = \frac{e^2}{4\pi\varepsilon_0} \frac{Z_i Z_j}{r_{ij}} + A_{ij} e^{-r_{ij}/\rho} - \frac{C}{r_{ij}^n} \tag{3.131}$$

式中,等号右边第一项为长程库仑(Coulomb)相互作用势能;Z_i 和 Z_j 为 i、j 两个离子的电荷数(正电荷取正号,负电荷取负号);ε_0 为真空电容率,除 r_{ij} 以外,其他参量为待定参数。

在玻恩－梅耶－哈金斯势函数中,可以发现明显的 L－J 势函数和莫尔斯势函数的成分。

应当指出,L－J 和莫尔斯等形式的对势势函数存在明显的缺点。首先,这些势函数没有考虑原子间成键的细节(如配位数等),所以在模拟精度上存在明显的缺陷。另外,势函数是关于原子间连线对称的,所以在研究晶体时必然导致弹性常数之间存在柯西(Cauchy)关系:$C_{12} = C_{44}$,这与绝大多数晶体的弹性性质相违背。

3.6.3 多体势函数

为了克服传统对势的缺点,人们提出了多种新的势函数和对势的改进方案。其中,多体势函数一直为人们所重视。一般而言,体系的总势能 U 可以展开为

$$U = \sum_{i<j}^{N} u_2(\boldsymbol{r}_i, \boldsymbol{r}_j) + \sum_{i<j<k}^{N} u_3(\boldsymbol{r}_i, \boldsymbol{r}_j, \boldsymbol{r}_k) + \cdots \tag{3.132}$$

式中,等号右边第一项为对势,求和遍及所有的 i 和 j,求和条件 $i<j$ 是为了避免 ij 和 ji 重复求和;右边第二项是三体势函数,求和遍及所有的 i、j 和 k,求和条件的意义同上。据此,可以定义 m 体势函数。展开式中的高阶项主要是为了修正和改进两体势函数(即对势)的不足而引进的。

1. 阿拜尔键级模型

阿拜尔(Abell)[20]从量子力学出发,分析了原子同周围原子成键的键级(键的强度)与其周围环境的关系,给出了一种基于键级的经验势函数。参考原子(记为 i)与周围原子的相互作用势函数(V_i)为

$$V_i = \sum_k Z_k [q_i u_k^R(r_{ik}) + b_k u_k^A(r_{ik})] \tag{3.133}$$

式中,Z_k 表示第 k 近邻的原子数;$u_k^R(r_{ik})$ 表示原子 i 与第 k 近邻原子间的排斥势能;$u_k^A(r_{ik})$ 表示原子 i 与第 k 近邻原子间的吸引势能;q_i 为原子的价电子数;b_k 为表示原子 i 与第 k 近邻原子间键级的常数。

如果参考原子 i 的价电子数固定,很容易理解其配位数越大,成键的强度越低,反之亦然。所以,阿拜尔假定:

$$b_k \propto \frac{1}{\sqrt{Z_k}}$$

对于离子晶体和共价晶体而言,常常只需考虑最近邻原子间的相互作用。另外,阿拜尔建议排斥势能和吸引势能可以用与莫尔斯势函数相似的指

数函数表示,此时,式(3.133)中最近邻两个原子间的势函数可以简化为

$$u_i(r) = A\mathrm{e}^{-\sigma r} + \frac{1}{\sqrt{Z_1}} B\mathrm{e}^{-\lambda r} \tag{3.134}$$

式中,r 为参考原子与最近邻原子间的距离;Z_1 为最近邻配位数;A、B、σ 和 λ 为待定参数。可以由晶体的点阵常数、弹性性质等试验值确定势函数中的待定参数。容易发现,式(3.134)与莫尔斯势函数是相似的。

2. 三体势函数

三体势函数是指在两体势函数的基础上,附加一项三体势函数来修正两体对势的不足,是构造原子间势函数的重要途径之一。这里简要介绍几种常见的三体势函数[21]。按式(3.132)的思路,势函数由两体势函数和三体势函数之和组成,即

$$V = \sum_{i<j}^{N} u_2(\boldsymbol{r}_i, \boldsymbol{r}_j) + \sum_{i<j<k}^{N} u_3(\boldsymbol{r}_i, \boldsymbol{r}_j, \boldsymbol{r}_k) \tag{3.135}$$

其中,两体势函数可以统一表示为

$$u_2(r_{ij}) = f_\mathrm{c}(r_{ij}) \left[A_1 \phi_1(r_{ij}) - A_2 \phi_2(r_{ij}) \right] \tag{3.136}$$

式中,$f_\mathrm{c}(r_{ij})$ 为截断函数;$\phi_1(r_{ij})$ 和 $\phi_2(r_{ij})$ 分别表示排斥和吸引势函数;A_1 和 A_2 为待定参数。

在下面的论述中,不同模型的势函数中的两体势函数部分在形式上与式(3.136)相同,只是排斥势能和吸引势函数的形式有所差别。但是,三体势函数部分在不同的势函数模型中有较大差别。为了叙述方便,与三原子的结构相关的几何参数的定义如图 3.9 所示。

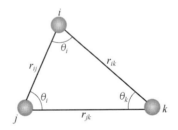

图 3.9　三原子结构参数示意图

这里介绍的几种典型的三体势函数主要是针对共价晶体提出的,特别是在早期关于 Si、Ge 等半导体及金刚石等具有四面体成键的共价晶体提出的。下面关于多体势函数的阐述参考了文献[21]的关于多体势函数的比较研究。

(1)PTHT 势函数。

PTHT(Pearson, Takai, Halicioglu, Tiller)势函数[22] 中两体势函数部分为 L−J 势函数。如果截断半径用 R_c 表示,则截断函数为

$$f_\mathrm{c}(r) = \begin{cases} 1 & (r < R_\mathrm{c}) \\ 0 & (r \geqslant R_\mathrm{c}) \end{cases} \tag{3.137}$$

式中，r 代表 r_{ij}、r_{ik} 或 r_{jk}。

两体势函数采用 L－J 势函数，所以有

$$u_2(r) = f_c(r)\left[A_1 r^{-12} - A_2 r^{-6}\right] \tag{3.138}$$

式中，A_1 和 A_2 为待定参数。

PTHT 势函数的三体势能部分为

$$\begin{cases} u_3(r_{ij}, r_{ik}, r_{jk}) = Bh(r_{ij})h(r_{ik})h(r_{jk})g(\theta_i, \theta_j, \theta_k) \\ h(r) = \dfrac{f_c(r)}{r^3} \\ g(\theta_i, \theta_j, \theta_k) = 1 + 3\cos\theta_i\cos\theta_j\cos\theta_k \end{cases} \tag{3.139}$$

式中，B 为待定参数。

PTHT 势函数并不能通过理论加以证明，主要是考虑实用性而引入的，但缺乏灵活性。由于 PTHT 势函数只有 3 个待定参数（如果将截断半径 R_c 包括在内，则有 4 个待定参数），所以常常在研究二元或三元体系时使用 PTHT 势函数。

(2)BH(Biswas-Hamann) 势函数。

BH 势函数[23] 有以下几个特点：① 截断函数采用类费米(Fermi) 函数；② 两体势函数采用高斯函数；③ 三体函数是分立函数。BH 势函数中截断函数的具体形式为

$$f_c(r) = \begin{cases} \dfrac{1}{\mathrm{e}^{(r-\sigma)/\mu} + 1} & (r < R_c) \\ 0 & (r \geqslant R_c) \end{cases} \tag{3.140}$$

式中，σ 和 μ 为待定参数。

BH 势函数的两体势能由莫尔斯函数构成，即

$$u_2(r) = f_c(r)\left[A_1 \mathrm{e}^{-\lambda_1 r^2} - A_2 \mathrm{e}^{-\lambda_2 r^2}\right] \tag{3.141}$$

式中，A_1、A_2 和 λ_1、λ_2 为是待定参数。

三体势函数为

$$\begin{cases} u_3(r_{ij}, r_{ik}, \theta_i) = \displaystyle\sum_{s=1}^{2} B_s h_s(r_{ij}) h_s(r_{ik}) g_s(\theta_i) \\ h_s(r) = \mathrm{e}^{-\alpha_s r^2} f_c(r) \\ g_s(\theta_i) = (\cos\theta_i - \cos\theta_0)^{s+1} \end{cases} \tag{3.142}$$

式中，$s = 1, 2$；B_s 和 θ_0 均为待定参数。

BH 势函数中待定参数较多，需要利用试验数据和第一性原理计算加以确定，所以比较复杂。BH 势函数可用于模拟 Si 中的微团簇[24]、体缺陷[25] 和非晶硅结构[26]。

(3)SW(Stillinger-Weber) 势函数。

SW 势函数[27] 是一种广泛应用于共价晶体的势函数。SW 两体势函数采用 L－J 势函数，如式(1.138)所示，但是其截断函数形式为

$$f_c(r) = \begin{cases} \dfrac{\mu}{e^{r-\sigma}} & (r < R_c) \\[2mm] 0 & (r \geqslant R_c) \end{cases} \tag{3.143}$$

SW 势函数的三体势能部分为

$$\begin{cases} u_3(r_{ij}, r_{ik}, r_{jk}) = Bh(r_{ij})h(r_{ik})g(\theta_i) \\ h(r_{ij}) = [f_c(r)]^\alpha \\ g(\theta_i) = (\cos\theta_i + \cos\theta_0)^2 \end{cases} \tag{3.144}$$

式中，α、B 和 θ_0 为待定参数。

SW 势函数自建立以后获得了广泛应用，包括团簇、晶格动力学、点缺陷、液体、非晶体、表面扩散等研究，是共价晶体分子动力学模拟广泛应用的势函数之一[28]。

3. 团簇势函数

这里主要介绍由特索夫(Tersoff)提出的一种团簇势函数模型及其修正模型[29-30]。特索夫团簇势函数模型的基本思想：原子间的相互作用势能是成对的形式。但是，在吸引势函数部分要考虑局域环境的效应，即等效地考虑了多体相互作用。基于上述思想，体系的总势能及团簇势函数可以表示为

$$V = \sum_{i<j} u(r_{ij}) =$$
$$\sum_{i<j} f_c(r_{ij})[A_1 \varphi_1(r_{ij}) - A_2 \varphi_2(r_{ij})p(\zeta_{ij})] \tag{3.145}$$

式中，$p(\zeta_{ij})$ 为表示键级的参数，是等效配位数 ζ_{ij} 的函数。

形式上，ζ_{ij} 为

$$\begin{cases} \zeta_{ij} = \sum_{k>j>i} u_3(r_{ij}, r_{ik}, \theta_i) \\ u_3 = h(r_{ij}, r_{ik})g(\theta_i) \end{cases} \tag{3.146}$$

对于具体的体系，需要给出式(3.145)和式(3.146)中各种函数的具体表达形式和待定参数。

(1) 特索夫势函数。

首先，特索夫势函数[21,30] f_c 与上述截断函数相比略显复杂，即

$$f_c(r) = \begin{cases} 1 & (r \leqslant R_c - \mu) \\[2mm] \dfrac{1}{2}\left[1 - \cos\left(\dfrac{\pi(r - R_c)}{\mu}\right)\right] & (R_c - \mu < r < R_c) \\[2mm] 0 & (r \geqslant R_c) \end{cases} \tag{3.147}$$

式中，r 的意义同前；R_c 为截断半径；μ 为待定参数。

$\phi_s(r)$ 采用莫尔斯函数的形式(其中，$s=1,2$)，即

$$\phi_s(r) = e^{-\lambda_s r} \quad (s = 1,2) \tag{3.148}$$

式(3.129)中的 h 和 g 为

$$\begin{cases} h(r_{ij}, r_{ik}) = f_c(r_{ik})e^{[a(r_{ij} - r_{ik})]^3} \\[2mm] g(\theta_i) = \beta + \left(\dfrac{\eta}{\delta}\right)^2 - \dfrac{\eta^2}{\delta^2 + (\cos\theta_i - \cos\theta_0)} \end{cases} \tag{3.149}$$

式中，α、β、δ 和 η 为待定参数。

将式(3.149)代入式(3.146)第一式即可得到等效配位数 ζ_{ij} 的表达式，而键级参数为

$$p(\zeta_{ij}) = \frac{1}{(1 + \zeta_{ij}^n)^{1/2n}} \tag{3.150}$$

式中，n 为待定参数。

将上述所有函数代入式(3.139)可以得到特索夫势函数。最初，特索夫势函数主要是针对金刚石结构的共价晶体提出的，其中待定参数较多，需要通过内聚能、晶体结构参数、金刚石结构晶体的弹性模量等试验参数来测定。对于 Si 而言，多型性晶体的内聚能也可用于待定常数的确定。

由于在吸引势函数部分包含了周围原子对势函数的影响，所以，特索夫势函数实际上是一种多体势函数。特索夫势函数已经在团簇行为、晶格动力学、点缺陷、液体、非晶体、Si 表面再构、外延生长等的研究中得到了成功应用，并可应用于二元体系(如 Si－C 体系、Si－Ge 体系等)。

对于多元体系，特索夫势函数中的待定参数可以利用在单元体系中得到的参数算术平均或几何平均的方法得到，其中莫尔斯函数的 e 指数中的参数用算术平均，其他待定参数用几何平均。例如，对于元素 A－B 二元体系而言，待定参数可以表示为

$$\begin{cases} \lambda_s^{AB} = \dfrac{\lambda_s^A + \lambda_s^B}{2} & (s = 1,2) \\ R_c^{AB} = \sqrt{R_c^A R_s^B} \\ p^{AB} = \sqrt{p^A p^B} \end{cases}$$

式中，上标 A 和 B 表示在纯 A 或纯 B 组元中得到的待定常数；上标 AB 表示 A－B 二元系的待定参数。

(2)DOD(Dodson)势函数。

DOD 势函数[31] 是对特索夫函数的一种简化。首先，DOD 势函数中的截断函数[$f_c(r)$]及莫尔斯函数[$\phi_s(r)$,$s = 1,2$]与特索夫势函数相同，与特索夫势函数的差别在键级参数上。DOD 势函数的键级参数为

$$p(\zeta_{ij}) = e^{-\zeta_{ij}^n} \tag{3.151}$$

式中，n 为待定参数，等效配位数为

$$\begin{cases} \zeta_{ij} = \sum_{k > j > i} h(r_{ij}, r_{ik}) g(\theta_i) \\ h(r_{ij}, r_{ik}) = \left[\dfrac{\varphi_2(r_{ik}) f_c(r_{ik})}{\varphi_2(r_{ij}) f_c(r_{ij})} \right]^\alpha \\ g(\theta_i) = \dfrac{\beta}{\eta + e^{-\delta \cos \theta_i}} \end{cases} \tag{3.152}$$

式中与式(3.143)中符号相同的量均为待定参数。DOD 势函数被证明在低能束沉积、表面重构等方面的模拟计算中是成功的。

3.6.4　嵌入原子势函数

最初,人们在金属的分子动力学模拟中曾经使用 L－J 势函数和莫尔斯势函数,但是,后来发现这两种经典对势在研究非碱金属时存在较大误差。特别是对势中没有包含自由电子对势函数的贡献,为此,人们逐渐发展了基于嵌入原子方法(Embedded Atom Method,EAM)的势函数[32],一般称为EAM 势函数。

1. EAM 基本思想

EAM 势函数是基于密度泛函理论提出的,主要对象是金属。理论建立之初,主要考虑的是具有面心立方(fcc)结构的金属。其基本思想是:将每个原子都假想为嵌入其他原子(基质原子)组成体系中的客体原子,那么其他原子对嵌入原子的吸引势能由该处的电子浓度决定。体系的总势能 U 可以表示为

$$U = \sum_i F_i(\rho_i) + \sum_{i<j} \varphi^R(r_{ij}) \tag{3.153}$$

式中,等号右边第一项为嵌入能;第二项为用对势形式表达的排斥势函数;ρ_i 为除去嵌入原子以外其他原子在嵌入原子处(r_i)贡献的电子浓度。

EAM 理论进一步假定 ρ_i 是原子 i 嵌入前所有原子在 r_i 处产生的电子浓度之和,即

$$\rho_i = \sum_{j\neq i} f(r_{ij}) \tag{3.154}$$

式中,$f(r_{ij})$ 为原子 j 在 r_i 处的电子浓度。

原则上讲,可以通过密度泛函等理论给出电子浓度和嵌入能,但是在许多情况下,需要解析型的嵌入能表达式。例如,在分子动力学模拟过程中,计算的每一步都需要知道势函数的梯度(原子所受的力),此时,给出解析型的势函数十分必要。

虽然 EAM 方法为从理论上确定嵌入能提供了一种途径,但依然很难从理论上推导出嵌入能和排斥能的具体解析表达式。尽管人们发展了许多基于 EAM 的势函数,其中任何一种势函数都含有待定的参数,或者说都是半经验的。鉴于相关势函数较多,本节主要以约翰逊(Johnson)发展起来的基于 EMA 的势函数进行介绍[33-34]。

下面讨论只含有一种元素的体系。可以想象每个原子的嵌入势能都相同,一样的,每个原子所受的排斥势能也相同。若选定一个参考嵌入原子,嵌入位置为 r,基质原子 m 距离参考嵌入原子的距离为 r_m,体系的原子总数为 N,则可将式(3.153)改写为

$$\begin{cases} V = NF[\rho(r)] + N\left[\dfrac{1}{2}\sum_m \varphi(r_m)\right] \\ \rho(r) = \sum_m f(r_m) \end{cases} \tag{3.155}$$

所以,平均到每个原子的势函数(u) 为

$$\begin{cases} u(r) = F[\rho(r)] + \Phi(r) \\ \Phi(r) = \dfrac{1}{2}\sum_m \varphi(r_m) \end{cases} \tag{3.156}$$

势函数的最小值对应与嵌入原子受合力为 0,即受力平衡,如果用下角标"0"表示平衡,则平衡条件为

$$\frac{\mathrm{d}\Phi}{\mathrm{d}r}\bigg|_0 + \frac{\mathrm{d}F}{\mathrm{d}\rho}\bigg|_0 \frac{\mathrm{d}\rho}{\mathrm{d}r}\bigg|_0 = 0 \tag{3.157}$$

由此可以定义平衡位置 r_0、平衡电子浓度 ρ_0、势能最小值 E_0,以及对应于平衡位置的 Φ_0、$f_0(r_0)$ 等物理量。很显然,内聚能 E_c 为

$$E_e = -E_c = F_e(\rho_e) + \Phi_e \tag{3.158}$$

2. 面心立方结构金属 EAM 势函数

对于面心立方结构金属,约翰逊提出如下形式的 EAM 势函数,即

$$\begin{cases} f(r) = f_0 \mathrm{e}^{-\beta(r/r_0-1)} \\ \varphi(r) = \varphi_0 \mathrm{e}^{-\gamma(r/r_0-1)} \end{cases} \tag{3.159}$$

嵌入能函数为

$$\begin{cases} F(\rho) = -E_c(1-\ln x)x - \Phi_0 y \\ x = (\rho/\rho_0)^{\alpha/\beta} \\ y = (\rho/\rho_0)^{\gamma/\beta} \\ \alpha = 3\sqrt{V_a K/E_c} \end{cases} \tag{3.160}$$

式中,V_a 为原子的体积;K 为体弹性模量。

如果只考虑最近邻原子效应,对于理想面心立方结构金属,$\beta \approx 6$,且有

$$\begin{cases} \rho(r) = 12f(r) \\ \Phi(r) = 6\varphi(r) \end{cases} \tag{3.161}$$

3. 面心立方结构合金 EAM 势函数

下面以 A－B 二元合金为例,介绍合金的 EAM 势函数构造方法。首先,约翰逊证明[34],合金的排斥势函数与单质金属的排斥势能的关系为

$$\varphi^{AB} = \frac{1}{2}\left[\frac{f^B(r)}{f^A(r)}\varphi^A(r) + \frac{f^A(r)}{f^B(r)}\varphi^B(r)\right] \tag{3.162}$$

式中,上标"AB"表示合金,用上角标"A"和"B"分别表示单质金属 A 和单质金属 B。

若 A 组元为基质(或溶剂),B 组元为溶质,合金的嵌入能按以下步骤计算:

① 移去一个基质原子:

$$-F^A(\rho_e^A) - 12\varphi^A(r_e^A)$$

② 添加一个溶质原子:

$$+F^B(\rho_e^A) + 12\varphi^{AB}(r_e^A)$$

③ 调整最近邻嵌入能:

$$\begin{cases} -12F^{A}(\rho_{e}^{A}) + 12F^{A}(\rho_{e}^{A} + \Delta\rho) \\ \Delta\rho = -f^{A}(r_{e}^{A}) + f^{B}(r_{e}^{A}) \end{cases}$$

④ 调整内聚能：

$$-E_{c}^{A} + E_{c}^{B}$$

EAM 势函数自建立以来在金属若干性能的研究中获得了较大的成功，不仅成功用于块体材料的性能计算，并避免了弹性性质的柯西关系；而且，成功应用于金属团簇、缺陷、表面等问题的研究。为了拓宽 EAM 势函数的应用范围，人们相继开发了适用于六方金属、立方金属等的 EAM 势函数[33,35-36]。

目前，EAM 方法是经典分子动力学研究金属性质的广泛应用的势函数。最近，亚尔卡宁(Jalkanen)[37] 以铜等系统为例比较了各种形式的 EAM 势函数与从头算量子力学计算之间的差异，分析了不同形式的 EAM 势函数的有效性，发现适当形式的势函数给出的结果与量子力学计算结果之间的误差可小至 5%。

3.7　CP 分子动力学

前面几节比较系统地阐述了基于牛顿力学的经典分子动力学方法的基本思想。可以发现，经典分子动力学具有图像简单、实用性强等优点，自提出以后，已经在诸多领域获得了广泛应用，不仅可以对平衡态的结构和性质进行模拟计算，而且还可以应用于对非平衡体系。大量研究表明，分子动力学是材料模拟计算的重要方法。然而，分子动力学采用经验或半经验的势函数，在模拟过程中可能忽略了某些重要细节。另外，经典分子动力学的模拟精度也需要改进。为此，人们发展了基于量子力学密度泛函理论的从头计算分子动力学方法，本节主要介绍 CP(Car-Parrinello)[38] 分子动力学的基本思想[28]。

首先，以固体为例，分析体系中离子(有时也称原子)和电子的运动特点。正如第 1 章介绍的，由于离子和电子的质量和运动速度相差很大，所以一般采用玻恩−奥本海默绝热近似，即将粒子和电子运动分开加以考虑。如前所述，分子动力学方法的核心是求解牛顿运动方程(等价于求解拉格朗日或哈密顿方程)。由于离子的质量较大、速度较慢，可以认为离子的运动满足牛顿力学。问题是如何利用分子动力学方法描述电子的运动。

接下来，回顾一下经典分子动力学处理 NTV 和 NTP 系综的方法。在经典动力学方法中，为了处理环境的粒子运动规律的影响，一般采用扩展体系方法。在扩展体系方法中，用虚拟的动能和势能来描述环境的影响。例如，等温扩展法中，用虚拟的热源动能和势能来描述热源对体系的作用。在 CP 分子动力学方法中，将电子体系对粒子运动规律的影响用虚拟动能和势能来描述，构造扩展体系的拉格朗日函数，再由拉格朗日方程给出扩展体系的运动方程,最后用分子动力学积分算法模拟体系的结构和性质。

为了简单起见,仿照前面的做法,用 $\boldsymbol{R}$ 代表所有离子的坐标$(R_1,R_2,\cdots)$,用 r 代表所有价电子的坐标$(r_1,r_2,\cdots)$。根据密度泛函理论,当给定一个粒子构型 $\boldsymbol{R}$ 时,就可以得到一组单电子波函数$[\varphi_1(r_1),\varphi_1(r_1),\cdots]$,为简单起见用 $\varphi(r)$ 表示;单电子波函数决定了电子浓度,因而可以得到体系的能量 $E_t(\boldsymbol{R},\varphi)$。在分子动力学计算过程中,离子的位置不断变化,对应于电子浓度和体系能量也是变化的。此时,$E_t(\boldsymbol{R},\varphi)$ 相当于势能。对于包含价电子体系的分子动力学,还需要引进与势能相对应的电子体系的虚拟动能。

CP 分子动力学中,一个电子的虚拟动能为

$$E_K^e = \sum_i \frac{1}{2}\mu_i \langle \dot{\varphi}_i \mid \dot{\varphi}_i \rangle \tag{3.163}$$

式中,μ_i 为电子的虚拟质量。

则体系的总动能与总势能的差为

$$E_K - U = \sum_m \frac{1}{2}M_m \dot{R}_m^2 + \sum_i \frac{1}{2}\mu_i \langle \dot{\varphi}_i \mid \dot{\varphi}_i \rangle - E_t(\boldsymbol{R},\varphi_i) \tag{3.164}$$

式中,E_K 和 U 分别为体系的总动能和总势能;M_m 为粒子 m 的质量。

如果没有其他约束条件,式(3.154)是体系的拉格朗日函数。但是,单电子波函数必须满足正交归一条件,即

$$\frac{1}{\Omega}\langle \varphi_i \mid \varphi_j \rangle - \delta_{ij} = 0 \tag{3.165}$$

式中,Ω 为体系的体积。

单电子波函数归一化条件相当于对体系施加了一个约束"力",所以在式(3.157)中添加一个拉格朗日乘子,就可以得到体系的拉格朗日函数,即

$$L = \sum_m \frac{1}{2}M_m \dot{R}_m^2 + \sum_i \frac{1}{2}\mu_i \langle \dot{\varphi}_i \mid \dot{\varphi}_i \rangle - E_t(\boldsymbol{R},\varphi_i) + \sum_{i,j} \frac{\Lambda_{ij}}{\Omega}(\langle \varphi_i \mid \varphi_j \rangle - \delta_{ij})$$
$$\tag{3.166}$$

式中,Λ_{ij} 为拉格朗日乘子。

下面利用拉格朗日方程建立离子和电子的运动方程。电子的拉格朗日方程为

$$\frac{\mathrm{d}}{\mathrm{d}t}\frac{\partial L}{\partial \langle \dot{\varphi}_i \mid} = \frac{\partial L}{\partial \langle \varphi_i \mid} \tag{3.167}$$

将式(3.166)代入(3.167)可得

$$\mu_i \mid \ddot{\varphi}_i \rangle = -\frac{\partial E_t}{\partial \langle \varphi_i \mid} + \sum_j \Lambda_{ij} \mid \varphi_j \rangle \tag{3.168}$$

式(3.168)也可以改写为

$$\mu_i \ddot{\varphi}_i = -\frac{\partial E_t}{\partial \varphi_i} + \sum_j \Lambda_{ij}\varphi_j \tag{3.169}$$

当体系处于稳定状态时,式(3.168)和式(3.169)与密度泛函理论中的 KS 方程等价。因此,可以利用 KS 方程求解系统的能量。

利用拉格朗日方程,有

$$\frac{\mathrm{d}}{\mathrm{d}t}\frac{\partial L}{\partial \dot{R}_m} = \frac{\partial L}{\partial R_m}$$

可以得到离子的运动方程,即

$$M_m\ddot{R}_m = -\frac{\partial E_t}{\partial R_m} \tag{3.170}$$

尽管参量 μ 不具有明确的物理意义,实际计算过程中还是要细心选择其取值。一般原则是参量 μ 要尽量小,以便使晶格振动的最大频率远小于电子频率。

单电子波函数一般选择平面波展开的形式(见第 1 章),即

$$\varphi_i(r) = \frac{1}{\sqrt{\Omega}}\sum_m C_i(\boldsymbol{G}_m)\mathrm{e}^{-\mathrm{i}\boldsymbol{G}_m \cdot r} \tag{3.171}$$

单电子波函数选为平面波展开的形式具有下面两个优点:一是在平面波展开系数表达式中不含粒子的坐标,因此便于在分子动力学模拟中的积分运算;二是在分子动力学模拟过程中每一步都要计算粒子所受力,平面波展开易于力的计算。

CP 分子动力学建立以来,在物理、材料、化学等领域获得了极大的成功,是今后材料分子动力学模拟的发展方向之一。为了使 CP 分子动力学适用于更广的研究领域和更为复杂的体系,CP 分子动力学本身也得到了发展,逐渐形成了第二代 CP 分子动力学方法[39]。

3.8　分子动力学方法应用举例

分子动力学方法物理图像清晰,可以对包含大量分子(原子)的体系进行模拟,而且计算效率高,所以广泛应用于材料的微观结构模拟和性能解析。分子动力学方法在模拟计算晶体缺陷、低维材料与结构、界面结构、相变行为,以及高分子结构及特性等方面具有得天独厚的优势。特别重要的是,分子动力学方法可以在原子尺度上模拟和设计材料性能,已经成为材料计算和设计的重要的工具。分子动力学方法不仅在材料科学领域有非常重要的应用,在生物学、医学和化工等领域的应用也日益受到重视。

有关分子动力学方法应用的综述文章和专著很多[1, 2, 6, 8, 40],限于本书的篇幅,不对分子动力学方法进行比较详细的介绍。本节选择两个简单的例子介绍分子动力学模拟的基本过程。

3.8.1　体心立方金属中刃型位错运动的模拟

位错是一种重要的晶体缺陷,对金属材料的强度和塑性变形行为有极其重要的影响。位错运动是理解金属塑性变形的关键,阐明位错运动的微观机制具有重要意义。位错分为两种,一种是螺型位错,另一种是刃型位错。刃型位错的原子结构相对直观简单,这里介绍刃型位错运动的分子动力学模

拟[41]。

刃型位错及其滑移示意图如图 3.10 所示,图 3.10 中垂直于刃型位错半原子面的平面是位错的滑移面。当作用在滑移面上的切应力分量大于临界切应力时,位错开始在滑移面上滑移(图 3.10 中箭头为位错的滑移方向)。

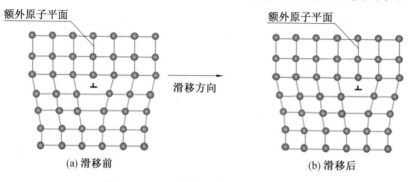

图 3.10　刃型位错及其滑移示意图

分子动力学方法为模拟位错运动提供了行之有效的工具。这里介绍西安交通大学万强等关于金属 Mo 中刃型位错滑移运动的分子动力学模拟结果[41]。该研究作者采用基于 EAM 的势能函数,模拟原胞为 $112 \times 4 \times 69([111] \times [0\bar{1}1] \times [\bar{2}11])$,包含 23 000 个原子,如图 3.11(a) 所示。通过沿 $\langle 111 \rangle$ 方向插入 2 个 $(\bar{2}11)$ 半原子平面构建刃型位错。$[\bar{2}11]$ 方向采用固定边界条件,在 $[111]$ 和 $[0\bar{1}1]$ 两个方向上采用周期性边界条件。

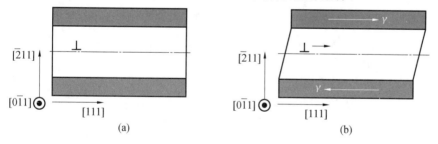

图 3.11　模拟原胞和切应力施加方式示意图

通过剪切应变的方式对模拟原胞施加剪切应力,施加应力为 $0.16\%\mu$、$0.32\%\mu$、$0.5\%\mu$、$1\%\mu$、$2\%\mu$、$3\%\mu(\mu = 126 \text{ GPa})$。图 3.12 为 50 K 下位错位移与时间的关系。其中,位错的位移以伯格斯(Burgers)矢量大小为单位。由图 3.12 中可见,在不同剪切应力作用下位错的运动速度近似为常数,并随应力增加,位错运动速度增加。研究发现位错的运动速度满足如下规律,即

$$v \propto \tau^m e^{-Q/k_B T} \tag{3.172}$$

式中,v 为位错滑移速度;τ 为切应力;Q 为位错滑移的激活能;m 为应力指

数。研究发现,$m \approx 1$。另外,不同温度、相同应力下的位错运动速度的较大差异体现了声子对位错运动的拖动作用[42]。

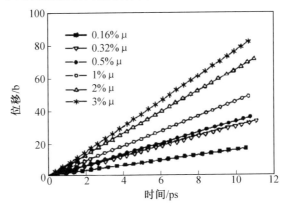

图 3.12   50 K 下位错位移与时间的关系(b 为伯格斯矢量长度)

3.8.2   单壁碳纳米管轴向压缩变形

碳纳米管(Carbon Nanotube,CNT)可以看作是单层石墨烯卷成的管状纳米材料。由于 CNT 具有优异的力学、电学和化学性能,自 1991 年发现以来,得到了研究者的高度重视。CNT 的力学性能十分优异,其抗拉强度最高可达 800 GPa,是钢的 400 倍,密度却只有钢的 1/6;其弹性模量可达 1 TPa,与金刚石的弹性模量相当,约为钢的 5 倍。在介绍 CNT 分子动力学模拟以前,首先简单描述 CNT 的结构。由于 CNT 可以认为是石墨烯片卷成的,所以可在石墨烯片上定义 CNT 的单胞,图 3.13 所示为石墨烯片的结构示意图。定义 CNT 的手性矢量为

$$C_h = n a_1 + m a_2 \tag{3.173}$$

式中,a_1 和 a_2 为石墨烯片单胞矢量。图 3.13 标出了整数 (n, m) 的定义方法。可以将 CNT 分为三类:

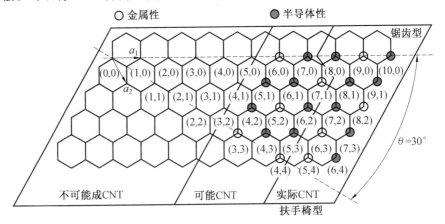

图 3.13   石墨烯片的结构示意图

①$n = m, \theta = 30°$,为扶手椅型(ArmChair Type)。

②$m = 0, \theta = 0°$,为锯齿型(Zigzag Type)。

③ 除上述两种情况外的 CNT 称为手性型(Chiral Type)。

扶手椅型和锯齿型 CNT 不具有手性。CNT 的直径为

$$d = \frac{\sqrt{3}}{\pi} a_{cc} (n^2 + mn + m^2)^{1/2}$$

式中,d 为 CNT 的直径;a_{cc} 为石墨烯中碳原子的最小距离(0.142 nm)。

三种 CNT 的结构如图 3.14 所示。

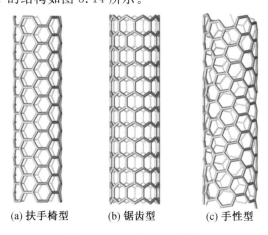

(a) 扶手椅型　　(b) 锯齿型　　(c) 手性型

图 3.14　三种 CNT 的结构

下面简要介绍中国科技大学王宇等[43]关于单壁 CNT 压缩变形的分子动力学模拟。作者采用多体势函数[30],其中考虑了碳元素所成共价键特点和原子局部环境、C— C 键角等因素对键级的影响,能够正确模拟共价键的成键与键破坏,并由试验及量子力学第一性原理的结果拟合相关参数。采用 Nose－Hoover[5,12]方法将体系的温度控制在 0.01 K,以避免热激活的复杂影响。在王宇等人的研究中,模拟得到的不同管径(n, n)扶手椅型和$(n, 0)$锯齿型碳纳米管的压缩弹性模量随管半径的变化如图 3.15 所示。模拟结果表明,碳纳米管的弹性模量范围为 1.3～1.5 TPa,与试验符合较好;另外弹性模量随 CNT 管径增加而减小;半径相近的碳纳米管,扶手椅型碳纳米管的弹性模量略低于锯齿型碳纳米管。

分子动力学模拟证实,碳纳米管轴向受压变形到某个临界值,将出现结构失稳。随着变形的增加,应变能积累到一定程度以后,产生局部失稳、结构塌陷。

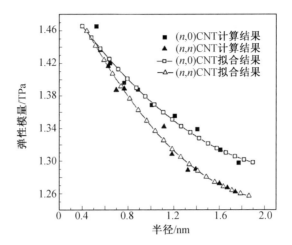

图 3.15　(*n*，*n*)和(*n*，0)碳纳米管弹性模量的分子动力学模拟结果比较

本章参考文献

[1] 陈舜麟. 计算材料学[M]. 北京：化学工业出版社，2005.

[2] 吴兴惠，项金钟. 现代材料计算与设计教程[M]. 北京：电子工业出版社，2002.

[3] PANG T. An introduction to computational physics [M]. Cambridge：Cambridge Press，2006.

[4] HOFFMANN K H，SCHREIBER M. Computational physics [M]. Berlin Heidelberg：Springer-Verlag，1996.

[5] HOOVER W G. Computational statistical mechanics [M]. New York：Elsevier，1991.

[6] 文玉华，朱如曾，周富信，等. 分子动力学模拟的主要技术[J]. 力学进展，2003(1)：65.

[7] HOOVER W G，Canonical dynamics：equilibrium phase-space distributions [J]. Physical Review A，1985，31：1695.

[8] 陈敏伯. 计算化学：从理论化学到分子模拟[M]. 北京：科学出版社，2009.

[9] BERENDSEN H J C，POSTMA J P M，GUNNSTEREN W F V，et al. Molecular dynamics with coupling to an external bath [J]. Journal of Chemical Physics，1984，81：3684.

[10] 汪志诚. 热力学统计物理[M]. 北京：高等教育出版社，2003.

[11] 马文淦. 计算物理学[M]. 北京：科学出版社，2012.

[12] NOSE S. A unified formulation of the constant temperature molecular dynamics methods [J]. Journal of Chemical Physics，1984，81：511.

[13] NOSE S. A molecular dynamics method for simulation in the canonical ensemble [J]. Molecular Physics, 1984, 52: 255.

[14] ANDERSON H C. Molecular dynamics simulations at constant pressure and/or temperature [J]. Journal of Chemical Physics, 1980, 72: 2384.

[15] PARRINELLO M, RAHMAN A. Crystal structure and pair potentials: a molecular-dynamics study [J]. Physical Review Letters, 1980, 45: 1196.

[16] CAGIN T, PETTITT B M. Grand molecular dynamics: a method for open system [J]. Molecular Simulation, 1991, 6: 5.

[17] CAGIN T, PETTITT B M. Molecular dynamics with a variable number of molecular [J]. Molecular Physics, 1991, 72: 169.

[18] SINGH H, SINGH A, INDU B D. The Born-Mayer-Huggins potential in high temperature superconductors [J]. Modern Physics Letters B, 2016, 30: 1650283.

[19] FEUSTON B P, GAROFALINI S H. Empirical three-body potential for vitreous silica [J]. Journal of Chemical Physics, 1988, 89: 5818.

[20] ABELL G C. Empirical chemical pseudopotential theory of molecular and metallic bonding [J]. Physical Review B, 1985, 31: 6184.

[21] BALAMANE B, HALICIOGLU T, TILLER W A. Comparative study of silicon empirical interatomic potentials [J]. Physical Review B, 1992, 46: 2250.

[22] PEARSON E M, TAKAI T, HALICIOGLU T, et al. Computer modeling of Si and SiC surfaces and surface processes relevant to crystal growth from the vapor [J]. Journal of Crystal Growth, 1984, 70: 33.

[23] BISWAS R, HAMANN D R. New classical models for silicon structural energies [J]. Physical Review B, 1987, 36: 6434.

[24] FEUSTON B P, KALIA R K, VASHISHTA P. Fragmentation of silicon microclusters: a molecular-dynamics study [J]. Physical Review B, 1987, 35: 6222.

[25] BATRA I P, ABRAHAM F F, CIRACI S. Molecular-dynamics study of self-interstitials in silicon [J]. Physical Review B, 1987, 35: 9552.

[26] LUEDTKE W D, LANDMAN U. Preparation and melting of amorphous silicon by molecular-dynamics simulations [J]. Physical Review B, 1988, 37: 4656.

[27] STILLINGER F H, WEBER T A. Computer simulation of local order in condensed phases of silicon [J]. Physical Review B, 1985, 31:

5262.

[28] 冯端, 金国钧. 凝聚态物理学[M]. 北京：科学出版社，2003.

[29] TERSOFF J. New empirical model for the structural properties of silicon [J]. Physical Review Letters, 1986, 56: 632.

[30] TERSOFF J. New empirical approach for the structure and energy of covalent systems [J]. Physical Review B, 1988, 37: 6991.

[31] DODSON B W. Development of a many-body Tersoff-type potential for silicon [J]. Physical Review B, 1987, 35: 2795.

[32] DAW M S, BASKES M I. Embedded-atom method: derivation and application to impurities, surface, and other defects in metals [J]. Physical Review B, 1984, 29: 6443.

[33] JOHNSON R A, OH D J. Analytic embedded atom method model for BCC metals[J]. Materials Research, 1989, 4: 1195.

[34] JOHNSON R A, Alloy models with the embedded-atom method [J]. Physical Review B, 1989, 39: 12554.

[35] BASKES M I, JOHNSON R A. Modified embedded-atom potentials for HCP metals [J]. Modelling and Simulation in Materials Science and Engineering, 1994, 2: 147.

[36] 欧阳义芳, 张邦维. Cr 的解析 EAM 模型[J]. 科学通报, 1993, 38 (19): 1816.

[37] JALAKE J, MÜSER M H. Systematic analysis and modification of embedded-atom potentials: case study of copper [J]. Modelling and Simulation in Materials Science and Engineering, 2015, 23: 074011.

[38] CAR R, PARRINELLO M. Unified approach for molecular dynamics and density-function theory [J]. Physical Review Letters, 1985, 55: 2471.

[39] KÜHNE T D. Second generation Car-Parrinello molecular dynamics [J]. Wiley Interdisciplinary Reviews-Computational Molecular Science, 2014, 4: 391.

[40] 罗伯 D. 计算材料学[M]. 项金钟, 吴兴惠, 译. 北京：化学工业出版社, 2002.

[41] 万强, 田晓耕, 沈亚鹏. BCC 晶体中位错运动特性的分子动力学模拟 [J]. 固体力学学报, 2004, 25(3): 345.

[42] NADGORNRYI E. Dislocation dynamics and mechanical properties of crystals [J]. Progress in Materials Science, 1998, 31: 139.

[43] 王宇, 王秀喜, 倪向贵, 等. 单壁碳纳米管轴向压缩变形的研究[J]. 物理学报, 2003, 52(12): 3120.

第4章　蒙特卡罗方法

本章介绍基于随机数序列抽样的模拟计算方法——蒙特卡罗(Monte Carlo)方法。蒙特卡罗方法不仅可以模拟自然界真实存在的随机过程的统计规律,也可以通过构建概率模型模拟确定性问题。

蒙特卡罗方法最早可追溯到18世纪法国数学家蒲丰(Buffon)的投针试验,蒲丰试验给出了一种近似求解圆周率的概率统计方法。由于需要大量与随机数抽样相关的统计计算,蒙特卡罗方法在计算机出现以前并没有得到实质性的应用。计算机技术的发展为蒙特卡罗方法在统计学、物理学、材料学、经济学等方面的应用奠定了基础。本章主要阐述蒙特卡罗方法的基本原理及其在材料学中的应用。

4.1　蒙特卡罗方法的基本思想

自然界中有许多随机过程,例如布朗运动、中子在材料中的碰撞和传输过程等,这些随机过程可以利用蒙特卡罗方法直接进行抽样试验(计算机模拟),利用计算机模拟可以相当好地描述这些过程的物理规律。本节主要通过两个简单的例子介绍蒙特卡罗方法中构建随机过程和模拟计算的基本思想,然后介绍随机数的产生方法。

4.1.1　蒲丰试验

蒲丰的基本思想:首先,在光滑的水平面上画一组间距为 l 的平行线;将长度为 l 的细针随机投掷于水平面上,如图4.1所示;最后计算细针与平行线的相交概率。

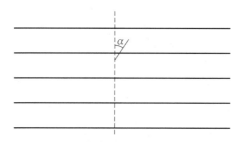

图 4.1　蒲丰投针试验示意图

细针在平行线法线上的投影长度 l_z 为 $l_z = l \mid \cos \alpha \mid$。细针与平行线相

交的概率 $p(\alpha)$ 为

$$p(\alpha) = \frac{l\,|\cos\alpha|}{l} = |\cos\alpha|$$

由于 α 的取值范围是 $[0,\pi]$，所以细针与平行线相交概率的平均值为

$$\langle p \rangle = \frac{1}{\pi}\int_0^\pi |\cos\alpha|\,\mathrm{d}\alpha = \frac{2}{\pi} \tag{4.1}$$

如果在 N 次投针试验中，有 m 次与平行线相交，那么有

$$\langle p \rangle = \lim_{N\to\infty}\frac{m}{N}$$

也就是说，当投针次数 N 足够大时，可以得到 π 的近似值，即

$$\pi \approx \frac{2N}{m} \tag{4.2}$$

蒲丰试验表明，蒙特卡罗方法的基本思想为：将待求解问题转化为概率统计问题，利用随机事件的概率统计求解问题。试验表明，需要大量次数的投针试验才能得到较好的结果，即便是进行 10^4 次投针试验，π 值的精度也只能达到三位有效数字，表明蒙特卡罗方法的收敛速度很慢，但上述方法简单、图像清晰。以上分析表明，蒙特卡罗方法不是计算圆周率的较好方法，这里主要以此说明蒙特卡罗方法的基本思想。

真正的蒙特卡罗方法在计算机上完成上述"试验"，无须像蒲丰那样真正去进行投针试验。计算机模拟试验中需要随机、均匀地给出夹角 α 的数值，方能保证模拟计算的正确性。蒙特卡罗方法中通过 $[0,1]$ 区间内均匀分布的随机数来实现角度 α 的随机抽样。关于随机数抽样方法将在后面详细介绍。

4.1.2　定积分计算的蒙特卡罗方法

数值计算定积分的方法有很多，这里介绍利用蒙特卡罗方法计算定积分的基本过程。考虑下面的定积分

$$I = \int_0^1 g(x)\,\mathrm{d}x \tag{4.3}$$

并假定

$$0 \leqslant y = g(x) \leqslant 1$$

式(4.3)的定积分值 I 就是图 4.2 中曲线下的阴影面积。为了利用蒙特卡罗方法计算式(4.3)所示的定积分，作如图 4.2 所示的边长为 1 的正方形。向正方形中随机投点，若总投点数为 N，落在曲线下阴影部分的点数为 m，则落在阴影区的概率为 $p \sim m/N$。很显然，概率 p 的平均值为

$$\langle p \rangle = \lim_{N\to\infty}\frac{m}{N}$$

当投点次数足够多时，近似有

$$I \approx \frac{m}{N} \tag{4.4}$$

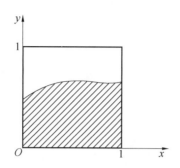

图 4.2 蒙特卡罗方法计算定积分示意图

同蒲丰试验一样,蒙特卡罗计算定积分时需要保证投点的随机性。虽然蒙特卡罗方法计算定积分的精度可能低于其他数值解法,但蒙特卡罗方案思路清晰、编程简单,特别是在计算多重定积分时,蒙特卡罗方法具有得天独厚的优势。

通过上面两个简单例子,可以归纳出蒙特卡罗方法的基本特点:① 需要将要解决的问题转化为概率问题;② 构建随机过程;③ 要求解的未知量是随机变量的平均值。

4.1.3 随机数

蒲丰试验中投针和求解定积分的投点"统计试验"(引号的意思是指在计算机中进行的虚拟试验)中,投针或投点的随机性非常重要,是获得正确统计结果的保障。如何获得随机变量是蒙特卡罗方法的核心内容之一。在蒙特卡罗模拟中,随机变量是利用[0,1]区间的随机数进行抽样得到的。一般将[0,1]区间均匀分布的随机数简称为随机数,可以分为真随机数和伪随机数两种。

1. 真随机数

真随机数是[0,1]区间内真正随机分布的随机变量,一般只能用具有随机性质的物理效应产生(如放射性元素的衰变、电路的噪声等)。物理方法产生的真随机数尽管具有较好的统计随机性,但费用较高、不可重复,难以满足复杂模拟计算的需要。实际蒙特卡罗模拟一般使用数学方法生成的伪随机数。

2. 伪随机数

伪随机数一般用数学方法产生,通常情况下利用周期足够长的递推公式生成准随机数。严格意义上讲,伪随机数不是数学上严格的随机数,但只要通过随机数的检验,并满足模拟计算的精度要求,伪随机数就是可以接受的。伪随机数一般要满足以下要求:① 要具有良好的统计随机性和分布均匀性;② 要有足够长的周期性;③ 具有较高的产生效率。

产生伪随机数的方法很多,例如,平方取中法、同余法等[1-2]。下面简要介绍比较常用的同余法,同余法又可分为加同余法、乘同余法和混合同余法。

(1) 加同余法。

首先选取两个正整数 x_1 和 x_2,利用下列递推公式获得 $x_i (i > 2)$,即

$$x_{i+2} = x_i + x_{i+1} (\bmod M) \qquad (4.5)$$

式中,M 为整数;$(\bmod M)$ 表示求余,即 $A(\bmod M)$ 表示 A 除以 M 的余数,例如,$9(\bmod 8) = 0125$,利用式(4.5)所示的递推公式,可以得到 $[0,1]$ 区间的伪随机数序列,即

$$\xi_n = \frac{x_n}{M}, \ n = 1, 2, \cdots \qquad (4.6)$$

式中,ξ 为 $[0,1]$ 区间的随机数。

(2) 乘同余法。

首先给定正整数 a 和 x_1,利用递推公式求 x_i

$$x_{i+1} = ax_i (\bmod M) \qquad (4.7)$$

$[0,1]$ 区间的伪随机数序列为

$$\xi_n = \frac{x_n}{M}$$

(3) 混合同余法。

结合加同余法和乘同余法,可以得到混合同余法的递推公式和随机数序列表达式,即

$$\begin{cases} x_{n+1} = (ax_n + c)(\bmod M) \\ \xi_n = \dfrac{x_n}{M} \end{cases} \qquad (4.8)$$

式中,a、c 和 M 为预先给定的正整数。另外,还需事先给定正整数 x_0(常常称为种子)。

3. 伪随机数的统计检验

任何基于递推公式方法产生的伪随机数都不是真正的随机数,所以在使用前需要对伪随机数进行检验,以满足相应计算或模拟的要求。伪随机数的检验包括许多方面[3],目前的商用计算程序一般都提供了经过检验的伪随机数,可以满足实际应用的需要。这里主要介绍两种重要的随机数检验方法[1]。

(1) 均匀性检验。

均匀性是指伪随机数在 $[0,1]$ 区间分布的均匀性,这种分布的均匀性越好,伪随机数的质量越高。为了描述在 $[0,1]$ 区间的伪随机数序列 $\{\xi_1, \xi_2, \cdots, \xi_N\}$ 的分布特性,将 $[0,1]$ 区间分为 n 个相等的区间。可以用落入每个区间的伪随机数个数的分布描述伪随机数的均匀性。对于均匀分布的随机数,落入每个区间的随机数的个数为 N/n。若落入区间 i 的伪随机数为 N_i,其均匀性可以描述为

$$\chi^2 = \sum_{i=1}^{N} \frac{(N_i - N/n)^2}{N/n} = \frac{n}{N} \sum_{i=1}^{N} (N_i - N/n)^2 \qquad (4.9)$$

很显然，χ 值越小，表明伪随机数的分布越均匀。以 χ^2 值进行的伪随机数均匀性检验有时也称伪随机数的频率检验。一般做法是选取合适的 n 值，根据实际计算的需要设定 χ^2 的预期值，当 χ^2 的值满足要求时，认为所产生的伪随机数满足均匀性的需要。

（2）独立性检验。

为了检验伪随机数的独立性，将伪随机数序列 $\{\xi_1, \xi_2, \cdots, \xi_N\}$ 分成两组，其中奇数项一组，偶数项一组，即

$$\begin{cases} \xi_1, \xi_3, \cdots, \xi_{2k-1}, \cdots \\ \xi_2, \xi_4, \cdots, \xi_{2k}, \cdots \end{cases} \quad k = 1, 2, \cdots$$

这样就得到了两组伪随机数。如果认为第一组随机数是随机变量 x 的取值，第二组随机数是随机变量 y 的取值，就可以在 xy 平面内将所有的伪随机数用点 (ξ_{2k-1}, ξ_{2k}) 表示，如图 4.3 所示。而且，所有点均在边长为 1 的方域中 $(0 \leqslant x \leqslant 1, 0 \leqslant y \leqslant 1)$。如果将该方域等分成 $n \times n = n^2$ 个小方格子（图 4.3），每个小方格子中点的平均数为 N/n^2。可以用每个小方格子中的点数的分布描述伪随机数的独立性。假设每个小方格子中的点数为 N_{ij}，则伪随机数的分布特性可以表示为 χ^2 分布，即

$$\chi^2 = \frac{n^2}{N} \sum_{i,j=1}^{N} (N_{ij} - N/n^2)^2 \qquad (4.10)$$

可以利用 χ^2 的大小作为伪随机数独立性的评价。另外，可以将伪随机数分成三组、四组$\cdots$，利用与式（4.10）相似的 χ^2 分布对伪随机数的独立性进行检验[4]。

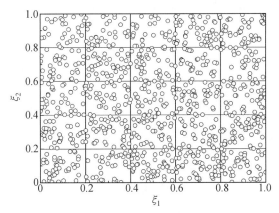

图 4.3　随机数的分布示意图

4.2　随机变量的统计性质

前面介绍的伪随机数可以看作是在 $[0,1]$ 区间内均匀分布的随机变

量。实际问题中,大量的随机变量满足一定的分布规律,例如,处于平衡态的理想气体中,分子的速率满足玻耳兹曼分布。本节主要介绍与随机变量相关的统计学基础知识。

4.2.1   随机变量的概率分布

一般用随机变量的概率分布密度函数和分布函数描述随机变量的统计分布特性。

随机变量 x 在 $[x, x+\mathrm{d}x]$ 区间的概率称为随机变量 x 的概率分布密度。如果用 $f(x)$ 表示随机变量的概率分布密度函数,那么有

$$f(x)\mathrm{d}x = P(x \leqslant x' \leqslant x + \mathrm{d}x) \tag{4.11}$$

式中,$P(x \leqslant x' \leqslant x+\mathrm{d}x)$ 表示随机变量 x 在 $[x, x+\mathrm{d}x]$ 区间取值的概率。通常情况下,$f(x)$ 是归一化的,即

$$\int_a^b f(x)\mathrm{d}x = 1 \tag{4.12}$$

式中,归一化积分的上下限可以是有限的,也可以是无限的。

随机变量的分布函数定义为

$$F(x) = \int_{-\infty}^x f(u)\mathrm{d}u \tag{4.13}$$

则

$$f(x) = \frac{\mathrm{d}F(x)}{\mathrm{d}x} \tag{4.14}$$

很显然,分布函数 $F(x)$ 是单调递增函数,取值区间为 $[0, 1]$。

对于离散随机变量的分布特性,可以用随机变量取值的概率表示。例如,随机变量 x 的取值为 $x_1, x_2, \cdots, x_i \cdots$ 的概率分别为 $p_1, p_2, \cdots, p_i \cdots$,可以记为

$$\begin{bmatrix} x_1 & x_2 & \cdots & x_i & \cdots \\ p_1 & p_2 & \cdots & p_i & \cdots \end{bmatrix}$$

4.2.2   随机变量的期望值与方差

如果随机变量 x 的分布概率密度函数为 $f(x)$,函数 $g(x)$ 的数学期望值($\langle g \rangle$)定义为该函数的平均值

$$\langle g \rangle = \int g(x)f(x)\mathrm{d}x = \int g(x)\mathrm{d}F(x) \tag{4.15}$$

例如,随机变量 x 的期望值为

$$\langle x \rangle = \int x f(x)\mathrm{d}x$$

如果随机变量 x 的取值为 $x_1, x_2, \cdots, x_N$,与之对应的概率分别为 $p_1, p_2, \cdots, p_N$,那么随机变量 x 的平均值为

$$\langle x \rangle = \sum_{i=1}^N x_i p_i \tag{4.16}$$

若变量 x 在 $[a,b]$ 区间内均匀分布,则

$$f(x) = \frac{dF(x)}{dx} = \frac{1}{b-a}$$

此时,函数 $g(x)$ 的平均值为

$$\langle g \rangle = \frac{1}{b-a} \int_a^b g(x) dx \tag{4.17}$$

随机变量的方差定义如下

$$S^2\{g\} = \langle [g(x) - \langle g \rangle]^2 \rangle \tag{4.18}$$

对于连续变量

$$S^2\{g\} = \int [g(x) - \langle g \rangle]^2 f(x) dx = \int [g(x) - \langle g \rangle]^2 dF \tag{4.19}$$

对于离散变量

$$S^2\{g\} = \sum_{i=1}^{N} p_i (x_i - \langle x \rangle)^2 \tag{4.20}$$

方差的平方根称为标准方差。

4.2.3　大数法则和中心极限定理

基于随机数序列的统计计算是蒙特卡罗方法模拟的核心。在连续变量平均值的计算或积分运算过程中,需要知道基于随机变量序列的统计平均值与真值的关系。另外,实际计算过程中,随机数的个数是有限的,有限次统计结果与真值的误差是评价模拟计算结果的基础。

首先介绍概率论中的大数法则。随机变量 x 在 $[a, b]$ 区间内以均匀的分布概率密度随机地取 N 个值 x_i,那么函数值 $g(x_i)$ 的算数平均值收敛于 $g(x)$ 在 $[a, b]$ 区间的数学期望值,这就是大数法则,可表示为

$$\lim_{N \to \infty} \frac{1}{N} \sum_{i=1}^{N} g(x_i) = \lim_{N \to \infty} I_N = \frac{1}{b-a} \int_a^b g(x) dx = I \tag{4.21}$$

大数法则是利用蒙特卡罗方法计算定积分的基础。在抽取了足够多的随机样本条件下,就可以由函数值的算术平均获得该函数定积分的估计值。

假如随机变量 x 满足概率密度分布 $f(x)$,其随机取值序列为

$$\{x_i\} = x_1, x_2, \cdots, x_N$$

当 N 足够大时,$\{x_i\}$ 的平均值收敛于其数学期望值

$$\lim_{N \to \infty} \frac{1}{N} \sum_{i=1}^{N} x_i = x_0 \tag{4.22}$$

式中,x_0 为 $\{x_i\}$ 的数学期望值。

可以抽取许多满足概率密度分布 $f(x)$ 的随机变量序列,即

$$\{x_i\}_m (m = 1, 2, \cdots)$$

式中,下角标 m 表示随机变量序列的编号。很显然,这些满足相同分布的随机变量序列的平均值将收敛于相同的数学期望值。而且,当随机数序列中随机变量的个数 N 趋于无穷大时,它们的标准方差 S 也是相同的。实际上,随

机数序列的变量个数 N 是一个很大的数。中心极限定理表明：如果 $\{x_i\}_m$ 是相互独立的，则 $\{x_i\}_m$ 平均值为 $\langle x \rangle$ 的概率（$P_{\langle x \rangle}$）满足高斯分布，即

$$P_{\langle x \rangle}(x_0, S) = \frac{1}{S\sqrt{2\pi}} e^{-(\langle x \rangle - x_0)^2 / 2S^2} \tag{4.23}$$

利用中心极限定理可以给出蒙特卡罗积分的误差。令 P_λ 代表式（4.21）中 $I_N - I$ 满足下述条件的概率，即

$$-\lambda \frac{S}{\sqrt{N}} \leqslant (I_N - I) < \lambda \frac{S}{\sqrt{N}} \tag{4.24}$$

式中，λ 为任意正数，则

$$\lim_{n \to \infty} P_\lambda = \frac{1}{\sqrt{2\pi}} \int_{-\lambda}^{\lambda} e^{-t^2/2} \mathrm{d}t = 1 - \alpha \tag{4.25}$$

式中，α 是一个大于 0 的小数，称为显著水平，$1 - \alpha$ 称为置信水平。

结合式（4.24）和式（4.25）可以发现，式（4.21）的积分值与蒙特卡罗平均值之差落在以下范围，即

$$|I_N - I| < \lambda S / \sqrt{N} \tag{4.26}$$

式（4.26）范围内的概率为 $1 - \alpha$。式（4.25）中的积分可用数值解法求解，当 $\lambda = 3$ 时，置信度 $1 - \alpha = 99\%$，即 $|I_N - I| < \lambda S / \sqrt{N}$ 成立的概率为 99%。

下面简要对蒙特卡罗方法的误差进行讨论：

① 蒙特卡罗方法的精度带有一定的随机性。一般意义上讲，只能知道具有一定精度估计值的概率。

② 蒙特卡罗方法的精度与标准方差有关。为了使标准方差最小，应当选取合适的随机变量序列。这一点在后面的积分计算时还要讨论。

③ 增加随机变量样本的数量 N 可以提高蒙特卡罗方法的精度。例如，增加样本数量 100 倍、精度提高 10 倍。但是，增加样本数量会增加机时，提高计算费用。所以精度和计算费用要综合加以考虑。

4.3　随机变量的简单抽样

$[0,1]$ 区间的伪随机数实际上是在此区间近似均匀分布的随机变量，可以通过许多方法生成伪随机数。实际问题中，常常需要随机变量满足某种概率分布密度 $f(x)$。这就需要给出一种方法，通过在 $[0,1]$ 区间的伪随机数中抽样获得满足要求的随机变量。

一方面，选择满足概率密度分布的随机变量是实际问题的需要。例如，对于由多粒子体系构成的正则系综，体系的状态满足玻耳兹曼概率密度分布

$$f(x, p) \propto e^{-H/k_B T} \tag{4.27}$$

式中，x、p 分别代表体系中所有粒子的坐标和动量。在许多情况下，模拟体系的性质一般需要给出满足玻耳兹曼分布的随机变量序列。

另一方面，蒙特卡罗方案的精度与标准方差密切相关，在计算机时一定

的情况下,选取合适的概率分布密度函数是提高蒙特卡罗方法精度的有效方法。下面以积分计算对此问题为例加以说明。图 4.4 所示为两个不同类型的函数曲线示意图,其积分可由式(4.21)所示的大数法则进行计算,即

$$I = \int_0^1 g(x)\mathrm{d}x = \frac{1}{N} \sum_{i=1}^{N} g(x_i) \tag{4.28}$$

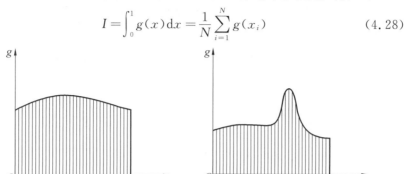

(a) 被积函数没有尖峰　　　　(b) 被积函数有尖峰

图 4.4　两个不同类型的函数曲线示意图

对于图 4.4(a) 所示的平坦被积函数而言,均匀分布的随机变量可以得到精度很好的积分估计值。作为一个极限情况的例子,如果被积函数为常数,则任意取一个随机变量即可得到积分的真值。图 4.4(b) 中的被积函数存在一个尖峰,需要大量的均匀分布的随机变量才能得到精度较好的积分估计值。如果随机变量的样本数在图 4.4(b) 中尖峰附近较多,即便随机变量的样本总数较少,也可以得到精度较高的积分估计值。上述分析表明,通过 [0,1] 区间的伪随机数得到具有合理分布的抽样具有重要意义。

4.3.1　随机变量的直接抽样

蒙特卡罗方法中,通过伪随机数产生程序可以得到 [0,1] 区间均匀分布的随机变量。具有特定分布的随机变量可以通过伪随机数的抽样而得到。随机变量一般可以分为离散分布型和连续分布型两种,本节介绍这两种分布类型的分布随机变量的抽样方法[1-2]。

1. 离散型分布随机变量的直接抽样

首先,以 γ 光子与物质的相互作用为例说明利用 [0,1] 区间的伪随机数进行离散分布型随机变量的抽样方法。γ 光子与物质相互作用可以产生三种效应:① 光电效应,即 γ 光子与电子碰撞导致电子电离;② 康普顿 (Compton) 效应,即电子与 γ 光子相互碰撞导致 γ 光子反冲;③ 电子对效应,即 γ 光子淹没产生正负电子对。以上三种效应的散射截面分别记为:σ_e——光电效应;σ_s——康普顿效应;σ_p——电子对效应。

总散射截面 σ_T 为

$$\sigma_T = \sigma_e + \sigma_s + \sigma_p \tag{4.29}$$

三种效应的发生概率分别为 $p_e = \sigma_e/\sigma_T$、$p_s = \sigma_s/\sigma_T$ 和 $p_p = \sigma_p/\sigma_T$。利用

随机数程序或装置生成$[0,1]$区间的伪随机数序列$\xi=\{\xi_n\}$,上述过程的抽样方法为

① 当 $\xi < p_e$ 时,发生光电效应。

② 当 $p_e \leqslant \xi < p_e + p_s$ 时,发生康普顿效应。

③ 当 $\xi \geqslant p_e + p_s$ 时,发生康普顿效应。

可以将上述方法推广到一般离散分布型随机变量的抽样。假如离散型变量 x 的取值为 $x_i(i=1,2,\cdots)$,与 x_i 对应的概率为 $p_i(i=1,2,\cdots)$。随机变量的分布函数为

$$F(x_i) = \sum_{x \leqslant x_i} p_i \tag{4.30}$$

式中,p_i 满足归一化条件,即

$$\sum_i p_i = 1$$

仿照 γ 光子与物质相互作用的抽样方法,可以得到满足式(4.30)分布函数的离散型随机变量的抽样方法。若伪随机数 ξ_n 满足

$$F(x_{j-1}) \leqslant \xi_n < F(x_j) \tag{4.31}$$

令 $\eta_n = x_j$,则 η_n 就是满足分布函数 $F(x_j)$ 的随机变量序列。

2. 连续分布型随机变量的直接抽样

离散型随机变量的简单抽样方法容易推广到连续分布型随机变量的直接抽样。假设连续型随机变量的概率分布密度函数为 $f(x)$,则其分布函数为

$$F(x) = \int_{-\infty}^{x} f(x)\mathrm{d}x \tag{4.32}$$

参照离散型随机变量的抽样方法,令

$$\xi = F(\eta)$$

如果 $F(x)$ 的反函数存在,则满足概率分布密度函数 $f(x)$ 的随机变量 η 可由下式得到,即

$$\eta = F^{-1}(\xi) \tag{4.33}$$

式中,$F^{-1}(x)$ 为 $F(x)$ 的反函数。

下面以指数分布为例说明连续分布随机变量抽样的方法[1,2]。指数分布密度函数在描述粒子远动自由程、粒子衰变寿命或射线与物质相互作用长度等方面有重要应用。指数概率分布密度函数为

$$f(x) = \begin{cases} \lambda \mathrm{e}^{-\lambda x} & (x > 0, \lambda > 0) \\ 0 & (x \leqslant 0, \lambda \leqslant 0) \end{cases} \tag{4.34}$$

分布函数为

$$F(x) = \int_{-\infty}^{x} f(x)\mathrm{d}x = \int_{-\infty}^{x} \lambda \mathrm{e}^{-\lambda x}\mathrm{d}x = 1 - \mathrm{e}^{-\lambda x} \tag{4.35}$$

首先产生$[0,1]$区间均匀分布的伪随机数序列$\xi=\{\xi_n\}$,令

$$\xi = 1 - \mathrm{e}^{-\lambda \eta}$$

则可以得到满足指数分布的随机变量 η，即

$$\eta = -\frac{1}{\lambda}\ln(1-\xi) \tag{4.36}$$

由于 ξ 和 $1-\xi$ 都是 $[0,1]$ 区间内均匀分布的随机变量，所以，式(4.36)也可以写作

$$\eta = -\frac{1}{\lambda}\ln\xi$$

　　利用分布函数的反函数进行随机变量的抽样，方法简单，应用广泛。但是，该方法需要两个前提条件：① 可以获得概率分布密度函数的积分；② 分布函数的反函数存在。这两个条件限制了该抽样方法在复杂概率分布密度抽样中的应用。

4.3.2　连续分布型随机变量的变换抽样

　　前面的分析可以表明，获得满足给定概率分布密度随机变量抽样的条件是：随机变量的分布函数及分布函数的反函数存在。这一条件在许多情况下难以满足，例如，高斯分布（正态分布）密度函数 $\sim e^{-x^2/2}$ 在 $(-\infty,x]$ 区间积分的解析表达式不存在，没有办法获得相应的分布函数，也就不能利用前面给出的方法进行抽样。

　　为了克服上述困难，可以利用数学上的积分变量代换进行给定分布密度的随机变量的变换抽样[1-2]。其思想是利用变量代换，将难以进行抽样的随机变量分布密度函数转换为易于进行抽样的分布密度函数。

　　将式(4.32)中的变量 x 进行变量代换，使得概率分布密度函数 $f(x)$ 的分布函数为

$$F(x) = \int_{-\infty}^{x} f(x)\mathrm{d}x = \int_{-\infty}^{x} f[x(u)]\frac{\mathrm{d}x}{\mathrm{d}u}\mathrm{d}u \tag{4.37}$$

如果 $u=u(x)$ 的反函数存在，可以得到

$$x = u^{-1}(x) \tag{4.38}$$

如果定义

$$f(x)\frac{\mathrm{d}x}{\mathrm{d}u} = g(u) \tag{4.39}$$

则有

$$F(x) = \int_{-\infty}^{u} g(u)\mathrm{d}u \tag{4.40}$$

仔细选择式(4.37)的变换，以便满足概率分布密度函数 $g(u)$ 的抽样(δ)易于获得，那么可以利用式(4.38)得到满足分布概率密度函数 $f(x)$ 的抽样 η，即

$$\eta = u^{-1}(\delta) \tag{4.41}$$

　　有时进行满足二维联合分布密度函数的随机变量抽样时，会遇到同上述抽样相似的问题。如果对满足联合分布密度函数 $f(x,y)$ 的随机变量 η、δ 进

行抽样比较困难,可以通过变量代换,利用易于抽样的随机变量间接获得 η、δ 的抽样。

由前面的分析可知,获得满足连续分布概率密度函数随机变量抽样的关键是获得相应的分布函数,所以,从二维联合分布密度 $f(x,y)$ 的分布函数 $F(x,y)$ 出发,讨论如何通过变量代换间接获得难以进行抽样的随机变量的抽样方法。假定 (x,y) 是相互独立的随机变量,其分布函数为

$$F(x,y)=\int_{-\infty}^{y}\int_{-\infty}^{x}f(x,y)\mathrm{d}x\mathrm{d}y \tag{4.42}$$

利用多重积分的变量代换,即

$$\begin{cases}u=u(x,y)\\v=v(x,y)\end{cases} \tag{4.43}$$

式(4.42) 可以表示为

$$F(x,y)=\int_{-\infty}^{y}\int_{-\infty}^{x}f[x(u,v),y(u,v)]\frac{\partial(x,y)}{\partial(u,v)}\mathrm{d}u\mathrm{d}v=$$
$$\int_{-\infty}^{v}\int_{-\infty}^{u}f[x(u,v),y(u,v)]\mid J\mid\mathrm{d}u\mathrm{d}v \tag{4.44}$$

式中,$\mid J\mid$ 为雅克比(Jacobi) 行列式

$$\mid J\mid=\begin{vmatrix}\dfrac{\partial x}{\partial u}&\dfrac{\partial x}{\partial v}\\\dfrac{\partial y}{\partial u}&\dfrac{\partial y}{\partial v}\end{vmatrix} \tag{4.45}$$

如果可以通过式(4.43) 求解出

$$\begin{cases}x=x(u,v)\\y=y(u,v)\end{cases} \tag{4.46}$$

令

$$g(u,v)=f[x(u,v),y(u,v)]\mid J\mid \tag{4.47}$$

则有

$$F(x,y)=\int_{-\infty}^{v}\int_{-\infty}^{u}g(u,v)\mathrm{d}u\mathrm{d}v \tag{4.48}$$

如果认为 $g(u,v)$ 是关于独立变量 (u,v) 的分布密度函数,而且其抽样 (η',δ') 容易得到,那么可以利用式(4.46) 得到随机变量 (x,y) 的抽样 (η,δ)。

下面以二维正态分布密度函数为例,说明二维随机变量变换抽样的方法。二维标准正态分布密度函数为

$$f(x,y)=\frac{1}{2\pi}\mathrm{e}^{-\frac{x^2+y^2}{2}} \tag{4.49}$$

由于难以利用式(4.42) 直接获得分布函数,直接对随机变量 (x,y) 抽样有困难。可以利用变量代换进行间接抽样。为此,令

$$\begin{cases}x=\sqrt{-2\ln u}\cos(2\pi v)\\y=\sqrt{-2\ln u}\sin(2\pi v)\end{cases} \tag{4.50}$$

变量代换以后,有

$$f(x,y) = \frac{1}{2\pi} e^{-\frac{1}{2}(x^2+y^2)} = \frac{u}{2\pi}$$

$$|J| = \begin{vmatrix} \dfrac{\partial x}{\partial u} & \dfrac{\partial x}{\partial v} \\ \dfrac{\partial y}{\partial u} & \dfrac{\partial y}{\partial v} \end{vmatrix} = \frac{2\pi}{u}$$

结合上面二式可得

$$g(u,v) = 1 \tag{4.51}$$

式(4.51)表明,(u,v) 是均匀分布的随机变量,可以通过随机数直接进行抽样。所以,二维正态分布密度函数的变换抽样的步骤如下:

首先,利用(伪)随机数产生程序生成 $[0,1]$ 区间均匀分布的随机变量 (η', δ') 作为变量 (u,v) 的抽样。

然后利用式(4.50)变换得到变量 (x,y) 的抽样 (η, δ)

$$\begin{cases} \eta = \sqrt{-2\ln \eta'} \cos(2\pi\delta') \\ \delta = \sqrt{-2\ln \eta'} \sin(2\pi\delta') \end{cases} \tag{4.52}$$

满足一维正态分布密度函数的随机变量不能直接抽样,因为其分布函数没有解析表达式。利用上述满足二维正态概率分布密度的变换抽样方法,可以得到满足一维正态概率分布密度函数的抽样。变量 (x,y) 是相互独立的随机变量,且二维正态分布密度函数可以表示为

$$f(x,y) = f(x)f(y) = \frac{1}{\sqrt{2\pi}} e^{-\frac{1}{2}x^2} \frac{1}{\sqrt{2\pi}} e^{-\frac{1}{2}y^2}$$

所以,可以方便地利用式(4.52)得到满足下述正态分布密度函数的随机变量的抽样,即

$$f(x) = \frac{1}{\sqrt{2\pi}} e^{-\frac{1}{2}x^2} \tag{4.53}$$

变量代换抽样方法在数学上比较严密,程序编制也比较容易。但有时会涉及对数、开放、三角函数等的计算,抽样的效率较低,所以,在针对正态概率分布密度函数的抽样,人们还开发了其他更具效率的抽样方法。

4.4 随机变量的重要抽样

许多复杂的概率分布密度函数,难以给出连续分布型随机变量的分布函数,从而限制了直接抽样或变换抽样的应用范围。为了克服上述困难,人们提出了随机变量的多种重要抽样方法。本节主要介绍舍选抽样和梅特罗布里斯(Metropolis)抽样方法。

4.4.1 舍选抽样

舍选抽样方法,有时也称挑选抽样。最早由冯·诺依曼(von Neumann)

提出,而后人们提出了多种舍选抽样方法。这里只介绍一种基本的舍选抽样方法。

如图 4.5 所示,概率分布密度函数存在明显的峰值,舍选抽样的基本思路是通过峰值附近选取更多的随机数,以满足分布密度 $f(x)$,提高计算精度。假定 $f(x)$ 是 $[a,b]$ 区间的概率分布密度函数

$$\int_a^b f(x)\mathrm{d}x = 1 \qquad (4.54)$$

如果可以得到 $f(x)$ 在 $[a,b]$ 区间内的最大值 L,即

$$L = \max_{x \in [a,b]} f(x) \equiv \frac{1}{\lambda} \qquad (4.55)$$

若令 $y = \lambda f(x)$,那么 $0 \leqslant y \leqslant 1$。所以,$y$ 的取值可以利用 $[0,1]$ 区间的随机数的抽样获得。舍选抽样的具体步骤如下:

首先,选取 $[0,1]$ 区间的随机数序列 ξ_1,直接抽样得到随机变量 x 在 $[a,b]$ 区间的抽样值 δ,即

$$\delta = a + (b-a)\xi_1 \qquad (4.56)$$

计算

$$y(\delta) = \lambda f(\delta)$$

选取另外一组 $[0,1]$ 区间的随机数序列 ξ_2,若 $\xi_2 > \lambda f(\delta)$,点 (x,y) 落在 $y = \lambda f(x)$ 曲线上方,舍去此时的 x 抽样 δ;若 $\xi_2 \leqslant \lambda f(\delta)$,点 (x,y) 落在 $y = \lambda f(x)$ 曲线下方,则保留此抽样,即令随机变量的抽样值 $\eta = \delta$。

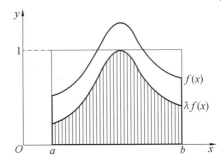

图 4.5　概率分布密度函数 $f(x)$ 和 $\lambda f(x)$ 示意图

反复进行上述过程,可以得到随机变量序列 $\eta = \{\eta_n\}$。下面说明由此得到随机变量 η 序列满足概率分布密度函数 $f(x)$。舍选抽样过程中,相当于在图 4.5 的矩形中随机投点中,仅选取了阴影区的点。在 $[x, x+\mathrm{d}x]$ 区间内点数为

$$\frac{\lambda f(x)\mathrm{d}x}{\int_a^b \lambda f(x)\mathrm{d}x} = \frac{f(x)\mathrm{d}x}{\int_a^b f(x)\mathrm{d}x} = f(x)\mathrm{d}x$$

上式利用了概率密度分布函数的归一化条件。上式表明,舍选抽样满足概率分布密度函数 $f(x)$。

在舍选抽样过程中,只有部分随机数被使用,易于计算出上述舍选抽样

的效率(E)为

$$E = \frac{\int_a^b f(x)\,\mathrm{d}x}{L(b-a)} = \frac{1}{L(b-a)} \qquad (4.57)$$

可见,当 $f(x)$ 的最大值很大时,上述舍选抽样的效率较低。

4.4.2 梅特罗布里斯抽样

许多实际问题的分布概率密度函数包含大量的随机变量,例如,一个由 N 个粒子组成的热力学体系,其空间坐标变量的数目为 $3N$,体系的分布概率密度函数因系综的不同而不同。此时,利用简单抽样和舍选抽样极为困难,甚至是不可能的。为此,梅特罗布里斯提出了一种基于马尔科夫(Markov)过程的高效抽样方法。为了叙述方便,将梅特罗布里斯抽样方法简称为"梅氏抽样方法"

1. 马尔科夫过程

考虑一个随机过程,其前 $n-1$ 步的状态为:$x_1, x_2, \cdots, x_{n-1}$,如果该随机过程在第 n 步的状态为 x_n 的概率仅仅由第 $n-1$ 步的状态 x_{n-1} 决定,而与 $n-1$ 步之前的所有状态没有关系,则称此过程为马尔科夫过程。假定第 n 步马尔科夫过程的状态为 x_n 的概率为 $p(x_n)$,则第 n 步马尔科夫过程的概率可以表述成

$$p(x_n) = p(x_n \mid x_{n-1}) = p(x_n \mid x_1, \cdots, x_{n-1}) \qquad (4.58)$$

马尔科夫过程的一个重要特点是,无论随机过程的初始状态如何,当步数趋于无穷时,即 $n \to \infty$ 时,马尔科夫过程将趋于唯一的平衡分布。平衡分布的唯一性为蒙特卡罗梅氏抽样方法奠定了基础。

2. 梅氏抽样方法

梅氏抽样方法对实际物理问题、材料问题、化学问题等的模拟极为重要,这里首先以一个例子说明梅氏抽样方法的基本思想。假设一个含有 $3N$ 个随机变量(含有 N 个位置矢量 $r_1, r_2, \cdots, r_N$)的热力学体系,该体系的概率分布密度只与 $3N$ 个坐标(或 N 个位置矢量)的构型有关。该体系的任意物理量 A 的平均值为

$$\langle A \rangle = \int A(\boldsymbol{r}) f(\boldsymbol{r})\,\mathrm{d}\boldsymbol{r} \qquad (4.59)$$

式中,为了书写简便,用 $\boldsymbol{r}$ 代表所有粒子的位置坐标($\boldsymbol{r}_1, \boldsymbol{r}_2, \cdots, \boldsymbol{r}_N$),$\mathrm{d}\boldsymbol{r} = \mathrm{d}\boldsymbol{r}_1 \mathrm{d}\boldsymbol{r}_2 \cdots$;$\langle A \rangle$ 为物理量 A 的平均值;$f(\boldsymbol{r})$ 为与构型 $\boldsymbol{r}$ 对应的概率分布密度函数。

实际问题中,概率分布密度函数一般具有比较尖锐的峰值,直接利用随机数进行抽样,式(4.59)的蒙特卡罗积分收敛速度慢,误差大,甚至难以进行计算。如果利用随机数可以获得满足 $f(\boldsymbol{r})$ 的随机变量,则计算速度和精度将得到大大改善,此时

$$\langle A \rangle = \frac{1}{M} \sum_{i=1}^{M} A(\boldsymbol{r}_i) \tag{4.60}$$

但是，$f(\boldsymbol{r})$ 包含 $3N$ 个变量，而且函数形式又非常复杂，难以用前面给出的简单抽样方法进行抽样，为了克服这一困难，梅特罗布里斯提出了一种有效的快速抽样方法。下面介绍梅氏抽样方法的基本思想[4-8]。

首先，假定由构型 $\boldsymbol{r}$ 到构型 $\boldsymbol{r}'$ 的抽样过程是马尔科夫过程；其次，假定处于平衡的体系满足细致平衡原理（Detailed Balance）[9]，则有

$$f(\boldsymbol{r}) T(\boldsymbol{r} \to \boldsymbol{r}') = f(\boldsymbol{r}') T(\boldsymbol{r}' \to \boldsymbol{r}) \tag{4.61}$$

式中，$f(\boldsymbol{r})$ 为概率分布密度函数；$T(\boldsymbol{r} \to \boldsymbol{r}')$ 为从构型 $\boldsymbol{r}$ 到新构型 $\boldsymbol{r}'$ 的转移率或跃迁概率。

由式 (4.61) 可以得到

$$p_{\boldsymbol{r}\boldsymbol{r}'} \equiv \frac{T(\boldsymbol{r} \to \boldsymbol{r}')}{T(\boldsymbol{r}' \to \boldsymbol{r})} = \frac{f(\boldsymbol{r}')}{f(\boldsymbol{r})} \tag{4.62}$$

如果 w 是 $[0,1]$ 区间均匀分布的一个随机数，且

$$p_{\boldsymbol{r}\boldsymbol{r}'} = \frac{f(\boldsymbol{r}')}{f(\boldsymbol{r})} \geqslant w \tag{4.63}$$

则由 $\boldsymbol{r}'$ 确定的新构型被接受，否则拒绝新构型。可以证明，以上述梅氏抽样方法得到的抽样满足概率分布密度函数 $f(\boldsymbol{r})$。不同的体系或不同的热力学系综，实现梅氏抽样的具体方法和步骤也有所区别，下面讨论实现梅氏抽样的一般方法。

首先，随机地选取一个构型 $\boldsymbol{r}_0$，然后通过 $[0,1]$ 区间均匀分布的随机数 η_i 在 $[-h, h]$ 范围内尝试改变坐标分量

$$\Delta x_i = h(2\eta_i - 1) \tag{4.64}$$

产生新的构型。当步长 h 的选取太小时，计算速度很慢；当步长选取太大时，新构型的接受率很低，同样影响计算速度。一般情况下，h 的选取原则以使新构型的接受率 50% 为宜。

通过比较 $p_{\boldsymbol{r}\boldsymbol{r}'}$ 与随机数 w_i，确定由式 (4.64) 所产生的尝试新构型是否被接受。如果

$$p_{\boldsymbol{r}\boldsymbol{r}'} \geqslant w_i$$

则新构型被接受，否则拒绝新的构型。如果新的构型未被接受，则将原构型记为新构型，并计数一次。然后重新选择构型，不断重复上述过程。

一般说来，初始构型的选择对计算结果的影响并不大，因为经过若干步的构型选择以后，马尔科夫过程就会"忘掉"初始状态。但是，由于每个新的构型都与前一步构型相关，导致相邻的几步之内的构型之间并不完全独立。所以，在计算力学量的平均值时，一般每隔若干步取一个值，以消除相邻步间的相关性。例如，当计算至 n_1 步时，计算过程稳定，可以每隔 n_0 取力学量 $A(x_k)$ 和概率密度函数 $f(x_k)$。k 的取值为

$$k = n_1, \ n_1 + n_0, \ n_1 + 2n_0, \ \cdots, \ n_1 + n_0(M-1)$$

力学量 A 的平均值为

$$\langle A \rangle = \frac{1}{M} \sum_{l=0}^{M-1} A(x_{n_1+n_0 l}) \tag{4.65}$$

4.5　简单抽样方法的应用

利用[0,1]间的随机数和简单抽样可以对许多数学、物理、材料及其他领域的问题进行模拟计算。本节以几个简单的数学和物理问题的蒙特卡罗求解,阐述简单抽样蒙特卡罗方法的基本思想。

4.5.1　定积分

定积分在蒙特卡罗方法中具有重要地位,统计系综的物理量的平均值实际上就是通过计算多维定积分获得的。蒙特卡罗计算多重积分的精度与被积函数的维数没有关系,因而可以对许多复杂的实际问题进行模拟计算,这是蒙特卡罗方法的最大优点。

1. 直接抽样法

如图 4.4(a)所示,如果一维定积分的被积函数 $g(x)$ 变化比较平缓,则可以直接利用[0,1]区间均匀分布的随机数进行以下积分的计算,即

$$I = \int_a^b g(x)\mathrm{d}x \tag{4.66}$$

首先产生[0,1]区间均匀分布的随机数 ξ_i,利用下述关系得到[a,b]区间均匀分布的随机变量 η_i

$$\eta_i = a + (b-a)\xi_i \tag{4.67}$$

令 $\eta_i = x_i$,则可以得到式(4.66)积分的估计值

$$I \approx (b-a)\frac{1}{M}\sum_{i=1}^M g(x_i) \tag{4.68}$$

式(4.68)的求和意义非常清晰,等式右边后两项的乘积实际上是 $g(x)$ 的平均值。所以式(4.68)代表边长为($b-a$)和 $g(x)$ 矩形的面积的平均值,当 n 趋于无穷大时,就是式(4.66)的积分值。

上述积分方法很容易推广到如下多重积分的情况

$$I = \int_{a_1}^{b_1} \cdots \int_{a_n}^{b_n} g(x_1,x_2,\cdots,x_n)\mathrm{d}x_1\cdots\mathrm{d}x_n \tag{4.69}$$

若式(4.69)的被积函数变化比较缓慢,则利用简单抽样蒙特卡罗方法对此进行计算。首先产生 n 组[0,1]区间的随机数序列,$\xi_i^{(j)}(j=1,2,\cdots,n)$,通过简单抽样得到在[$a_j$,$b_j$]区间的随机变量 $x_i^{(j)}$,即

$$x_i^{(j)} = a_i + (b_i-a_i)\xi_i^{(j)} \tag{4.70}$$

式(4.69)积分的估计值为

$$I \approx (b_1-a_1)(b_2-a_2)\cdots(b_n-a_n)\frac{1}{M}\sum_{i=1}^M g(x_i^{(1)},x_i^{(2)},\cdots,x_i^{(n)}) =$$

$$\prod_{j=1}^{n}(b_j - a_j)\frac{1}{M}\sum_{i=1}^{M}g(x_i^{(1)}, x_i^{(2)}, \cdots, x_i^{(n)}) \tag{4.71}$$

从上面的多重积分蒙特卡罗计算过程中可以看出,多重积分与一维定积分在计算方法上是一致的。计算精度仅仅取决于被积函数本身和取样次数,与被积函数的维数关系不大。

2. 变换抽样法

对于图 4.4(b) 所示的定积分,由于被积函数存在尖锐的峰值,利用均匀抽样方法,很难获得较好的精度和较高的计算效率。解决这一问题的简单方法是引入权重函数,通过变量代换进行抽样。考虑如下积分

$$I = \int_a^b g(x)\mathrm{d}x$$

如果 $h'(x)$ 与 $g(x)$ 的变化趋势相近,且 $h(x)$ 容易得到,则可以对积分 I 进行如下变换

$$I = \int_a^b g(x)\mathrm{d}x = \int_a^b \frac{g(x)}{h'(x)}h'(x)\mathrm{d}x \tag{4.72}$$

令

$$y(x) = \int_0^x h'(x)\mathrm{d}x \tag{4.73}$$

那么,$\mathrm{d}y = h'(x)\mathrm{d}x$。所以,式(4.72) 可以改写为

$$I = \int_{y(x=a)}^{y(x=b)} G(y)\mathrm{d}y = \int_{y_a}^{y_b} G(y)\mathrm{d}y \tag{4.74}$$

式中,$G(y) = g(x)/h'(x)$,$y(x)$ 由式(4.72) 确定。式(4.74) 表明,经过变量替换以后,被积函数和积分上下限均发生了变化。由于 $h'(x)$ 与 $g(x)$ 的变化趋势相近,函数 $G(y)$ 的变化应该比较缓慢,所以,可以利用$[0,1]$ 区间的随机数直接抽样,获得在$[y_a, y_b]$ 区间均匀分布的随机变量 y_i,式(4.74) 积分的估计值为

$$I \approx (y_b - y_a)\frac{1}{M}\sum_{i=1}^{M}G(y_i) \tag{4.75}$$

下面举例说明如何利用变换抽样方法计算定积分。考虑如下定积分

$$I = \int_0^1 \mathrm{e}^{-x/2}\mathrm{d}x \tag{4.76}$$

这是一个很简单的定积分,而且可以严格求解。但是,利用蒙特卡罗方法计算该定积分时,由于被积函数在 $x=0$ 处存在极大值,不便于利用直接抽样方法进行计算。为此,对式(4.76) 进行变量代换。由于被积函数的极大值在 $x=0$ 处,所以可以利用泰勒展开构造 $h'(x)$,在只取前两项的情况下,令

$$h'(x) = 1 - \frac{x}{2}$$

利用式(4.73) 可以得到 $y = y(x)$ 的表达式

$$y(x) = \int_0^x h'(x)\mathrm{d}x = \int_0^x \left(1 - \frac{x}{2}\right)\mathrm{d}x = x - \frac{x^2}{4}$$

及
$$x = 2(1 + \sqrt{1-y})$$

则式(4.76)可以改写成

$$I = \int_0^1 e^{-x/2} dx = \int_0^{3/4} \frac{e^{-(1+\sqrt{1-y})}}{\sqrt{1-y}} dy \qquad (4.77)$$

可以发现,式(4.77)中关于变量 y 的函数在积分区间内变化平缓,因此,可以利用直接抽样通过蒙特卡罗方法计算定积分值

$$I = \frac{3}{4M} \sum_{i=1}^{M} \frac{e^{-(1+\sqrt{1-y_i})}}{\sqrt{1-y_i}} \qquad (4.78)$$

4.5.2　逾渗

逾渗是研究给定网格(有时也广义地称为晶格)节点处基元状态或微观状态组成的体系是否可以宏观连接的理论。逾渗理论在强无序和具有随机几何结构的体系研究中十分有效,对许多现象的理解具有重要意义。所以有关逾渗现象的试验与模拟研究一直为人们所重视。本节旨在介绍逾渗的基本概念和利用蒙特卡罗模拟逾渗的方法。

1. 逾渗的基本概念

用一个简单的例子说明逾渗的基本概念。如图 4.6 所示,给出了一个简单的二维正方网格,格子中的格点称为座(Site),相邻两个座之间的连线称为键(Bond)。图 4.6 中网格相对的两个边是导电电极。如果所有的座都是导电的,两个电极之间是否导通取决于导电键的百分比,这种情况称为键逾渗。如果所有的键均是导通的,两个电极之间是否导通,取决于导电座的百分比,称此种情况为座逾渗。图 4.7 所示为逾渗与管道水流的对比[10]。

下面讨论座逾渗的情况。起始状态下,所有的座均是空的(即绝缘的)。如果随机地将空的绝缘座安放导电粒子,使座与其相邻的四个导电键相互导通,那么,可以预见当导电座的百分比 p 达到某个临界值 p_c 时,两个电极之间就是导通的。上述现象就是座逾渗。

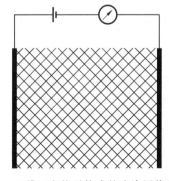

图 4.6　二维正方格子构成的逾渗网络示意图

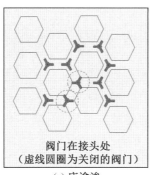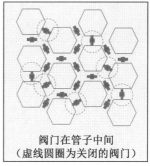

阀门在接头处　　　　　　　　阀门在管子中间
（虚线圆圈为关闭的阀门）　　（虚线圆圈为关闭的阀门）

(a) 座逾渗　　　　　　　　　　(b) 键逾渗

图 4.7　逾渗与管道水流的对比

2. 蒙特卡罗模拟方法

利用蒙特卡罗方法可以十分方便地模拟逾渗过程,这里以二维正方格子的座逾渗对此进行简单说明[11]。假定起始状态二维网格的座全部未被占据(或是绝缘的),现在利用导电颗粒随机对座进行填充。

假设二维网格为正方形,由 $L \times L$(L 为正整数)个小正方格子组成。当填充百分比较小的情况下,可以用下面的方法进行导电粒子填充。利用随机数生成两组[1, L]区间的随机变量序列:x_i 和 y_i。以(x_i, y_i)作为座的坐标,随机对网格中的座进行填充,直到达到预计的填充百分比为止。由于(x_i, y_i)是由两组相互独立的随机数生成的,所以上述填充过程可以认为是随机的。当填充的百分比很大时,可以从填满的格子中随机地从座上移走导电粒子,达到预计的填充百分比为止。

上述方法必须要保证每个座位不能被填充两次,所以效率较低。为了提高模拟效率,可以用下述方法进行模拟。用 $L \times L$ 个随机数代表每个座位被填充的概率,当预计的填充概率大于随机数时,则对该座位进行填充,否则保持座位为空。由于模拟过程所选的格子大小有限,该方法的实际填充百分比可能低于预计值,此时需要对空的座位用上述方法继续填充,直到填充百分比达到预计值为止。

图 4.8 为二维正方格子座逾渗示意图[10]。如图 4.8(a)所示,当填充率较小时,体系中只有零零散散的尺寸较小的集团。随填充比例的提高,集团的尺寸逐渐增大,如图 4.8(b)、(c)所示,当集团的大小达到整个网络的尺寸时,达到逾渗极限。为了描述相互连接的集团的性质,需要定义集团的大小和集团的尺寸。

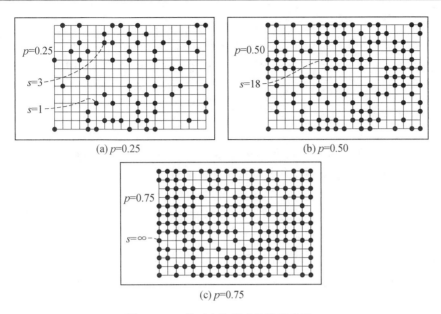

(a) $p=0.25$ (b) $p=0.50$

(c) $p=0.75$

图 4.8 二维正方格子座逾渗示意图

集团的大小定义为集团中含有的导电座数 s,相应的集团个数记为 $n(s)$,则集团的平均大小定义为

$$s_{\mathrm{av}} = \frac{\sum_s s^2 n(s)}{\sum_s s n(s)} \qquad (4.79)$$

集团的长度(或称跨越长度)定义为集团中距离最大的两个填充座之间的距离。若座 i 和座 j 均是集团内的点,则集团的尺寸为

$$l \equiv \max\{\mid \boldsymbol{r}_i - \boldsymbol{r}_j \mid\} \qquad (4.80)$$

假如用 a 代表网格的格子参数(相邻座的最小距离),则 $L \gg a$,所以,一般会将尺寸与整个网络的尺寸相当的集团称为"无限大集团"。整个系统中被无限大集团占据的百分比称为逾渗概率(记为 P)。

3. 临界指数

人们在研究逾渗及其相关现象中,主要关心以下问题:

① 将导电格点的百分比定义为 p,则存在导电格点百分比的临界值 p_{c}: 当 $p < p_{\mathrm{c}}$ 时,网络是绝缘的;当 $p \geqslant p_{\mathrm{c}}$ 时,网络是导电的。所以,称 p_{c} 逾渗阈值。目前,若干种二维网格的逾渗阈值已经由统计力学精确获得,但三维逾渗网络尚没有精确解。研究表明,利用蒙特卡罗方法模拟逾渗行为是一种非常有效的方法。研究表明,逾渗阈值依赖于网格的种类(对于二维网格而言,有正方形、矩形、六角形等)。二维正方格子的 $p_{\mathrm{c}} = 1/2$。

② 体系在 p_{c} 附近的行为。在 $(p - p_{\mathrm{c}}) \to 0$ 时,集团平均大小 s_{av} 和尺寸 l 与 $p - p_{\mathrm{c}}$ 有下述幂律关系,即

$$\begin{cases} s_{av} \sim (p - p_c)^{-\gamma} \\ l \sim (p - p_c)^{-\nu} \end{cases} \tag{4.81}$$

而在 $(p - p_c) \to 0$ 时，网格的逾渗概率 P 和电导率 σ 与 $p - p_c$ 有下述幂律关系，即

$$\begin{cases} P \sim (p - p_c)^\beta \\ \sigma \sim (p - p_c)^\tau \end{cases} \tag{4.82}$$

式中，γ、ν、β 和 τ 均大于 0，称为临界指数。与逾渗阈值不同，临界指数只与网格(点阵)的维数有关，而与网格的具体细节无关。所以，一般称逾渗的临界指数具有普适性。

利用上述模拟方法，可以对与键逾渗相关的性质进行模拟。图 4.9 所示为二维正方格子键逾渗的模拟结果。通过图 4.9 中可以发现，二维方格子的临界联键百分比同座逾渗相同，即 $p_c = 1/2$。图 4.9 中，$P(p)$ 是任一条键，属于无限大集团的概率(逾渗概率)。P 在逾渗阈值附近发生突变，是逾渗过程的重要性质。

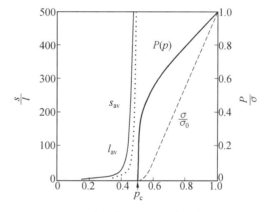

图 4.9　二维正方格子键逾渗的模拟结果

逾渗与许多凝聚态物理和材料的问题有密切的关系，例如，顺磁—铁磁相变、扩散、材料断裂及多孔介质性能等。另外，逾渗理论在研究森林火灾的火势蔓延预测和油田互联性估算等方面也有重要应用。讨论临界指数与相变(特别是二级相变)等物理问题的关系已经超出本课程的范围，有兴趣的读者可参阅相关书籍。

4.5.3　无规行走

如果不加任何限制，无规行走(Random Walk，RW)的运动轨迹是完全随机的，布朗运动是无规行走的典型例子。如果无规行走不允许立即返回上一步，则称为不退行走(Nonreversal Random Walk，NRRW)；如果无规行走避免穿过已经走过的路径，称为自回避行走(Self-Avoiding Walk，SAW)。显然，SAW 自然包括了 NRRW。图 4.10 所示为二维正方格子中的

RW 和 SAW 示意图。无规行走在模拟扩散、高分子形态与性质等问题中具有重要应用。

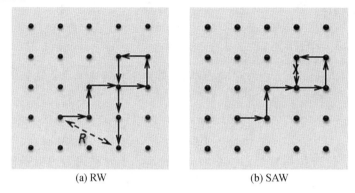

(a) RW　　　　　　　　(b) SAW

图 4.10　二维正方格子中的 RW 和 SAW 示意图

利用随机数可以十分方便地实现无规行走,这里以二维正方格子中的无限制无规行走为例加以说明。首先在网格中随机选择一个起始点,记为 0 点,其周围有四个近邻,分别记为 $(0, 1)$、$(0, 2)$、$(0, 3)$ 和 $(0, 4)$。然后产生 $[0, 1]$ 区间均匀分布的随机数 ξ,当 $\xi \leqslant 1/4$ 时,行走至点 $(0, 1)$;当 $1/4 < \xi \leqslant 1/2$ 时,行走至点 $(0, 2)$;当 $1/2 < \xi \leqslant 3/4$ 时,行走至点 $(0, 3)$;当 $\xi > 3/4$,行走至点 $(0, 4)$。

无限制无规行走中,经过 N 步行走后,离开起始点的距离 R 有如下关系,即

$$\sqrt{\langle R^2(N) \rangle} \propto N^{1/2} \tag{4.83}$$

有趣的是,上述关系与空间的维度、格子的细节没有关系,是一个普适规律。另外,式 (4.83) 对不退行走也是正确的。下面以正方格子中的 RW 为例证明式 (4.83)。假定正方格子的晶格常数为 a,第 i 步的位移为 $\boldsymbol{r}_i$, $|\boldsymbol{r}_i| = r_i = a$。经过 N 步行走后,离开起始点的位移为

$$\boldsymbol{R} = \sum_{i=1}^{N} \boldsymbol{r}_i$$

R^2 的平均值为

$$\langle R^2 \rangle = \sum_{i=1}^{N} \langle \boldsymbol{r}_i \cdot \boldsymbol{r}_i \rangle + \sum_{i \neq j}^{N} \langle \boldsymbol{r}_i \cdot \boldsymbol{r}_j \rangle \tag{4.84}$$

式 (4.84) 等号左边第二项为 0,而第一项为 Na^2,所以可以得到式 (4.83)。

对于自回避行走,德热纳 (de Gennes)[12] 提出

$$\langle R^2(N) \rangle = aN^{2\nu}(1 + bN^{-\Delta} + \cdots) \tag{4.85}$$

式中,ν 为具有一定普适性的"标度指数";a 和 b 为取决于空间维数和结构的常数;Δ 为对标度指数的修正。

研究发现,标度指数与行走的空间维数 d 有关,可以表达为[11]

$$\nu = \frac{3}{d + 2} \tag{4.86}$$

以上分析表明,利用蒙特卡罗方法可以方便地模拟各种随机行走,并获得相应的标度指数等参数,这些参数对描述扩散和高分子的构型和性能具有广泛的实用性。

4.5.4　泊松方程

泊松(Poisson)方程在经典力学、流体力学和传热学等领域有重要应用,其一般形式为

$$\begin{cases} \nabla^2 u(x,y,z) = q(x,y,z) \\ u\mid_\Gamma = F(s) \end{cases} \tag{4.87}$$

式中,∇^2 为拉普拉斯算子;式(4.87)中的第二个方程式为边界条件;Γ 为边界,$F(s)$ 为边界上点 s 对应的函数值。

当 q 为 0 时,式(4.87)称为拉普拉斯方程。泊松方程有许多中解法,这里以二维泊松方程为例,说明利用无规行走求解泊松方程的蒙特卡罗方法[1]。二维泊松方程为

$$\begin{cases} \dfrac{\partial^2 u(x,y)}{\partial x^2} + \dfrac{\partial^2 u(x,y)}{\partial y^2} = q(x,y) \\ u\mid_\Gamma = F(s) \end{cases} \tag{4.88}$$

首先,将以边长为 h 的网格对二维空间离散化,如图 4.11 所示。在边界 Γ 包围的区域内任选一个点记为 0 点,其周围有四个点,分别记为$(0,1)$、$(0,2)$、$(0,3)$ 和 $(0,4)$,与之对应的函数值记为 u_{01}、u_{02}、u_{03} 和 u_{04}。只要 h 足够小,可以将泊松方程表示成为如下的差分形式,即

$$u_0 = \frac{1}{4}\sum_{i=1}^{4} u_{0i} - \frac{h^2}{4} q_0$$

上式也可以表述成概率形式,即

$$u_0 = \sum_{i=1}^{4} w_{0i} u_{0i} - \frac{h^2}{4} q_0 \tag{4.89}$$

式中,$w_{0i}(i=1,2,3,4)$ 代表与点 $(0,i)$ 对应的概率。考虑从点"0"出发的无规行走,随机选取点 $(0,i)$。产生 $[0,1]$ 区间均匀分布的随机数 ξ,当 $\xi \leqslant 1/4$ 时,行走至点 $(0,1)$;当 $1/4 < \xi \leqslant 1/2$ 时,由点"0"行走至点 $(0,2)$;当 $1/2 < \xi \leqslant 3/4$ 时,走至点 $(0,3)$;当 $\xi > 3/4$ 时,行走至点 $(0,4)$。这意味着上述过程选择点 $(0,i)$ 的概率均为 $1/4$。不断进行上述游走,最终到达边界上的某个点。从点"0"出发可以有多种不同的达到某个边界的无规行走路径,这些路径用 $j(=1,2,\cdots,N)$ 编号。

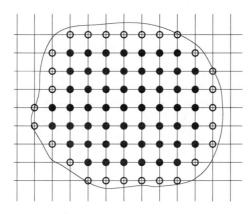

图 4.11 二维泊松方程的离散化及边界示意图

现在考查路径 j。当随机行走到某个点 $(0, i)$ 时（对应的函数 u 值为 $u_1^{(j)}$，q 的函数值为 $q_1^{(j)}$），点"0"的估计值为

$$u_0^{(j)} = u_1^{(j)} - \frac{h^2}{4} q_1^{(j)} \tag{4.90}$$

当路径 j 达到边界点 $s^{(j)}$ 时，通过与式（4.90）相类似的关系逐步进行迭代，可以得到由路径 j 获得的点"0"处的函数 u 的估计值，即

$$u_0^{(j)} = \Gamma(s^{(j)}) - \frac{h^2}{4} \sum_i q_i^{(j)} \tag{4.91}$$

式（4.91）等号右边第二项的求和项数取决于路径 j 到达边界所用的步数。对所有的路径求平均，可以得到点"0"处函数 u 的近似值

$$\langle u_0 \rangle = \frac{1}{N} \sum_{j=1}^{N} u_0^{(j)} \tag{4.92}$$

上述方法可以推广到三维泊松方程和拉普拉斯方程的求解。当边界条件复杂而又只关注某些点的函数值时，蒙特卡罗方法是一种行之有效的简单方法。

4.6 不同统计系综的梅特罗布里斯抽样方法

梅氏抽样方法是利用蒙特卡罗技术模拟计算统计物理学、化学、材料学等领域实际问题的有效方法，广泛应用于多维变量积分等复杂问题的模拟计算。本节主要介绍基于梅氏抽样方法在不同统计系综的应用。

通过选择合适的统计系综可以模拟由大量粒子组成的宏观体系的性质，还可以获得外界条件对体系结构和宏观性质的影响。第 3 章介绍了有关统计系综的概念和力学量的分子动力学计算方法，本节介绍不同统计系综的蒙特卡罗模拟方法的基本原理。

由于计算速度和效率等的限制，实际模拟计算过程中的粒子数目非常有限。为了消除边界对计算结果的影响，一般采用周期性边界条件（见第 3

章）。

4.6.1　正则系综的蒙特卡罗方法

正则系综又称 NVT 系综，组成系综的每个系统的粒子数、体积和温度都保持不变。为了维持系统的温度不变，可以设想每个系统均与一个很大的热浴相接触。NVT 系综中系统的概率分布密度为

$$f(\boldsymbol{r}, \dot{\boldsymbol{r}}) = \frac{1}{Z} e^{-H(\boldsymbol{r}, \dot{\boldsymbol{r}})/k_B T} \tag{4.93}$$

式中，$\boldsymbol{r}$ 和 $\dot{\boldsymbol{r}}$ 分别代表所有粒子的坐标和速度；H 为体系的哈密顿量，Z 为配分函数（具体表达式见第 3 章）。

在分子动力学模拟过程中，可以通过牛顿方程的积分获得每个粒子的速度，进而获得粒子的动能；但在蒙特卡罗模拟中不能计算每一步每个粒子的速度和动能。为了计算体系的总能量，这里给出一种简化处理方案[5]。

一般情况下，粒子间的势能函数与粒子速度没有关系，体系的哈密顿量可以表示成粒子动能和势能的和，即

$$H = E_k(\dot{\boldsymbol{r}}) + V(\boldsymbol{r})$$

式中，E_k 为体系的总动能；V 为体系的总势能。

梅氏抽样是通过改变粒子的空间构型进行舍选抽样的，也就是说，梅氏抽样只改变了体系的势能。

如果力学量 A 只是粒子空间坐标的函数，即 $A = A(\boldsymbol{r})$，则力学量的平均值为

$$\langle A \rangle = \int A(\boldsymbol{r}) f(\boldsymbol{r}, \dot{\boldsymbol{r}}) \mathrm{d}\boldsymbol{r} \mathrm{d}\dot{\boldsymbol{r}} = \frac{\int A(\boldsymbol{r}) e^{-H/k_B T} \mathrm{d}\boldsymbol{r} \mathrm{d}\dot{\boldsymbol{r}}}{\int e^{-H/k_B T} \mathrm{d}\boldsymbol{r} \mathrm{d}\dot{\boldsymbol{r}}} = \frac{\int A(\boldsymbol{r}) e^{-V/k_B T} \mathrm{d}\boldsymbol{r}}{\int e^{-V/k_B T} \mathrm{d}\boldsymbol{r}} \tag{4.94}$$

很显然，力学量 $A(\boldsymbol{r})$ 的统计平均值由体系的势能确定。所以，可以认为体系的概率分布密度只由粒子的空间坐标决定，即

$$f(\boldsymbol{r}) = \frac{1}{Z} e^{-V(\boldsymbol{r})/k_B T} \tag{4.95}$$

处于平衡态的体系中粒子的速度满足玻耳兹曼分布，粒子平均动能和体系的总动能可由能量均分定理给出，即

$$\left\langle \frac{1}{2} m v_{ik}^2 \right\rangle = \frac{1}{2} k_B T \tag{4.96}$$

式中，v_{ik} 为粒子 i 的 $k(k = 1, 2, 3)$ 方向的速度分量。

与速度相关的物理量 B 的平均值可以通过下面的展开式计算，即

$$\langle B \rangle = \sum_n \left(\sum_{k=1}^{3} b_k \langle v_{ik}^n \rangle \right) \tag{4.97}$$

式中，b_{ik} 为与粒子空间坐标有关的常数，且

$$\langle v_{ik}^n \rangle = \int v_{ik}^n f(\boldsymbol{r}, \dot{\boldsymbol{r}}) \mathrm{d}\boldsymbol{r}\mathrm{d}\dot{\boldsymbol{r}} = \frac{\int v_{ik}^n \mathrm{e}^{-H/k_B T} \mathrm{d}\boldsymbol{r}\mathrm{d}\dot{\boldsymbol{r}}}{\int \mathrm{e}^{-H/k_B T} \mathrm{d}\boldsymbol{r}\mathrm{d}\dot{\boldsymbol{r}}} = \frac{\int v_{ik}^n \mathrm{e}^{-\frac{1}{2}m\dot{\boldsymbol{r}}^2/k_B T} \mathrm{d}\dot{\boldsymbol{r}}}{\int \mathrm{e}^{-\frac{1}{2}m\dot{\boldsymbol{r}}^2/k_B T} \mathrm{d}\dot{\boldsymbol{r}}}$$

式中,$\dot{\boldsymbol{r}}$表示所有粒子速度

由上式可得

$$\langle v_{ik}^n \rangle = \begin{cases} (2l-1)!! \left(\dfrac{k_B T}{m}\right)^l & (n=2l) \\ 0 & (n=2l+1) \end{cases} \tag{4.98}$$

式中,l 为整数。

在上述假定下,体系的概率密度仅仅是空间坐标的函数,所以可以通过粒子的空间构型选取新的状态。按梅氏抽样方法,新构型被接受的条件由下式确定,即

$$p_{r \to r'} = \frac{f(\boldsymbol{r}')}{f(\boldsymbol{r})} = \mathrm{e}^{-\Delta V/k_B T} \geqslant w \tag{4.99}$$

式中,w 为[0, 1]区间内均匀分布的随机数。

实际进行梅氏抽样时,不是通过改变所有粒子的坐标建立体系的新构型,而是每一步只随机地改变一个粒子的坐标构建新的构型,例如,第 n 步完成以后,随机地移动粒子 i 构建新的构型。粒子 i 的位置矢量可以表示为

$$\boldsymbol{r}_i^{(n)} = x_i^{(n)} i + y_i^{(n)} j + z_i^{(n)} k$$

移动后粒子 i 的位置矢量为

$$\boldsymbol{r}_i^{(n+1)} = x_i^{(n+1)} i + y_i^{(n+1)} j + z_i^{(n+1)} k$$

产生三个[0, 1]区间均匀分布的随机数 α_i、β_i 和 γ_i,则新构型中粒子 i 的坐标由下式给出,即

$$\begin{cases} x_i^{(n+1)} = x_i^{(n)} + h_x(2\alpha_i - 1) \\ y_i^{(n+1)} = y_i^{(n)} + h_y(2\beta_i - 1) \\ z_i^{(n+1)} = z_i^{(n)} + h_z(2\gamma_i - 1) \end{cases} \tag{4.100}$$

式中,h_x、h_y 和 h_z 为步长。

由于只移动了一个粒子,新旧构型的势能差很容易计算

$$\Delta V_{n+1} = \left[\sum_{j \neq i}^{N} u(|\boldsymbol{r}_i^{(n+1)} - \boldsymbol{r}_j^{(n)}|) - u(|\boldsymbol{r}_i^{(n)} - \boldsymbol{r}_j^{(n)}|) \right] \tag{4.101}$$

式中,ΔV_{n+1} 为 $n+1$ 步与前一步的势能差;N 为体系的粒子数;u 为粒子间的相互作用势能函数(此处为对势)。

接下来产生随机数 w_i,如果满足下式,则接受粒子 i 的移动

$$\mathrm{e}^{-\Delta V_{n+1}/k_B T} \geqslant w_i \tag{4.102}$$

待体系平衡以后,力学量 A 的平均值为

$$\langle A \rangle = \frac{1}{M} \sum_{l=0}^{M-1} A(x_{n_1 + n_0 l}) \tag{4.103}$$

式中,n_1 为体系平衡以后的某个步数;整数 n_0 是为了避免相邻抽样的相关性

而引入的,即每隔 n_0 次抽样取一个 A 值用于其平均值的计算。

4.6.2　等温等压系综的蒙特卡罗方法

等温等压系综又称 NPT 系综,体系的粒子数 N、压力 p 和温度 T 保持不变。可以仿照 NVT 系综模拟方法模拟计算粒子平均速度、平均动能及与速度相关的物理量的平均值,利用蒙特卡罗方法模拟体系粒子空间构型和势能的变化。由于 NPT 系综的体积不是常量,在 NPT 系综的模拟过程需要调整体系的体积和粒子的位置。

与 NVT 系综的处理方法类似,可以只考虑粒子的空间位置构型对概率分布密度。NPT 系综体系的概率分布密度为

$$f(\boldsymbol{r}) = \frac{1}{Z}\mathrm{e}^{-[H(\boldsymbol{r})+p\Omega]/k_{\mathrm{B}}T} = \frac{1}{Z}\mathrm{e}^{-[V(\boldsymbol{r})+p\Omega]/k_{\mathrm{B}}T} \tag{4.104}$$

式中,Ω 为体系的体积;$V(\boldsymbol{r})$ 为体系的总势能。 NPT 的蒙特卡罗模拟方法与 NVT 相似,只是多了一步随机改变体积的步骤。新构型是否被接受由下述的不等式决定:如果下述条件满足,则新构型被接受。

$$\frac{f_{\mathrm{new}}(\boldsymbol{r})}{f_{\mathrm{old}}(\boldsymbol{r})} \geqslant w \tag{4.105}$$

式中,w 为随机数,下标 old 和 new 分别表示变化前和变化后。

令

$$H_{\mathrm{e}} = V(\boldsymbol{r}) + p\Omega \tag{4.106}$$

式中,H_{e} 称为等效哈密顿量。

式(4.103)所示的新构型被接受的条件可以表达成下面的形式

$$\mathrm{e}^{-\Delta H_{\mathrm{e}}/k_{\mathrm{B}}T} \geqslant w \tag{4.107}$$

式中,

$$\Delta H_{\mathrm{e}} = \Delta V + p\Delta\Omega$$

假如模拟至第 n 步时,体系的体积为 $\Omega^{(n)}$,体系的尺寸为

$$L^{(n)} = \left[\Omega^{(n)}\right]^{1/3}$$

下面简要介绍蒙特卡罗方法模拟 NPT 系综的方法。

① 随机地改变体系 $\Omega^{(n)}$ 体积至 $\Omega_{\mathrm{new}}^{(n)}$,与之相应,体系的尺寸也要做如下改变,即

$$L_{\mathrm{new}}^{(n)} = \left[\Omega_{\mathrm{new}}^{(n)}\right]^{1/3}$$

与体系体积变化相对应,粒子的坐标做如下改变,即

$$\boldsymbol{r}_{\mathrm{new}}^{(n)} = \frac{L_{\mathrm{new}}^{(n)}}{L^{(n)}}\,\boldsymbol{r}^{(n)}$$

计算体积改变后的势能 $V_{\mathrm{new}}^{(n)}$ 及体积变化前后的等效哈密顿量的差 $\Delta H_{\mathrm{e,new}}^{(n)}$。

② 产生 $[0,1]$ 区间的随机数,如果 $\Delta H'_{\mathrm{e}}$ 满足式(4.107),则接受体积改变,否则重新选择新体积,重复上述过程直到新体积被接受。

③ 新体积被接受以后,随机选择一个粒子 i,仿照 NVT 系综的做法,利

用随机数,随机移动粒子 i 的位置,式(4.100)所示。

④ 粒子 i 移动以后,计算 ΔH_e,产生 $[0,1]$ 区间的随机数,如果式(4.107)得到满足,则接受粒子移动,否则重新移动粒子。

重复过程 ① ~ ④,待体系趋于平衡以后,利用式(4.103)计算体系的力学量。

4.6.3　巨正则系综的蒙特卡罗方法

巨正则系综中,体系的化学势 μ、体积 Ω 和温度 T 保持不变,而体系的粒子数 N 可以变化,也称为 μVT 系综。在不计动能的情况下,体系的概率分布密度为

$$f(\boldsymbol{r}^{\{N\}}) = \frac{V^N}{\Lambda^{3N}N!}\mathrm{e}^{-[V(\boldsymbol{r}^{\{N\}})-N\mu]/k_\mathrm{B}T} = \frac{V^N\mathrm{e}^{N\mu/k_\mathrm{B}T}}{\Lambda^{3N}N!}\mathrm{e}^{-V(\boldsymbol{r}^{\{N\}})/k_\mathrm{B}T} \quad (4.108)$$

式中,上标 $\{N\}$ 表示 N 个粒子对应的构型;μ 为粒子的化学势;Λ 为德布罗意波长,且

$$\Lambda = \left(\frac{h}{2\pi mk_\mathrm{B}T}\right)^{1/2}$$

由于 μVT 系综中体系的粒子数是可以变化的,所以,模拟过程中除了随机移动一个粒子产生新的构型外,尚需通过插入或删除粒子的方式模拟体系粒子数的变化。为了模拟体系粒子数的变化,可以设想体系与一个大的粒子库相接触,粒子库中的粒子化学势与体系中粒子的化学势相等。μVT 系综的具体模拟过程可以总结如下[13]:

(1)粒子移动。

在粒子数为 N 的体系中任意移动一个粒子,由构型 $\boldsymbol{r}$ 变为 $\boldsymbol{r}'$,新旧体系的概率分布密度之比为

$$p_{r\to r'} = \frac{f(\boldsymbol{r}')}{f(\boldsymbol{r})} = \mathrm{e}^{-\Delta V/k_\mathrm{B}T} \quad (4.109)$$

产生一组伪随机数,若 $p_{r\to r'} \geqslant$ 伪随机数,则粒子移动被接受;否则,重复上述过程。

(2)粒子插入。

假如粒子插入前体系的粒子数为 N(这里 N 不是常数,每一步的粒子数可能是不同的),在体系中随机地选择一个位置插入一个具有与体系粒子化学势相同的粒子。由式(4.108)可以得到插入粒子前后体系的概率分布密度的比值为

$$p_{N\to N+1} = \frac{f(\boldsymbol{r}^{\{N+1\}})}{f(\boldsymbol{r}^{\{N\}})} = \frac{V\mathrm{e}^{\mu/k_\mathrm{B}T}}{\Lambda^3(N+1)}\mathrm{e}^{-[V(\boldsymbol{r}^{\{N+1\}})-V(\boldsymbol{r}^{\{N\}})]/k_\mathrm{B}T} \quad (4.110)$$

产生一组伪随机数,若上述比值大于伪随机数,则粒子插入被接受;否则,重复上述过程,直至插入粒子被接受。

(3)粒子删除。

假如删除粒子以前体系的粒子数为 N,随机选取一个粒子,将其从体系

中删除。由式(4.108)可以得到删除粒子前后体系的概率分布密度的比值为

$$p_{N \to N+1} = \frac{f(\boldsymbol{r}^{\{N-1\}})}{f(\boldsymbol{r}^{\{N\}})} = \frac{N\Lambda^3 \mathrm{e}^{-\mu/k_B T}}{V} \mathrm{e}^{-[V(\boldsymbol{r}^{\{N\}}) - V(\boldsymbol{r}^{\{N-1\}})]/k_B T} \qquad (4.111)$$

产生一组伪随机数,若上述比值大于伪随机数,则删除粒子被接受;否则,重复上述过程,直至删除粒子被接受。

上述模拟方法中没有考虑粒子的形状,只涉及粒子的移动或增减。某些体系的粒子可能是原子集团或分子,即粒子是有形状的,此时需要在模拟过程中对粒子进行随机转动。

4.6.4 伊辛模型的蒙特卡罗模拟

1. 伊辛(Ising)模型

假定周期点阵格点上的粒子具有两个自旋取向状态,即自旋向上($s=1$)和自旋向下($s=-1$);每个格点上的粒子只与其最近邻格点上的粒子发生相互作用,这就是伊辛模型。伊辛模型具有丰富的统计物理含义,可以描述材料的磁性质。广义伊辛模型在研究相变(如合金中的有序 — 无序转变)、非晶态物质的性质等物理领域均有重要应用,甚至在森林火灾、城市交通等非物理领域也有应用。对伊辛模型的研究一直为统计物理学、材料学、化学等领域的研究者所重视。一维和二维伊辛模型可以严格求解,但三维伊辛模型还没有严格的解析解。对伊辛模型进行蒙特卡罗模拟具有重要意义。

外场作用下,伊辛模型的哈密顿量为

$$H = -J \sum_{i=1}^{N} \sum_{\langle j \rangle} s_i s_j - B \sum_{i=1}^{N} s_i \qquad (4.112)$$

式中,J 为相邻粒子之间交换作用强度;B 为外场;$\sum_{\langle j \rangle}$ 表示对格点 i 的最近邻进行求和。

上述伊辛模型的蒙特卡罗模拟可以在正则系综下进行。$s_i (i=1,2,\cdots,N)$ 取 1 或 -1。

历史上,伊辛模型是为研究磁性相变提出的,磁化强度 m 定义为

$$m = \frac{1}{N} \sum_{i=1}^{N} \langle s_i \rangle \qquad (4.113)$$

很显然,磁化强度 m 是温度和外场的函数。$B=0$ 时,存在临界温度 T_C 对磁性材料就是居里温度)将体系的顺磁相和铁磁相分隔开来。临界温度以上是顺磁相;临界温度以下是铁磁相。体系的总能量平均值为

$$E = \langle H \rangle \qquad (4.114)$$

按正则系综比热的求法(见第 3 章),可以得到伊辛模型体系的热容为

$$c_V = \frac{\langle H^2 \rangle - \langle H \rangle^2}{N k_B T^2} \qquad (4.115)$$

伊辛模型的概率分布密度为

$$f = \frac{1}{Z} \mathrm{e}^{-H_\sigma / k_\mathrm{B} T} \qquad (4.116)$$

式中，下标 σ 为构型的标记；Z 为体系的配分函数，且

$$Z = \sum_\sigma \mathrm{e}^{-H_\sigma / k_\mathrm{B} T} \qquad (4.117)$$

式(4.117)中求和是对所有构型求和。平均到每个格点的 m 的平均值为

$$\langle m \rangle = \frac{1}{Z} \sum_\sigma s_\sigma \mathrm{e}^{-H_\sigma / k_\mathrm{B} T} \qquad (4.118)$$

式中

$$s_\sigma = \frac{S_\sigma}{N} = \sum_\sigma s_\sigma$$

在蒙特卡罗模拟时，m 可由下式计算得到，即

$$m \approx \frac{1}{M} \sum_{\sigma=1}^M s_\sigma \qquad (4.119)$$

式中，$\sigma = 1, 2, \cdots, M$ 是依据式(4.116)分布规律进行抽样得到的构型的标记。很显然式(4.119)是近似值，其准确性取决于 M 的大小(即构型数目的多少)；M 越大，精度就越高。

2. 伊辛模型的蒙特卡罗模拟过程

首先，利用随机数，将所有格点随机地赋值 1 或 -1。然后，随机地选取一个格点，对其自旋取向进行反转，尝试构建一个新的构型，假如随机选定了的格点是第 i 个格点，其第 $n+1$ 步的自旋为

$$s_i^{(n+1)} = -s_i^{(n)} \qquad (4.120)$$

接下来，计算新旧构型哈密顿量的差。因为新构型只改变了第 i 粒子的自旋取向，新旧构型之间的哈密顿量的差为

$$\Delta H = -2J s_i^{(n+1)} \sum_{\langle j \rangle} s_j^{(n)} \qquad (4.121)$$

式中，关于 j 的求和只在 i 格点的最近邻进行。

最后，产生一组 $[0,1]$ 之间的随机数 w_i，并按梅氏抽样方法判断新构型是否被接受，即当式(4.122)得到满足时，新构型被接受，有

$$p = \mathrm{e}^{-\Delta H / k_\mathrm{B} T} \geqslant w_i \qquad (4.122)$$

如果式(4.122)得不到满足，则新构型被拒绝。

有时为了改善抽样效率，用式(4.123)给出的 q 值代替式(4.122)中的 p 进行梅氏抽样。

$$q = \frac{1}{1 + \mathrm{e}^{\Delta H / k_\mathrm{B} T}} \qquad (4.123)$$

实际模拟表明，利用式(4.123)进行梅氏抽样可以提高高温伊辛模型和逾渗等点阵问题研究的抽样效率。

本章参考文献

［1］马文淦. 计算物理学［M］. 北京:科学出版社,2005.

［2］陈舜麟. 计算材料科学［M］. 北京:化学工业出版社,2005.

［3］BRADLEG V. Distribution free statistical tests［M］. New York: Prentice Hall,1968.

［4］李莉,王香. 计算材料学［M］. 2 版.哈尔滨:哈尔滨工业大学出版社, 2008.

［5］PANGT. An introduction to computational physics［M］. 2nd ed. Cambridge:Cambridge University Press,2006.

［6］张跃,谷景华,尚春香,等. 计算材料学［M］. 北京:北京航空航天出版 社,2007.

［7］罗伯 D. 计算材料学［M］. 项金钟,吴兴惠,译.,北京:化学工业出版社, 2002.

［8］吴兴惠,项金钟. 现代材料计算与设计教程［M］. 北京:电子工业出版 社,2002.

［9］LANDAU D P,BINDER K. A guide to monte carlo cimulation in statistical physics［M］. Cambridge : Cambridge Press,2000.

［10］泽仑 R,非晶态物理学［M］. 黄畇等,译,北京:北京大学出版社, 1988.

［11］DE GENNES P G. Scaling concepts in polymer physics［M］. New York:Cornell University Press,1979.

［12］汪志诚. 热力学·统计物理［M］. 4 版. 北京:高等教育出版社,2008.

［13］刘忠军. 纳米限域空间流体吸附及相变行为的基础研究:蒙特卡罗模 拟［D］.沈阳:东北大学,2011.

第 5 章　有限元方法

5.1　有限元简介

在许多工程分析和科学研究中,会遇到由大量常微分方程、偏微分方程及相应的边界条件描述的场问题,如材料变形问题中的位移场、应力场,流体力学中的流场,传热学中的温度场,电磁学中的电磁场等。求解这类场问题的方法主要有两种:①用解析法求得精确解(微分方程的建立过程需要近似);②用数值法求得近似解。但是,解析法对数学要求很高,而且非常依赖于一些理想化的假定,能用解析法求出精确解的只是方程性质比较简单、几何边界相当规则的少数问题。而对于绝大多数问题,包括均质材料的塑性变形问题、非均质材料的弹性和塑性变形问题、材料的热变形问题等,工程问题稍微复杂一些则很少能得出解析解,或者解析解的答案误差过大。这就需要研究它的数值解法,以求出近似解。

有限单元法(Finite Element Method,FEM)以下简称有限元法,是建立在待定场函数离散化的基础上,求解边值或初值问题的一种数值方法,是一种有效解决数学问题的解题方法,也是 20 世纪中期兴起的应用数学、力学及计算机科学相互渗透、综合利用的成果。

有限元法将求解域看成是由许多小的互连子域组成,把复杂的整体结构离散到有限个单元,再把这种理想化的假定和力学控制方程施加于结构内部的每一个单元,对每一个单元假定一个合适的(较简单的)近似解,然后通过单元分析组装得到结构总刚度方程,再通过边界条件和其他约束解得结构总反应,从而得到问题的解。总结构内部每个单元的反应随后可以通过总反应的一一映射得到,这样可以避免直接建立复杂结构的力学和数学模型。这个解不是准确解,而是近似解,因为实际问题被较简单的问题所代替。由于大多数实际问题难以得到准确解,而有限元不仅计算精度高,而且能适应各种复杂形状,因而成为行之有效的工程分析手段[1-2]。

在进行单元分析和单元内部反应分析时,形函数插值(Shape Function Interpolation)和高斯数值积分(Gaussian Quadrature)被用来近似表达单元内部任意一点的反应,这就是有限元数值近似的重要体现。一般来说,形函数阶数越高,近似精度也越高,但其要求的单元控制点数量和高斯积分点数量也更多。另外,单元划分的越精细,其近似结果也更加精确。但是,以上两种提高有限元精度的代价是计算量呈几何倍数增加。

以变截面圆轴材料拉伸变形为例,如图 5.1 所示,一端固定、另一端受到轴向拉力 F 的作用,材料弹性模量为 E,求结构内任意一点的位移。 显然,这是一个简单的材料力学问题,可以用经典材料力学理论直接求取。另外也可以设置基本未知量,用列方程的方式来求解:

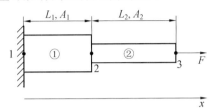

图 5.1　受轴向载荷变截面轴

(1)变截面轴的分解如图 5.1 所示,如果把原变截面轴当成一个整体来看,结构上具有不规则性,为此,以截面变化位置为分界线,把原结构分成两个单元,这样每个单元都变成了规则形状结构:等截面轴,截面积分别为 A_1、A_2;然后,单元 ① 与单元 ② 通过一个节点进行连接,加上不相连的另外两个端点一共得到 3 个节点,3 个节点在 x 轴上的坐标分别为 0、L_1、L_2。

(2)假设 3 个节点的节点位移 Δx_1、Δx_2 和 Δx_3 为基本未知量,并列出方程,对于单元 ①,其受力与变形的关系遵循胡克定律,即

$$F = K_1 \cdot \Delta L_1 = \frac{A_1 \cdot E}{L_1}(\Delta x_2 - \Delta x_1) \tag{5.1}$$

同样,单元 ② 有

$$F = K_2 \cdot \Delta L_2 = \frac{A_2 \cdot E}{L_2}(\Delta x_3 - \Delta x_2) \tag{5.2}$$

2 个方程 3 个未知数无法求解的原因在于未考虑边界条件。

(3)引入边界条件求解方程边界条件,即

$$\Delta x_1 = 0 \tag{5.3}$$

3 个方程 3 个未知数,求解方程组有

$$\Delta x_1 = 0, \ \Delta x_2 = \frac{F \cdot L_1}{A_1 \cdot E}, \ \Delta x_3 = \frac{F \cdot L_1}{A_1 \cdot E} + \frac{F \cdot L_2}{A_2 \cdot E}$$

(4)用节点位移表示任意位置 x 处的位移,有

单元 ① 中

$$\Delta x = \frac{x}{L_1}\Delta x_1$$

单元 ② 中

$$\Delta x = \Delta x_1 + \frac{x - L_1}{L_2}(\Delta x_3 - \Delta x_2)$$

另外,由各点位移可方便地求出相应的应变和应力。

以上求解过程最值得注意的一点是,原结构由于其不规则性,不方便直接用方程对其行为进行描述,为此,把原结构分成两个单元,而分完后的两个

单元最突出的特征是形状规则,便于方程的描述。这正是有限单元法的核心思想之一:将复杂结构分解成形状简单、便于方程描述的规则单元,列出方程组并求解。

以固体力学位移法为例,有限元法是用一个由有限个具有一定形状规则的、仅在节点相互连接、仅在节点处承受外载和约束的单元的组合体,来代替原来具有任意形状的、承受各种可能外载和约束的连续体或结构;然后对于每个单元,根据分块近似的思想,选择一个简单的插值函数来近似地表示其位移分量的分布规律,并按弹塑性理论建立单元节点力和节点位移之间的关系;最后,把所有单元的这种特性关系集合起来,得到一组以节点位移为未知量的代数方程组,解之可以求出原有物体有限个点处位移的近似值,并可进一步求得其他物理参数(应力、应变等)的一种数值求解工程问题的方法。

对于不同物理性质和数学模型的问题,有限元求解法的基本步骤是相同的,只是具体公式推导和运算求解不同[3-4]。有限元求解问题的基本步骤如图 5.2 所示。

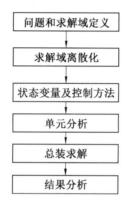

图 5.2　有限元求解问题的基本步骤

简言之,有限元分析可分成三个阶段:前处理、求解计算和后处理。前处理是建立有限元模型,完成单元网格划分;后处理则是采集处理分析结果,使用户能简便提取信息,了解计算结果。

5.1.1　有限元法发展历程

有限元法是随着电子计算机的发展而迅速发展起来的一种现代计算方法。它是 20 世纪 50 年代首先在连续体力学领域——飞机结构静、动态特性分析中应用的一种有效的数值分析方法,随后很快广泛应用于求解热传导、电磁场、流体力学等连续性问题。

有限元法的发展历程可以分为提出(1943 年)、发展(1944—1960 年)和完善(1961 年—20 世纪 90 年代)三个阶段。有限元法是受内外动力的综合作用而产生的。

1943 年,柯朗(Courant)发表的数学论文《平衡和振动问题的变分解法》

和阿吉里斯(Argyris)在工程学中取得的重大突破标志着有限元法的诞生。1956 年,特纳(Turner)和克拉夫(Clough)等人在分析飞机结构时,将钢架位移法推广应用于弹性力学平面问题,给出了用三角形单元求得平面应力问题的正确答案。他们的研究工作开始了利用电子计算机求解复杂弹性力学问题的新阶段。1955 年,德国的阿吉里斯教授发表了一组关于能量原理与矩阵分析的论文,奠定了有限元法的理论基础。1960 年,克拉夫进一步处理了平面弹性问题,并第一次提出了"有限元法"这个名称,标志着有限元法早期发展阶段的结束[5]。

此后,大量学者、专家开始使用这一离散方法来处理结构分析、流体分析、热传导、电磁学等复杂问题。从 1963 年到 1964 年,贝塞林(Besseling)、卞学璜等人认为有限元法实际上是弹性力学变分原理中瑞利—里兹(Rayleigh—Ritz)法的一种形式(早在 1870 年,英国科学家瑞利就采用假想的"试函数"来求解复杂的微分方程,1909 年里兹将其发展成完善的数值近似方法),从而在理论上为有限元法奠定了数学基础,确认了有限元法是处理连续介质问题的一种普遍方法,扩大了其应用范围。1967 年,辛克维奇(Zienkiewicz)和张(Cheung)出版了第一本关于有限元分析的专著[6]。

在国内,我国数学家冯康在特定的环境中独立于西方提出了有限元法。1965 年,他发表论文《基于变分原理的差分格式》,标志着有限元法在我国的诞生。冯康的这篇文章不但提出了有限元法,而且初步发展了有限元法。他得出了有限元法在特定条件下的表达式,独创了"冯氏大定理"并且初步证明了有限元法解的收敛性。

在 1960 年到 1970 年,有一批学者对有限元法的数学基础进行了深入研究,完成了基于变分原理的有限元法基础理论及公式推导,解决了线性问题有限元法的数学原理。1972 年,奥登(Oden)出版了第一本关于处理非线性连续体的专著。一方面,有限元理论得到了迅速发展,并应用于多种物理问题上,成为分析大型、复杂工程问题的强有力手段;另一方面,随着计算机技术的发展,有限元法中的大量计算工作由计算机来完成,从而促进了各种商业有限元软件的产生,如:1966 年,由美国国家太空总署(NASA)提出了世界上第一套泛用型的有限元分析软件 Nastran;1969 年,由加州大学伯克利分校的威尔逊(Wilson)开发的线性有限元分析程序 SAP;1969 年,由斯旺森(Swanson)开发的 ANSYS 软件。20 世纪 70 年代初,由马赛尔(Marcal)等人推出了商业非线性有限元程序 MARC。希尔比特(Hibbitt)等于 1978 年推出 ABAQUS 软件等。

进入 21 世纪后,多种大型通用的有限元软件系统被相继开发、完善和应用。据不完全统计,全球有超过 200 种有限元软件被使用。

目前,FEA 方法和软件发展呈现以下一些趋势特征:

(1)从单纯的结构力学计算发展到求解许多物理场问题。

有限元分析方法最早是从结构化矩阵分析发展而来,逐步推广到板、壳和实体等连续体固体力学分析,实践证明这是一种非常有效的数值分析方法。而且从理论上也已经证明,只要用于离散求解对象的单元足够小,所得的解即可足够逼近于精确值。

(2)由求解线性工程问题进展到分析非线性问题。

随着科学技术的发展,线性理论已经远远不能满足设计的要求。众所周知,非线性的数值计算是很复杂的,它涉及很多专门的数学问题和运算技巧,很难为一般工程技术人员所掌握。

(3)增强可视化的前置建模和后置数据处理功能。

早期有限元分析软件的研究重点在于推导新的高效率求解方法和高精度的单元。随着数值分析方法的逐步完善,尤其是计算机运算速度的飞速发展,整个计算系统用于求解运算的时间越来越少,而数据准备和运算结果的表现问题却日益突出。

(4)结合通用 CAD 软件集成使用。

当今有限元分析系统的另一个特点是与通用 CAD 软件的集成使用,即在用 CAD 软件完成部件和零件的造型设计后,自动生成有限元网格并进行计算,如果分析的结果不符合设计要求则重新进行造型和计算,直到满意为止,从而极大地提高了设计水平和效率。

(5)计算资源丰富化。

在 Wintel 平台上的发展早期的有限元分析软件基本上都是在大中型计算机(主要是 Mainframe)上开发和运行的,后来又发展到以工程工作站(Engineering Work Station,EWS)为平台,它们的共同特点都是采用 UNIX 操作系统。

5.1.2 有限元法在材料设计中的应用

有限元法利用简单而又相互作用的单元,即用有限数量的未知量去求解大量未知量的真实系统,不仅计算精度高,还能适应各种复杂形状,最初应用于航空器的结构强度计算。由于其方便、实用和有效,引起了从事力学、数学等方面研究的科学家的浓厚兴趣。经过短短数十年的努力,并随着计算机技术的快速发展和普及,有限元法被迅速扩展到几乎所有的科学技术领域。

有限元法的应用已由弹性力学平面问题扩展到空间问题、板壳问题,由静力平衡问题扩展到稳定问题、动力问题和波动问题。分析的对象从弹性材料扩展到塑性、黏弹性、黏塑性和复合材料等,从固体力学扩展到流体力学、渗流与固结理论、热传导与热应力问题、电磁场问题及建筑声学与噪声问题。不仅涉及稳态场问题,而且涵盖材料非线性、几何非线性、时间问题和断裂力学问题等。有限元理论与计算机科学的完美结合成为现代力学的重要标志[7-8]。

在大力推广 CAD 技术的今天,从自行车到航天飞机,所有的设计制造都离不开有限元分析计算,FEM 在工程设计和分析中将得到越来越广泛的重视。

　　在材料设计方面,有限元法也有广阔的用武之地。有限元法在材料结构和场分析中的应用见表 5.1 和表 5.2。

表 5.1　有限元法在材料结构分析中的应用

静力分析	线性问题:线弹性结构的变形和应力 非线性问题:外载作用下引起的非线性响应,其中非线性来源主要是材料非线性、几何非线性和边界条件非线性。如弹塑性、大变形、蠕变、超弹性、岩土、钢筋混凝土等
动力分析	瞬态动力:求解在时域内结构承受随时间变化的载荷和速度作用时的动力响应。跌落、碰撞、穿透、爆炸、失效、裂纹扩展、成形、焊接、运动等; 模态分析:求解多自由度系统的模态参数。固有频率、预应力、循环对称、复模态等; 谐波响应:风载荷、浪载荷等; 响应谱:单点响应谱、多点响应谱等
屈曲分析	随机振动:地震分析等; 线性屈曲:失稳载荷等; 非线性屈曲:失稳载荷、过屈曲分析等
运动学分析	连杆机构运动学分析等
疲劳寿命	各种疲劳
断裂力学	断裂分析(线弹性断裂分析和弹塑性断裂分析)、裂纹萌生与扩展分析、应力集中因子、J 积分等

表 5.2　有限元法在场分析中的应用

温度场	稳态、瞬态、线性或非线性问题: 传导、对流、辐射、相变、热－结构等
电磁场	静磁场、瞬态磁场、高频时变磁场、电磁兼容、电磁屏蔽、电流传导、静电场、瞬态电场、耦合电路、电磁场等
流场	层流、湍流、可压缩流、不可压缩流、牛顿流、非牛顿流、自由面流体分析、管流、势流、渗流等
声学	声波在介质中的传播、压力波特性、噪声及发声设备的分析等
压电	时变电载荷及机械载荷的相应等

　　有限元法不仅具有结构、流体、热、电磁场的单场分析功能,而且还能够对多物理场的耦合进行分析。当然耦合分析技术还在发展完善之中,有些复杂问题目前还很难模拟,例如空间飞行系统响应的模拟、核反应堆在事故工况下响应的模拟、多场耦合作用分析等。在各种复杂问题中,有些实质性的

问题(如本构方程)并不属于有限元法的范围,但其发展仍需有限元技术的提高与适时参与。

就金属塑性变形过程而言,它是一个十分复杂的大变形过程,既包含材料非线性(应力与应变之间的非线性),又包含几何非线性(应变与位移之间的非线性),再加上边界条件及数学上的困难,这对理论解析往往带来无法解决的困难,从采用针对不同情况进行简化、假设,利用试验、图解等方法来处理,即将难以精确求解的数学力学问题变为工程问题来处理,从而在塑性变形领域产生了许多近似程度不同、适用范围不同的分析方法(如主应力法、滑移线法、上限法、下限法等)。

近年来,由于有限元变形理论的发展和电子计算机应用的普及,有限元求解塑性变形问题得到了普遍的重视。目前,根据材料本构关系的不同,有刚塑性有限元法、弹塑性有限元法、刚黏塑性有限元法等。

刚塑性有限元法采用虚功率方程,变形后的物体的构形,通过在离散区间上对速度积分求得,从而避免了有限元中的几何非线性问题。同时,由于采用比弹塑性有限元法大的增量步长,可大大提高计算效率,因此发展较快。

弹塑性有限元法在分析金属塑性变形工艺时,可根据变形路径得到塑性区的发展情况,变形金属的应力、应变分布情况,几何形状的变化,以及有效地处理卸载问题,从而计算出工件的弹复情况、工件内部的残余应力和残余应变,进而分析产品的缺陷、极限变形等问题。

近年来,利用弹塑性有限元理论对复杂形状薄板零件成形过程的研究十分活跃。特别是对板料成形过程中模拟时采用的显式解法和隐式解法等研究引人注意。

随着现代材料复杂性不断提高,有限元法的应用日益广泛。例如,图5.3所示为纤维增强复合材料层合结构及其断裂行为,由基体和添加相构成,包括颗粒填充和纤维增强等。可通过调节组成相的含量、形状、分布、界面结合强度、各层厚度等改善材料的力学性能和其他物理性能,具有高度的可设计性,如果用试验来完成这些工艺参数的优化设计,工作量和研究成本非常大,借助有限元分析,可以快速、低成本地完成相应工作。

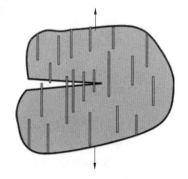

(a) 纤维增强复合材料层合结构   (b) 断裂行为示意图

图 5.3 纤维增强复合材料层合结构及其断裂行为

层状陶瓷材料及断裂行为如图 5.4 所示。陶瓷基层状复合材料是一类受珍珠云母、贝壳等层状结构的启发而发展起来的强韧化陶瓷,仿贝壳多层材料层片与界面设计也可以通过有限元数值模拟来实现。

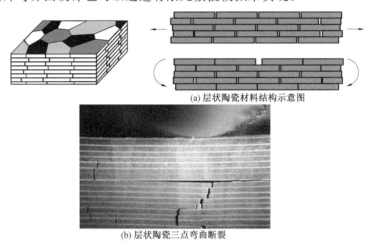

(a) 层状陶瓷材料结构示意图

(b) 层状陶瓷三点弯曲断裂

图 5.4　层状陶瓷材料及断裂行为

在电子材料表面失稳与量子结构自组装的研究中(图 5.5),有限元模拟对分析量子点的形成过程和作用机制也可以发挥重要作用。

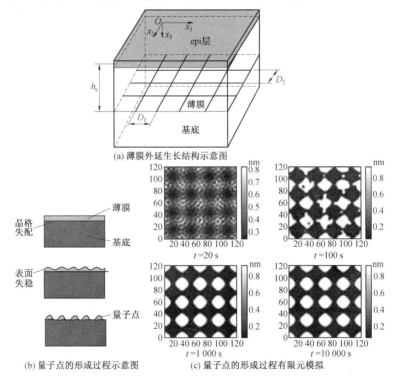

(a) 薄膜外延生长结构示意图

(b) 量子点的形成过程示意图　(c) 量子点的形成过程有限元模拟

图 5.5　量子结构自组装

5.2 弹塑性力学和传热学基础

材料在不同环境或条件下,承受各种外加载荷(拉伸、压缩、弯曲、扭转、冲击、交变应力等)时所表现出的力学特征,可以通过强度、弹性、塑性、韧性、硬度、疲劳、耐磨性等指标进行表征,这些称为材料的力学性能,是研究材料变形的基础。

载荷也称荷载,指施加在结构上的集中力或分布力。变形过程中物体所承受的分布力可以分为面力和体力。作用在表面上的力,称为面力或接触力(如风力、静水压力、物体之间的接触力等)。它可以是集中载荷,也可以是分布载荷。体力是作用在物体整个体积内部每个质点上的力,又称为质量(如重力、磁力和惯性力等)。一般情况下,体力相对于面力是很小的,可以忽略不计。应该注意的问题是,在弹性力学中,体力和面力都是矢量,体力是指单位体积的力;面力为单位面积的作用力。当力的作用面积和研究的整个对象相比非常小时,可以认为它集中作用在构件的一点而称为集中力,或者点载荷,例如研究一座桥梁上的汽车,车轮对桥面的压力可以看作是集中力。

在外力作用下,材料内部产生相互作用的内力,如图 5.6 所示。单位面积上的内力称为应力。与截面垂直的应力称为正应力或法向应力,与截面相切的应力称为剪应力。应力会随着外力的增加而增加,对于某一种材料,应力的增长是有限度的,超过这一限度,材料就要破坏,应力可能达到的这个限度称为该种材料的极限应力。极限应力值要通过材料的力学试验来测定。

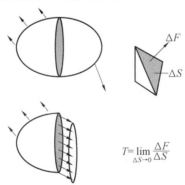

$$T = \lim_{\Delta S \to 0} \frac{\Delta F}{\Delta S}$$

图 5.6 物体受力分析示意图

载荷作用下,材料内部将同时产生应力与应变。应力不仅与点的位置有关,而且与截面的方位有关,通过一点不同截面上的应力情况称为应力状态,应力状态理论是研究指定点处的方位与不同截面上的应力之间的关系。应力状态理论是强度计算的基础[9-10]。

5.2.1　应力状态分析

1. 一点的应力状态

外力可以使物体发生变形,变形时物体中各处所受的应力一般是不相同的,即使同一点,在不同方位上的应力也是不相同的。一点的应力状态是指物体内一点任意方位微小面积上所承受的应力情况,即应力的大小、方向和个数[11-12]。

设在直角坐标系中有一受任意力系作用的物体,物体内有一受应力作用的任意点 Q,围绕该点切取一无限小矩形六面体为单元体,其棱边分别平行于 3 根坐标轴。由于各个单元体表面上的全应力都可以按坐标轴方向分解为一个正应力和两个剪应力,那么 3 个相互垂直的单元体表面上则有 9 个应力分量,任意点 Q 的应力状态可以用这 9 个应力分量来表示。这 9 个应力分量分别是 3 个正应力分量和 6 个剪应力分量,如图 5.7 所示。

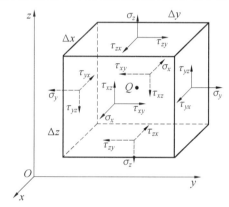

图 5.7　单元体上的应力状态

由于单元体处于静力平衡状态,不发生旋转,故绕单元体各坐标轴的合力矩必为 0,因此可以导出剪应力互等关系为

$$\begin{cases} \tau_{xy} = \tau_{yx} \\ \tau_{xz} = \tau_{zx} \\ \tau_{yz} = \tau_{zy} \end{cases} \tag{5.4}$$

剪应力互等关系表明,为了保持单元体的平衡,剪应力总是成对出现的。这样,9 个应力分量中只有 6 个是独立的,所以表示一受应力作用点的应力状态,只需要 6 个独立应力分量即可。

由于剪应力互等,所以应力张量是对称张量。

2. 任意斜面上的应力

已知变形体中一点的 9 个应力分量,便可以求得过该点任意斜面上的应力,这表明该点的应力状态完全被确定。

下面通过静力平衡来求任意斜面上的应力:

从受力物体中取出的任一小的四面体 $QABC$,如图 5.8 所示。该四面体的 3 个面与坐标面平行,而第 4 个面的法线 N 与坐标轴 x、y、z 之间的夹角的余弦(即方向余弦)是 l、m、n。

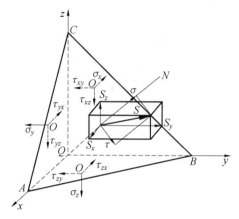

图 5.8　任意斜面上的应力

设任意斜面 ABC 的面积为 $\mathrm{d}A$,则其在坐标面上的投影面积分别为

$$\begin{cases} \mathrm{d}A_x = l\mathrm{d}A \\ \mathrm{d}A_y = m\mathrm{d}A \\ \mathrm{d}A_z = n\mathrm{d}A \end{cases} \tag{5.5}$$

又设斜面 ABC 上的全应力为 S,它在 3 个坐标轴方向上的分量为 S_x、S_y、S_z,由于四面体 $QABC$ 处于平衡状态,由静力平衡条件将有

$$\begin{cases} S_x\mathrm{d}A - \sigma_x\mathrm{d}A_x - \tau_{yx}\mathrm{d}A_y - \tau_{zx}\mathrm{d}A_z = 0 \\ S_y\mathrm{d}A - \tau_{xy}\mathrm{d}A_x - \sigma_y\mathrm{d}A_y - \tau_{zy}\mathrm{d}A_z = 0 \\ S_z\mathrm{d}A - \tau_{xz}\mathrm{d}A_x - \tau_{yz}\mathrm{d}A_y - \sigma_z\mathrm{d}A_z = 0 \end{cases} \tag{5.6}$$

整理得

$$\begin{cases} S_x = \sigma_x l + \tau_{yx}m + \tau_{zx}n \\ S_y = \tau_{xy}l + \sigma_y m + \tau_{zy}n \\ S_z = \tau_{xz}l + \tau_{yz}m + \sigma_z n \end{cases} \tag{5.7}$$

于是,任意斜面 ABC 上的全应力 S 为

$$S^2 = S_x{}^2 + S_y{}^2 + S_z{}^2 \tag{5.8}$$

全应力在法线上的投影就是斜面上的正应力,即

$$\sigma = S_x l + S_y m + S_z n = \sigma_x l^2 + \sigma_y m^2 + \sigma_z n^2 + 2(\tau_{xy}lm + \tau_{yz}mn + \tau_{zx}nl) \tag{5.9}$$

由于

$$S^2 = \sigma^2 + \tau^2 \tag{5.10}$$

所以斜面上的剪应力为

$$\tau^2 = S^2 - \sigma^2 \tag{5.11}$$

由此可见,任意斜面的应力都可以用 3 个相互垂直面上的应力分量,即 6

个独立应力分量来确定。

3. 主应力及应力张量不变量

如果一点应力状态已经确定,在过任一点所做的任意方向的单元面积上,正应力和剪应力随法线方向而改变。可以证明,存在某一方向,剪应力等于 0,则此方向即称为主方向,与该方向相垂直的平面称为主平面,在该面上的正应力则称为主应力。显然,主应力 σ 与主平面上的全应力 S 为同一应力,于是全应力 S 在坐标轴上的投影为

$$\begin{cases} S_x = Sl = \sigma l \\ S_y = Sm = \sigma m \\ S_z = Sn = \sigma n \end{cases} \tag{5.12}$$

代入式(5.4),整理后得

$$\begin{cases} (\sigma_x - \sigma)l + \tau_{yx}m + \tau_{zx}n = 0 \\ \tau_{xy}l + (\sigma_y - \sigma)m + \tau_{zy}n = 0 \\ \tau_{xz}l + \tau_{yz}m + (\sigma_z - \sigma)n = 0 \end{cases} \tag{5.13}$$

式(5.13)是以 l、m、n 为未知数的齐次线性方程组,常数项为 0,其解是应力主轴的方向余弦。由几何关系可知,方向余弦之间存在关系

$$l^2 + m^2 + n^2 = 1 \tag{5.14}$$

即 l、m、n 不可能同时为 0。若有非零解,则式(5.13)的系数行列式应当等于 0,即

$$\begin{vmatrix} (\sigma_x - \sigma) & \tau_{yx} & \tau_{zx} \\ \tau_{xy} & (\sigma_y - \sigma) & \tau_{zy} \\ \tau_{xz} & \tau_{yz} & (\sigma_z - \sigma) \end{vmatrix} \tag{5.15}$$

展开行列式,整理后得

$$\sigma^3 - I_1\sigma^2 - I_2\sigma - I_3 \tag{5.16}$$

其中,

$$I_1 = \sigma_x + \sigma_y + \sigma_z$$
$$I_2 = \tau_{xy}^2 + \tau_{yz}^2 + \tau_{zx}^2 - \sigma_x\sigma_y - \sigma_y\sigma_z - \sigma_z\sigma_x$$
$$I_3 = \sigma_x\sigma_y\sigma_z + 2\tau_{xy}^2\tau_{yz}^2\tau_{zx}^2 - (\sigma_x\tau_{yz}^2 + \sigma_y\tau_{zx}^2 + \sigma_z\tau_{xy}^2)$$

式(5.16)的三个实根是主应力 σ_1、σ_2、σ_3,一般取 $\sigma_1 > \sigma_2 > \sigma_3$。

对于一个确定的应力状态,3 个主应力是唯一的。因此,式(5.16)的系数 I_1、I_2 和 I_3 应该是单值的,不随坐标而改变,分别称为第一、第二和第三应力张量不变量。当坐标变换时,虽然每个应力分量都将随之改变,但这 3 个量是不变的,所以称为不变量。因为式(5.16)中的主应力,其大小与方向在物体形状和引起内力变化因素确定后,便是完全确定的,不随坐标系的改变而变化,可以根据 3 个主应力的特征来区分各种应力状态。

① 单向应力状态:在 3 个主应力中,如果有 2 个主应力为 0。

② 平面应力状态:在 3 个主应力中,如果只有 1 个主应力为 0。

③ 轴对称应力状态:在 3 个主应力中,如果有 2 个相等。

④ 三向应力状态:在 3 个主应力中,如果 3 个主应力均不为 0。

⑤ 球应力状态:如果 3 个主应力均相等。

4. 主剪应力及最大剪应力

过变形体中一点的任意斜面,当斜面上的剪应力为极大值时,平面称为主剪应力平面,该剪应力称为主剪应力。由式(5.11)可以计算出,主剪应力平面共有 12 个,它们分别与 1 个主平面垂直,与另外 2 个主平面呈 45°角,如图 5.9 所示。

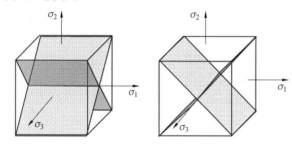

图 5.9 主剪应力平面

主剪应力值为

$$\begin{cases} \tau_{12} = \pm \dfrac{1}{2}(\sigma_1 - \sigma_2) \\[2mm] \tau_{23} = \pm \dfrac{1}{2}(\sigma_2 - \sigma_3) \\[2mm] \tau_{31} = \pm \dfrac{1}{2}(\sigma_3 - \sigma_1) \end{cases} \qquad (5.17)$$

主剪应力中绝对值最大的一个称为最大剪应力,用 $\tau_{\max}$ 表示。一般有 $\sigma_1 > \sigma_2 > \sigma_3$,所以最大剪应力为

$$\tau_{\max} = \tau_{13} = \frac{1}{2}(\sigma_1 - \sigma_3) \qquad (5.18)$$

5. 应力偏张量和等效应力

应力张量和矢量相同,也可以进行分解,通常可以被分为两部分,一部分是反映平均应力大小的球张量,另一部分是应力偏张量,表示为

$$\underbrace{\begin{bmatrix} \sigma_x & \tau_{xy} & \tau_{xz} \\ \tau_{yx} & \sigma_y & \tau_{yz} \\ \tau_{zx} & \tau_{zy} & \sigma_z \end{bmatrix}}_{\text{应力张量}} = \underbrace{\begin{bmatrix} (\sigma_x - \sigma_m) & \tau_{xy} & \tau_{xz} \\ \tau_{yx} & (\sigma_y - \sigma_m) & \tau_{yz} \\ \tau_{zx} & \tau_{zy} & (\sigma_z - \sigma_m) \end{bmatrix}}_{\text{应力偏张量}} + \underbrace{\begin{bmatrix} \sigma_m & 0 & 0 \\ 0 & \sigma_m & 0 \\ 0 & 0 & \sigma_m \end{bmatrix}}_{\text{应力球张量}}$$

应力球张量只引起体积变化(对于金属材料,这个体积变化一般是弹性的),对形状变化不起作用,不能产生塑性变形。而应力偏量反映应力差值,并决定塑性变形的发生和发展。应力偏张量对塑性变形来说是一个十分重要的概念。不同的塑性加工工序,加载的形式不同,所引起的应力的大小和符号可能不同,但只要它们的应力偏张量类似,就可以得到类似的变形结

果。

物体在变形过程中,一点的应力状态是变化的,这时需要判断是加载还是卸载。在塑性理论中,一般根据等效应力的变化来判断,对于主轴坐标系

$$\bar{\sigma}=\frac{1}{\sqrt{2}}\sqrt{(\sigma_1-\sigma_2)^2+(\sigma_2-\sigma_3)^2+(\sigma_3-\sigma_1)^2} \tag{5.19}$$

① 如果等效应力增大,称为加载,其中如各个应力分量都按同一比值增加,则称为比例加载或简单加载。

② 如果等效应力不变,称为中性载荷,也可称为中性加载,此时各个应力分量可能不变,也可能此消彼长地变化着。

③ 如果等效应力减少,称为卸载。

应该指出,等效应力并不代表某一实际平面上的应力。等效应力是研究塑性变形的一个重要概念,它和材料的塑性变形有密切关系。

在单向拉伸时,由于 $\sigma_2=\sigma_3=0$,则

$$\bar{\sigma}=\sigma_1$$

即等效应力等于单向应力状态的主应力,其值可由简单拉伸试验求出。

5.2.2　应力平衡方程

一般情况下,在外力作用下处于平衡状态的变形物体,其内部点与点之间的应力状态是不同的,也就是说,应力是坐标的函数。但是应力状态的连续变化也不是任意的,必须满足应力平衡方程,也就是联系应力张量和外力的平衡条件[13]。

在直角坐标系中,设物体内一点 Q 的坐标为 x、y、z,应力状态为 σ_{ij}。在点 Q 无限临近处有另一点 Q_1,坐标为 $x+\mathrm{d}x$、$y+\mathrm{d}y$、$z+\mathrm{d}z$,则形成一个边长为 $\mathrm{d}x$、$\mathrm{d}y$、$\mathrm{d}z$ 并与坐标面平行的平行六面体。由于坐标发生了变化,因此点 Q_1 的应力比点 Q 的应力要增加一个微小的增量。如点 Q x 面上的正应力分量为 σ_x,则点 R x 面上的正应力分量应为 $\sigma_x+\frac{\partial\sigma_x}{\partial x}\mathrm{d}x$。以此类推,如图 5.10 所示。

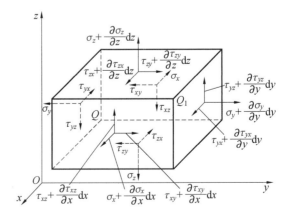

图 5.10　直角坐标中一点邻区的应力平衡

故点 Q_1 的应力状态为

$$\sigma_{ij} + \mathrm{d}\sigma_{ij} = \begin{bmatrix} \sigma_x + \dfrac{\partial \sigma_x}{\partial x}\mathrm{d}x & \tau_{xy} + \dfrac{\partial \tau_{xy}}{\partial x}\mathrm{d}x & \tau_{xz} + \dfrac{\partial \tau_{xz}}{\partial x}\mathrm{d}x \\[2mm] \tau_{yx} + \dfrac{\partial \tau_{yx}}{\partial y}\mathrm{d}y & \sigma_y + \dfrac{\partial \sigma_y}{\partial y}\mathrm{d}y & \tau_{yz} + \dfrac{\partial \tau_{yz}}{\partial y}\mathrm{d}y \\[2mm] \tau_{zx} + \dfrac{\partial \tau_{zx}}{\partial z}\mathrm{d}z & \tau_{zy} + \dfrac{\partial \tau_{zy}}{\partial z}\mathrm{d}z & \sigma_z + \dfrac{\partial \sigma_z}{\partial z}\mathrm{d}z \end{bmatrix}$$

因为六面体处于静力平衡状态,作用在六面体上的所有力(不考虑体积力)沿坐标轴上的投影之和应等于 0。故有以下应力平衡微分方程,即

$$\begin{cases} \dfrac{\partial \sigma_x}{\partial x} + \dfrac{\partial \tau_{yx}}{\partial y} + \dfrac{\partial \tau_{zx}}{\partial z} = 0 \\[3mm] \dfrac{\partial \tau_{xy}}{\partial x} + \dfrac{\partial \sigma_y}{\partial y} + \dfrac{\partial \tau_{zy}}{\partial z} = 0 \\[3mm] \dfrac{\partial \tau_{xz}}{\partial x} + \dfrac{\partial \tau_{yz}}{\partial y} + \dfrac{\partial \sigma_z}{\partial z} = 0 \end{cases} \tag{5.20}$$

考虑体积力,弹性体 V 域内任意一点沿坐标轴 x、y、z 方向的平衡方程为

$$\begin{cases} \dfrac{\partial \sigma_x}{\partial x} + \dfrac{\partial \tau_{yx}}{\partial y} + \dfrac{\partial \tau_{zx}}{\partial z} + \bar{f}_x = 0 \\[3mm] \dfrac{\partial \sigma_y}{\partial y} + \dfrac{\partial \tau_{xy}}{\partial x} + \dfrac{\partial \tau_{zy}}{\partial z} + \bar{f}_y = 0 \\[3mm] \dfrac{\partial \sigma_z}{\partial z} + \dfrac{\partial \tau_{yz}}{\partial y} + \dfrac{\partial \tau_{xz}}{\partial x} + \bar{f}_z = 0 \end{cases} \tag{5.21}$$

式中,$\bar{f}_x$、$\bar{f}_y$、$\bar{f}_z$ 为单位体积的体积力在 x、y、z 方向的分量。

平衡方程的矩阵形式为

$$\boldsymbol{A}\sigma + \bar{f} = 0 \tag{5.22}$$

式中,$\boldsymbol{A}$ 为微分算子;$\bar{f}$ 为体积力向量。

$$\boldsymbol{A} = \begin{bmatrix} \dfrac{\partial}{\partial x} & 0 & 0 & \dfrac{\partial}{\partial y} & 0 & \dfrac{\partial}{\partial z} \\[3mm] 0 & \dfrac{\partial}{\partial y} & 0 & \dfrac{\partial}{\partial x} & \dfrac{\partial}{\partial z} & 0 \\[3mm] 0 & 0 & \dfrac{\partial}{\partial z} & 0 & \dfrac{\partial}{\partial y} & \dfrac{\partial}{\partial x} \end{bmatrix} \tag{5.23}$$

5.2.3　应变状态

物体在受到外力作用下,任意两个质点的相对位置发生改变,即产生一定的变形,变形的程度称为应变。应变是无量纲的,与正应力对应的应变称为正应变或线应变,与剪应力对应的应变称为剪应变或角应变。

1. 应变的概念

线应变表示变形体内线段长度相对变化率,剪应变表示变形体内相交两线段夹角在变形前后的变化,如图 5.11 所示。

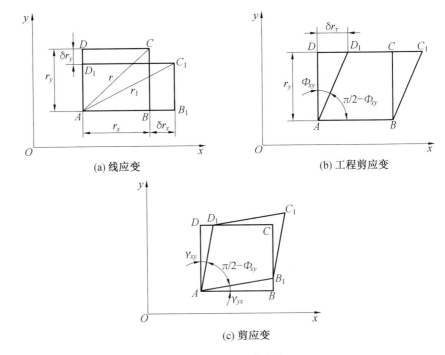

图 5.11　线应变和剪应变

设有一线段 AC 发生了很小的线变形,变为 AC_1,线段的长度由 r 变成了 $r_1 = r + \delta r$,于是把其单位长度的相对变化

$$\varepsilon = \frac{r_1 r}{r} = \frac{\delta r}{r} \tag{5.24}$$

称为线段 PB 的线应变,也称为相对应变。而把

$$e = \ln \frac{r_1}{r} \tag{5.25}$$

称为对数应变,或真应变。

相对应变的主要缺点是把基长看成是固定的,所以并不能真实地反映变化的基长对应变的影响,因而造成变形过程的总应变不等于各个阶段应变之和。

当应变量很小时,相对应变和真应变近似相等。

线段 AC 变形为 AC_1,其相对应变在 x 和 y 方向上的分量是 ε_x 和 ε_y,有

$$\varepsilon_x = \frac{\delta r_x}{r_x}, \quad \varepsilon_y = \frac{\delta r_y}{r_y}$$

又设两互相垂直的线段变形后直角减小了 ϕ_{xy} 角,ϕ_{xy} 称为工程剪应变,γ_{xy} 和 γ_{yx} 称为剪应变,如图 5.11(b)、(c) 所示。

$$\frac{\delta r_\tau}{r_y} = \tan \phi_{xy} \approx \phi_{xy}; \quad \gamma_{xy} = \gamma_{yx} = \frac{1}{2} \phi_{xy}$$

2. 应变分量和应变张量

类似于应力状态分析,一点的应变状态用 9 个应变分量来描述,即

$$\boldsymbol{\varepsilon}_{ij} = \begin{bmatrix} \varepsilon_x & \gamma_{xy} & \gamma_{xz} \\ \gamma_{yx} & \varepsilon_y & \gamma_{yz} \\ \gamma_{zx} & \gamma_{yz} & \varepsilon_z \end{bmatrix} \tag{5.26}$$

一般取

$$\gamma_{ij} = \gamma_{ji} = \frac{1}{2}\phi_{ij}$$

所以上述 9 个应变分量中只有 6 个是独立的。

可以找到 3 个互相垂直的平面,在这些平面上没有剪应变,这样的平面称为主平面,而这些平面的法线方向称为主方向。对应于主方向的正应变则称为主应变,用 ε_1、ε_2、ε_3 表示。对于各向同性材料,可认为小应变主方向与应力主方向重合。应变张量简化为

$$\boldsymbol{\varepsilon}_{ij} = \begin{bmatrix} \varepsilon_1 & 0 & 0 \\ 0 & \varepsilon_2 & 0 \\ 0 & 0 & \varepsilon_3 \end{bmatrix} \tag{5.27}$$

3. 等效应变

应变张量也可分解为应变球张量和应变偏张量,即

$$\boldsymbol{\varepsilon}_{ij} = \begin{bmatrix} \varepsilon_x - \varepsilon_m & \gamma_{xy} & \gamma_{xz} \\ \gamma_{yx} & \varepsilon_y - \varepsilon_x & \gamma_{yz} \\ \gamma_{zx} & \gamma_{yz} & \varepsilon_z - \varepsilon_x \end{bmatrix} + \begin{bmatrix} \varepsilon_m & 0 & 0 \\ 0 & \varepsilon_m & 0 \\ 0 & 0 & \varepsilon_m \end{bmatrix}$$
应变偏张量   应变球张量

式中,ε_m 为平均线应变,$\varepsilon_m = \frac{1}{3}(\varepsilon_x + \varepsilon_y + \varepsilon_z)$;前者为应变偏张量,表示形状变化;后者为应变球张量,表示体积变化。塑性变形时体积不变,即 $\varepsilon_m = 0$,所以应变偏张量就是应变张量。

等效应变其值为

$$\bar{\varepsilon} = \sqrt{2}\,\gamma_8 = \frac{\sqrt{2}}{3}\sqrt{(\varepsilon_x - \varepsilon_y)^2 + (\varepsilon_y - \varepsilon_z)^2 + (\varepsilon_z - \varepsilon_x)^2 + 6(\gamma_{xy}^2 + \gamma_{yz}^2 + \gamma_{zx}^2)} =$$
$$\frac{\sqrt{2}}{3}\sqrt{(\varepsilon_1 - \varepsilon_2)^2 + (\varepsilon_2 - \varepsilon_3)^2 + (\varepsilon_3 - \varepsilon_1)^2} \tag{5.28}$$

5. 2. 4   几何方程

物体受力变形时内部质点产生了位移,因而引起了质点的应变。因此,质点的应变是由位移所决定的。设物体内任意点发生了位移,则它在 3 个坐标轴上的投影称为该点的位移分量,分别用 $u = u(x,y,z)$、$v = v(x,y,z)$、$w = w(x,y,z)$ 表示。由于物体在变形后仍保持连续,故位移分量应是坐标的连续函数,而且一般都有连续的二阶偏导数。

设变形物体内一点 A 的坐标为 (x,y,z),变形后移至 A_1 点,其 3 个位移分量 u、v、w 是 A 点的坐标函数。若在无限靠近 A 点处有一点 C,其坐标为

$(x+\mathrm{d}x,y+\mathrm{d}y,z+\mathrm{d}z)$,变形后移至 C_1 点。由于 C 点的坐标相对于 A 点有坐标增量 $\mathrm{d}x$、$\mathrm{d}y$、$\mathrm{d}z$,因而 C_1 点的位移必然相对于 A_1 点有位移增量 δu、δv、δw,且 C_1 点的位移应是 C 点坐标的函数,故 C_1 点位移分量为

$$\begin{cases} u+\delta u = u(x+\mathrm{d}x,y+\mathrm{d}y,z+\mathrm{d}z) \\ v+\delta v = v(x+\mathrm{d}x,y+\mathrm{d}y,z+\mathrm{d}z) \\ w+\delta w = w(x+\mathrm{d}x,y+\mathrm{d}y,z+\mathrm{d}z) \end{cases} \tag{5.29}$$

将式(5.29)用泰勒公式展开并略去高次项,得 C_1 点相对于 A_1 点的位移增量为

$$\begin{cases} \delta u = \dfrac{\partial u}{\partial x}\mathrm{d}x + \dfrac{\partial u}{\partial y}\mathrm{d}y + \dfrac{\partial u}{\partial z}\mathrm{d}z \\[2mm] \delta v = \dfrac{\partial v}{\partial x}\mathrm{d}x + \dfrac{\partial v}{\partial y}\mathrm{d}y + \dfrac{\partial v}{\partial z}\mathrm{d}z \\[2mm] \delta w = \dfrac{\partial w}{\partial x}\mathrm{d}x + \dfrac{\partial w}{\partial y}\mathrm{d}y + \dfrac{\partial w}{\partial z}\mathrm{d}z \end{cases} \tag{5.30}$$

为了简明和清晰起见,现在只研究在 xOy 平面上的投影,此时只有 x、y 坐标的位移分量 u、v,以及单元体在 xOy 平面上的尺寸 $\mathrm{d}x$、$\mathrm{d}y$,如图 5.12 所示。

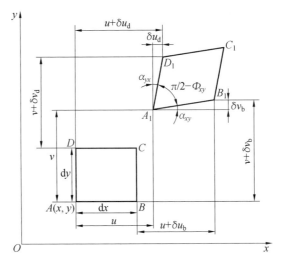

图 5.12 位移分量与应变分量的关系

B_1 相对于 A_1 的位移增量,由于 $\mathrm{d}y=0$,由式(5.30)得

$$\delta u_a = \frac{\partial u}{\partial x}\mathrm{d}x, \qquad \delta v_a = \frac{\partial v}{\partial x}\mathrm{d}x$$

同理,有

$$\delta u_c = \frac{\partial u}{\partial y}\mathrm{d}y, \qquad \delta v_c = \frac{\partial v}{\partial y}\mathrm{d}y$$

于是,AB(即 $\mathrm{d}x$)在 x 方向上的线应变为

$$\varepsilon_x = \frac{u+\delta u_a - u}{\mathrm{d}x} = \frac{\delta u_a}{\mathrm{d}x} = \frac{\partial u}{\partial x}$$

同理,AD(即 $\mathrm{d}y$)在 y 方向上的线应变为

$$\varepsilon_y = \frac{v + \delta v_c - v}{\mathrm{d}y} = \frac{\delta v_c}{\mathrm{d}y} = \frac{\partial v}{\partial y}$$

由几何关系得

$$\alpha_{xy} \approx \tan \alpha_{xy} = \frac{\delta v_a}{\mathrm{d}x + u + \delta u_a - u} = \frac{\frac{\partial v}{\partial x}\mathrm{d}x}{\mathrm{d}x + \frac{\partial u}{\partial x}\mathrm{d}x} = \frac{\frac{\partial v}{\partial x}}{1 + \frac{\partial u}{\partial x}}$$

因为 $\varepsilon_x = \dfrac{\partial u}{\partial x}$ 的值远小于 1,所以

$$\alpha_{xy} = \frac{\partial v}{\partial x}$$

同理,有

$$\alpha_{yx} = \frac{\partial u}{\partial y}$$

因而有

$$\gamma_{xy} = \gamma_{yx} = \frac{1}{2}\varphi_{xy} = \frac{1}{2}(\alpha_{xy} + \alpha_{yx}) = \frac{1}{2}\left(\frac{\partial u}{\partial y} + \frac{\partial v}{\partial x}\right)$$

按同样方法,由 yOz 和 zOx 平面上的投影的几何关系可得其余应变分量的公式,综合上述可得

$$\begin{cases} \varepsilon_x = \dfrac{\partial u}{\partial x};\ \gamma_{yz} = \gamma_{zy} = \dfrac{1}{2}\left(\dfrac{\partial v}{\partial z} + \dfrac{\partial w}{\partial y}\right) \\[2mm] \varepsilon_y = \dfrac{\partial v}{\partial y};\ \gamma_{zx} = \gamma_{xz} = \dfrac{1}{2}\left(\dfrac{\partial w}{\partial x} + \dfrac{\partial u}{\partial z}\right) \\[2mm] \varepsilon_z = \dfrac{\partial w}{\partial z};\ \gamma_{xy} = \gamma_{yx} = \dfrac{1}{2}\left(\dfrac{\partial u}{\partial y} + \dfrac{\partial v}{\partial x}\right) \end{cases} \tag{5.31}$$

这就是小变形时位移分量和应变分量的关系,也称为小变形几何方程。如果变形物体的位移场能够被确定,那么可由几何方程确定其应变场。

几何方程的矩阵形式为

$$\boldsymbol{\varepsilon} = \boldsymbol{L}u \quad (\text{在整个求解域内})$$

式中,$\boldsymbol{L}$ 为微分算子,有

$$\boldsymbol{L} = \begin{pmatrix} \dfrac{\partial}{\partial x} & 0 & 0 \\[2mm] 0 & \dfrac{\partial}{\partial y} & 0 \\[2mm] 0 & 0 & \dfrac{\partial}{\partial z} \\[2mm] \dfrac{\partial}{\partial y} & \dfrac{\partial}{\partial x} & 0 \\[2mm] 0 & \dfrac{\partial}{\partial z} & \dfrac{\partial}{\partial y} \\[2mm] \dfrac{\partial}{\partial z} & 0 & \dfrac{\partial}{\partial x} \end{pmatrix} = \boldsymbol{A}^{\mathrm{T}} \tag{5.32}$$

5.2.5　协调方程

由式(5.31)可知,6 个应变分量取决于 3 个位移分量对 x、y、z 的偏导数,所以 6 个应变分量不能是无关的函数,它们之间必然存在一定的关系,保证材料变形后的连续性,这种关系称为应变连续方程或应变协调方程。否则,变形后会出现"撕裂"或"重叠"现象,破坏了变形物体的连续性。对几何方程求偏导,可得

$$\begin{cases} \dfrac{1}{2}\left(\dfrac{\partial^2 \varepsilon_x}{\partial y^2} + \dfrac{\partial^2 \varepsilon_y}{\partial x^2}\right) = \dfrac{\partial^2 \gamma_{xy}}{\partial x \partial y} \\[3mm] \dfrac{1}{2}\left(\dfrac{\partial^2 \varepsilon_y}{\partial z^2} + \dfrac{\partial^2 \varepsilon_z}{\partial y^2}\right) = \dfrac{\partial^2 \gamma_{yz}}{\partial y \partial z} \\[3mm] \dfrac{1}{2}\left(\dfrac{\partial^2 \varepsilon_z}{\partial x^2} + \dfrac{\partial^2 \varepsilon_x}{\partial z^2}\right) = \dfrac{\partial^2 \gamma_{zx}}{\partial z \partial x} \end{cases} \tag{5.33}$$

$$\begin{cases} \dfrac{\partial}{\partial z}\left(\dfrac{\partial \gamma_{yz}}{\partial x} + \dfrac{\partial \gamma_{zx}}{\partial y} - \dfrac{\partial \gamma_{xy}}{\partial z}\right) = \dfrac{\partial^2 \varepsilon_z}{\partial x \partial y} \\[3mm] \dfrac{\partial}{\partial y}\left(\dfrac{\partial \gamma_{xy}}{\partial z} + \dfrac{\partial \gamma_{yz}}{\partial x} - \dfrac{\partial \gamma_{zx}}{\partial y}\right) = \dfrac{\partial^2 \varepsilon_y}{\partial z \partial x} \\[3mm] \dfrac{\partial}{\partial x}\left(\dfrac{\partial \gamma_{zx}}{\partial y} + \dfrac{\partial \gamma_{xy}}{\partial z} - \dfrac{\partial \gamma_{yz}}{\partial x}\right) = \dfrac{\partial^2 \varepsilon_x}{\partial y \partial z} \end{cases} \tag{5.34}$$

5.2.6　屈服准则

材料受到的应力达到一定数值后,由弹性状态进入塑性状态,即发生屈服。屈服准则是变形体由弹性状态向塑性状态过渡的力学条件(或应力条件),是通过应力状态判断材料是否进入塑性状态的判据。

1. 特雷斯卡(Tresca)屈服准则

1864 年法国工程师特雷斯卡提出,当变形体中的最大剪应力达到某一定值时,材料就发生屈服。该准则又称为最大剪应力不变条件。若规定 $\sigma_1 \geqslant \sigma_2 \geqslant \sigma_3$ 时,则最大剪应力为

$$\tau_{\max} = \pm \frac{\sigma_1 - \sigma_3}{2}$$

所以,特雷斯卡屈服准则可以写为

$$\sigma_1 - \sigma_3 = C \tag{5.35}$$

式中,常数 C 可以通过试验求得。由于 C 值与应力无关,故可用最简单的单向拉伸试验来确定。单向拉伸时,$\sigma_2 = \sigma_3 = 0$ 及 $\sigma_1 = \sigma_s$,可得 $C = \sigma_s$。

2. 米赛斯(Mises)屈服准则

1913 年德国力学家 Mises 提出当等效应力 $\bar{\sigma}$ 达到某一定值时,材料即发生屈服,该定值与应力状态无关,即

$$\bar{\sigma} = \sqrt{\frac{1}{2}\left[(\sigma_1 - \sigma_2)^2 + (\sigma_2 - \sigma_3)^2 + (\sigma_3 - \sigma_1)^2\right]} = C$$

由于常数 C 与应力状态无关,因此也可由单向拉伸试验确定。于是,米赛斯屈服准则的表达式为

$$\sigma_s^2 = \frac{1}{2} \left[(\sigma_1 - \sigma_2)^2 + (\sigma_2 - \sigma_3)^2 + (\sigma_3 - \sigma_1)^2 \right] \tag{5.36}$$

Mises 屈服准则的物理意义在于,当材料中单位体积的弹性形变能达到某一定值时,材料即行屈服。所以,该准则又称弹性形变能不变条件。

5.2.7 本构方程

材料受力变形时应力和应变之间关系的数学表达式,就是本构方程,也称为物理方程,弹性阶段时用广义胡克定律表达。塑性阶段时,可由增量理论或全量理论来表达[14]。

1. 弹性本构方程

弹性变形时应力应变关系具有如下特点:

① 应力与应变呈线性关系。

② 弹性变形是可逆的,加载与卸载的规律完全相同。

③ 弹性变形时应力球张量使物体产生体积变化,泊松比 $\nu < 0.5$;

④ 应力主轴与应变主轴重合。

弹性变形时的应力应变关系服从广义胡克定律,即

$$\begin{cases} \varepsilon_x = \dfrac{1}{E} \left[\sigma_x - \nu(\sigma_y + \sigma_z) \right] \\[2mm] \varepsilon_y = \dfrac{1}{E} \left[\sigma_y - \nu(\sigma_z + \sigma_x) \right] \\[2mm] \varepsilon_z = \dfrac{1}{E} \left[\sigma_z - \nu(\sigma_x + \sigma_y) \right] \\[2mm] \gamma_{yz} = \gamma_{zy} = \dfrac{\tau_{yz}}{2G} \\[2mm] \gamma_{zx} = \gamma_{xz} = \dfrac{\tau_{zx}}{2G} \\[2mm] \gamma_{xy} = \gamma_{yx} = \dfrac{\tau_{xy}}{2G} \end{cases} \tag{5.37}$$

式中,E 为弹性模量;ν 为泊松比;G 为切变模量。

其中,三个常数之间有以下关系,即

$$G = \frac{E}{2(1 + \nu)}$$

对于各向同性的线弹性材料,应力与应变关系的表达式可用矩阵形式表示为

$$\sigma = D\varepsilon \tag{5.38}$$

式中,D 为弹性矩阵。

$$D = \frac{E(1-\nu)}{(1+\nu)(1-2\nu)} \begin{bmatrix} 1 & \dfrac{\nu}{1-\nu} & \dfrac{\nu}{1-\nu} & 0 & 0 & 0 \\[2ex] \dfrac{\nu}{1-\nu} & 1 & \dfrac{\nu}{1-\nu} & 0 & 0 & 0 \\[2ex] & \dfrac{\nu}{1-\nu} & 1 & 0 & 0 & 0 \\[2ex] 0 & 0 & 0 & \dfrac{1-2\nu}{2(1-\nu)} & 0 & 0 \\[2ex] 0 & 0 & 0 & 0 & \dfrac{1-2\nu}{2(1-\nu)} & 0 \\[2ex] 0 & 0 & 0 & 0 & 0 & \dfrac{1-2\nu}{2(1-\nu)} \end{bmatrix}$$

2. 塑性本构方程

塑性变形时应力应变关系具有如下特点：

① 应力与应变之间的关系是非线形的。

② 塑性变形是不可恢复的,是不可逆的关系。

③ 塑性变形可以认为体积不变,应变球张量为 0,因此泊松比 $\nu = 0.5$。

④ 全量应变主轴与应力主轴一般不重合。

塑性变形时,复杂应力状态下应力与应变的关系比较复杂,目前常用的有增量理论和全量理论。塑性成形问题一般可以应用增量理论进行分析。对于小变形的情况,或者塑性变形过程中主应力方向不变,而且当各应力间的比例关系也保持不变时,全量理论和增量理论的计算结果是一致的,在这种情况下可以应用全量理论。

增量理论也称为流动理论,是处理材料处于塑性状态时,应力与应变之间非单值关系的一种方法。增量理论可表述如下,塑性变形时应变增量正比于应力偏量,即

$$\frac{d\varepsilon_x}{\sigma_x - \sigma_m} = \frac{d\varepsilon_y}{\sigma_y - \sigma_m} = \frac{d\varepsilon_z}{\sigma_z - \sigma_m} = \frac{d\gamma_{xy}}{\tau_{xy}} = \frac{d\gamma_{yz}}{\tau_{yz}} = \frac{d\gamma_{zx}}{\tau_{zx}} = \frac{3}{2}\frac{d\bar{\varepsilon}}{\bar{\sigma}}$$

还可以写成广义表达式,即

$$\begin{cases} d\varepsilon_x = \dfrac{d\bar{\varepsilon}}{\bar{\sigma}}\left[\sigma_x - \dfrac{1}{2}(\sigma_y + \sigma_z)\right]; \ d\gamma_{yz} = d\gamma_{zy} = \dfrac{3}{2}\dfrac{d\bar{\varepsilon}}{\bar{\sigma}}\tau_{yz} \\[2ex] d\varepsilon_y = \dfrac{d\bar{\varepsilon}}{\bar{\sigma}}\left[\sigma_y - \dfrac{1}{2}(\sigma_z + \sigma_x)\right]; \ d\gamma_{zx} = d\gamma_{xz} = \dfrac{3}{2}\dfrac{d\bar{\varepsilon}}{\bar{\sigma}}\tau_{zx} \\[2ex] d\varepsilon_z = \dfrac{d\bar{\varepsilon}}{\bar{\sigma}}\left[\sigma_z - \dfrac{1}{2}(\sigma_x + \sigma_y)\right]; \ d\gamma_{xy} = d\gamma_{yx} = \dfrac{3}{2}\dfrac{d\bar{\varepsilon}}{\bar{\sigma}}\tau_{xy} \end{cases} \quad (5.39)$$

式中, $\bar{\sigma}$ 为等效应力; $d\bar{\varepsilon}$ 为等效应变增量。

这里的等效应力和等效应变增量与单向应力状态下的等效应力和等效应变增量是等价的,这样就使复杂应力状态下的本构关系可以由单向应力状态下的本构关系来确定。

5.2.8　热传递理论基础

热传递现象无处不在,热现象既与人们的生活密切相关,又是工程应用和理论研究的一个极其重要的因素。从严格的意义上讲,所有的工程问题都与热现象有关系,尤其在热加工领域。

热现象是传热学研究的范畴,传热学的研究目标是能够定量地解释和控制热量的传递过程。因为在热量传输的区域,温度分布是连续的,所以传热问题的核心是求解温度场。温度场在这里用函数表达,即

$$T = T(x,y,z,t) \tag{5.40}$$

式中,x、y、z 代表空间坐标;t 代表时间。

热传递现象的研究布局如图 5.13 所示。

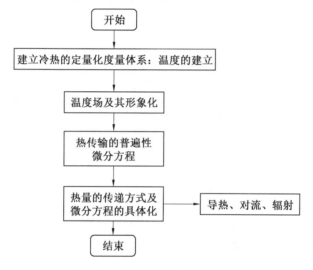

图 5.13　热传递现象的研究布局

图 5.13 中的微分方程可表示为

$$\frac{Q}{\rho c} - \frac{1}{c\rho}\left(\frac{\partial q_x}{\partial x} + \frac{\partial q_y}{\partial y} + \frac{\partial q_z}{\partial z}\right) = \frac{\partial T}{\partial t} \tag{5.41}$$

式中,Q 为研究对象中微元体单位时间内自生成的热量;ρ、c 分别为微元体的密度和比热容;q_x、q_y、q_z 分别为沿 x、y、z 方向上流入微元体的热流密度(单位时间内流过单位面积的热量)。

由于 q_x、q_y、q_z 是不可测得的,所以必须将 q_x、q_y、q_z 转化为温度的表现形式。在对传热现象的长期研究中,人们发现热量的传递有导热、对流和辐射三种基本的形式。q_x、q_y、q_z 的具体表达形式可以通过对三种基本的传热方式的研究而给出。下面对热传导热、热对流和热辐射进行简单的介绍。

1. 热传导

物体各部分之间不发生相对位移时,依靠分子、原子和自由电子等微观粒子的热运动进行的热量传递称为热传导,简称导热。导热的宏观规律可以

由 Fourier 导热定律给出,图 5.14 所示为一维导热示意图。设一无限大的平板,现取其一微元体积,面积为 A,前后两个平面的温度分别为 T_1 和 T_2,厚度为 $\mathrm{d}x$,并与 x 方向平行。此时单位时间内通过该微元体积的热量 Q 与微元体的温度变化率及面积的关系可以用式(5.42)表示。

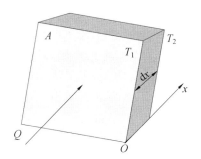

图 5.14   一维导热示意图

$$Q = -\lambda A \frac{\mathrm{d}T}{\mathrm{d}x} \tag{5.42}$$

式中,λ 表示比例系数,在这里为热导率;负号表示热量传递的方向与温度升高的方向相反。

式(5.42)可写为

$$q = \frac{Q}{A} = -\lambda \frac{\mathrm{d}T}{\mathrm{d}x} \tag{5.43}$$

式中,q 为热流密度值,$\mathrm{W/m^2}$。

式(5.42)和式(5.43)即为一维稳态下的傅里叶导热定律。

基于傅里叶导热定律可推导出导热微分方程,若热导率设为常数,则

$$\frac{\partial T}{\partial t} = \frac{\lambda}{\rho c}\left(\frac{\partial^2 T}{\partial x^2} + \frac{\partial^2 T}{\partial y^2} + \frac{\partial^2 T}{\partial z^2}\right) + \frac{Q_{\mathrm{g}}}{\rho c} \tag{5.44}$$

式中,Q_{g} 为单位时间内单位体积中物体的自生热能。

式(5.44)可以用于稳态和非稳态中处理有无热源的问题。

2. 热对流

单纯的热对流是指流体发生相对流动或产生相对位移时,温度不同的流体间发生的热量传递的现象。而流体与固体壁面间的热传递现象称为对流换热,对流现象必须有流体的参与而且其中必然伴随着热传导过程。对流可以分为自然对流和强制对流,两者的区别在于引起流体流动的原因:自然对流通常是由于不同温度间流体的密度不同而引起的(如被加热的空气向上方流动);强制对流一般是由压力差引起的(如电风扇作用下的空气流动)。

对流换热的基本传热方程式为

$$q = \alpha(T_{\mathrm{s}} - T_1) \tag{5.45}$$

式中,q 为热量密度;α 为换热系数;T_{s} 和 T_1 分别为固体壁面和壁面附近流体的温度。

式(5.45)即为牛顿(Newton)冷却公式。

3. 热辐射

自然界中所有物体都在向外以电磁波的形式传递能量,这种方式称为辐射,其中因为物体自身热量的原因而辐射能量的现象称为热辐射。物体都在不停地从外界吸收热辐射,同时也不停地向外界发射热辐射。吸收与发射辐射能的动态效果使得物体间可以以热辐射的形式传递热量。

热辐射现象的存在不需要借助介质,即不接触的两个物体可以在真空中以辐射的形式换热(如太阳和地球间的热量传递)。不接触的两物体在真空中不会发生热传导与热对流。值得注意的是,热辐射现象是伴随能量形式发生转换的,物体吸收能量时,辐射能转换为了热能,物体发射能量时,能量由热能转换为了辐射能。

辐射换热的基本传热方程为斯特番 — 玻耳兹曼(Stefan — Boltzmann)定律,即

$$q = \sigma T^4 \tag{5.46}$$

式中,q 为物体向外辐射的热流密度;σ 为辐射常数;T 为物体的绝对温度。

工程问题涉及的热量传递问题通常是两种或三种热传递方式的综合效果。这需要全面地分析和讨论热量传递时的外界条件和传输过程,以求解温度场函数。

5.3 有限元原理

有限元法实质是变分法的一种特殊的有效形式,其基本思想是:将具有无限个自由度的连续的求解区域分割为具有有限个自由度,且按一定方式(节点)相互连接在一起的离散体(单元),即将连续体假想划分为数目有限的离散单元,而单元之间只在数目有限的指定点(节点)处相互联结,这种联结要满足变形协调条件,既不能出现开裂,也不能发生重叠,用离散单元的集合体代替原来的连续体[15]。单元之间只能通过节点来传递内力(节点力)。当连续体受力变形时,组成它的各个单元也将发生变形,因而各个节点要产生不同程度的位移(节点位移)。

一般情况下,有限元方程是一组以节点位移为未知量的线性方程组,解此方程组可得到连续体上有限个节点上的位移,进而可求得各单元上的应力分布规律。从本质上讲,有限元法是求解微分方程的数值方法,即在物理或工程问题的数学模型的基础上进行近似计算。

为了能用节点位移表示单元体的位移、应变和应力,在分析连续体问题时,必须对单元中位移的分布做出一定的假设,一般假设位移是坐标的某种简单函数。选择适当的位移插值函数是应用有限元法的关键。

依据单元刚度矩阵的推导方法可将有限元法的推理途径分为直接刚度法、变分法(能量极值原理)和加权余量法[16-17]。

直接刚度法直接进行物理推理,利用牛顿定律,确定单元的节点力和节点位移的关系,即得到刚度矩阵。这个方法的优点是,物理概念清楚,易于理解,但只能用于研究较简单单元的特性,应用范围极窄,不具有通用性。

变分法原理是有限元法的主要理论基础之一,涉及泛函极值问题,既适用于形状简单的单元,也适用于形状复杂的单元。首先建立起表达单元势能或余能或其他作用量的泛函式,然后利用变分原理求出泛函的极值,得到单元的力和变形的关系,即刚度矩阵。这使有限元法的应用扩展到类型更为广泛的工程问题。当给定的问题存在经典变分叙述时,这是最方便的方法。有些物理问题可以直接用变分原理的形式来叙述,如表述力学体系平衡问题的最小势能原理和最小余能原理等。这时应用里兹变分,即应用最小势能原理,可以得出单元的节点力与节点位移的关系,即可得到刚度矩阵。

当给定问题的经典变分原理不清楚时,须采用更为一般的方法,如加权余量法来推导单元刚度矩阵。加权余量法将假设的场变量的函数称为试函数,引入问题的控制方程(基本微分方程)及边界条件,利用 Galerkin 方法等使误差最小,便得到近似的场变量函数形式。加权余量法中有不同的具体方法,其中以伽辽金(Galerkin)法效果最好,应用最广。广义上讲,加权余量法的积分也是一种泛函,所以伽辽金法也就是伽辽金变分,针对弹性力学问题,其应用的背景原理是虚功原理。能用前面提到的里兹法求解的问题都能用伽辽金法求解,但用伽辽金法能求解的问题有些现在却不能用里兹法求解。当微分方程是对称正定时,两者是等价的。虽然伽辽金变分同里兹变分不同,但最后的结果是一致的。两种变分原理都遵循能量极值原理,也就是遵循最小作用量原理,这也说明最小作用量原理是有限元法的最基本原理。

5.3.1　变分法

其值由一个或几个函数确定的函数称为泛函。函数有极值问题,同样,泛函也有极值问题。泛函的极值问题是要求使泛函取得最大值或最小值的函数。

研究函数的极值问题用的是微分学,研究泛函极值的方法是变分法。因此,变分法即研究泛函极值的方法。

研究函数 $y=f(x)$ 在一点的性态用的是微分。其中,包括自变量的微分 $\mathrm{d}x$ 和函数的微分 $\mathrm{d}y$,函数的微分可写为

$$\mathrm{d}y = \frac{\partial}{\partial \varepsilon} f(x + \Delta x + \varepsilon)\Big|_{\varepsilon=0} \tag{5.47}$$

式中,ε 为任意小的正数。

类似地,研究泛函在一点的性态用变分。自变函数 $y=y(x)$ 的变分记为 δy,泛函的变分记为 δI,定义为

$$\mathrm{d}I = \frac{\partial}{\partial \varepsilon} I\big[y(x) + \varepsilon \Delta \delta y\big]\Big|_{\varepsilon=0} \tag{5.48}$$

一个物理问题的"积分方程(泛函)等价于微分方程"意味着两者都是对

同一个物理问题的描述,对有些问题它们之间可以转化,有些还不能转化。泛函变分可以利用有限元方法(里兹变分原理)转化为线性有限元方程组,从而求出数值解。而微分方程则很难直接得到解析解,微分方程通过加权余量法,尤其是伽辽金变分,也可以得到线性有限元方程组,求出数值解。

把一个物理问题(或其他学科的问题)用变分法化为求泛函极值(或驻值)的问题,称为该物理问题(或其他学科的物理问题)的变分原理。变分原理是说明求某泛函的极值与求解特定的微分方程及其边界条件等价的原理。

变分原理在物理学中尤其是在力学中有广泛应用,如著名的虚功原理、最小位能原理、余能原理和哈密顿(Hamilton)原理等。在当代,变分原理已成为有限元法的理论基础。在实际应用中,通常很少能求出精确的解析解,因此大多采用近似计算方法(如伽辽金和里兹方法等)。

5.3.2 虚功原理和最小势能原理

作用在一个质点上的力,当给予这个质点一个允许的、假想的、微小的位移时,此力沿该位移所做的功称为虚功。这个可能的、微小的、假想的位移称为虚位移[18]。

实际的结构在载荷作用下,要产生位移及相应的内力和变形,而虚位移是指结构附加的满足约束条件及连续条件的无限小可能位移。所谓虚位移的"虚"字表示它与真实的受力结构的真实位移无关。对于虚位移,要求是微小位移,即要求在产生虚位移过程中不改变原受力平衡体力的作用方向与大小,即受力平衡体平衡状态不因产生虚位移而改变。真实力在虚位移上做的功称为虚功。

虚功原理阐明,一个物理系统处于静态平衡,当且仅当所有施加的外力经过符合约束条件的虚位移,所做的虚功的总和等于 0。在这里,约束力是牛顿第三定律的反作用力。因此,可以说所有反作用力所做的符合约束条件的虚功,其总和是 0。

对变形体而言,虚功原理可表述为:变形体中满足平衡的力系,在任意满足协调条件的变形状态上做的虚功等于 0,即体系外力的虚功和内力的虚功之和等于 0。虚功原理又可表述为:如果在虚位移发生之前,变形体处于平衡状态,那么在虚位移发生时,外载荷在虚位移上所做的虚功就等于变形体的虚应变能,即应力在虚应变上所做的虚功,$\delta W = \delta U$。

按拉格朗日(Lagrange)参数描述的虚功率方程为

$$\int_V \sigma_{ij} \delta \dot{\varepsilon}_{ij} \mathrm{d}V = \int_S P_i \delta v_i \mathrm{d}S + \int_V F_i \delta v_i \mathrm{d}V \tag{5.49}$$

式中,σ_{ij} 为基尔霍夫(Kirchhoff)应力张量分量;$\delta \dot{\varepsilon}_{ij}$ 为虚格林(Green)应变速率张量分量;V 为变形体的体积;P_i 为作用在变形体的一部分表面 S 上的表面力向量的分量;δv_i 为物体内质点的虚速度分量;F_i 为物体单位体积力的分量。

更详细的说明是,虚功原理是虚位移原理和虚应力原理的总称。

虚位移原理的力学意义是:如果力系是平衡的,则它们在虚位移上所做的功的总和为 0。反之,如果力系在虚位移(及虚应变)上所做功之和等于 0,则它们一定满足平衡。所以虚位移原理表述了力系平衡的必要充分条件。

虚应力原理的力学意义是:如果位移是协调的,则虚应力和虚边界约束反力在位移上所做的功的总和为 0。反之,如果上述虚力系在位移上所做功之和等于 0,则它们一定满足协调。所以虚应力原理表述了位移协调的必要充分条件。

最小势能原理,是虚位移原理的另一种形式。

根据虚位移原理,有 $\delta U - \delta W = 0$。

由于虚位移是微小的,在虚位移过程中,外力的大小和方向可以看成常量,只是作用点有了改变,这样,$\delta(U - W) = 0$,令 $\Pi = U - W$,则 $\delta \Pi = 0$。Π 称为弹性体的总势能。从数学观点来说,$\delta \Pi = 0$,表示总势能对位移函数的一次变分等于 0。因为总势能是位移函数的函数,称为泛函,而 $\delta \Pi = 0$ 就是对泛函求极值。如果考虑二阶变分,可以证明:对于稳定平衡状态,这个极值是极小值,也就是最小势能原理。

因此最小势能原理可以叙述为:系统在给定外力作用下,在满足变形协调条件和位移边界条件的所有各组位移解中,实际存在的一组位移应使总势能成为最小值。最小势能原理表述了力系平衡的必要而充分的条件,即当一个体系的势能最小时,系统会处于稳定平衡状态。同样,当一个体系处于稳定平衡状态时,系统的势能最小。

最小余能原理可表述为:系统在真实状态下所具有的余能,恒小于与其他可能的应力相应的余能。其中,可能应力是指满足平衡方程和力的边界条件的应力。它实质上等价于系统变形连续条件,可作为有限元法计算的基础。它和最小势能原理是等价的。

最小余能原理与最小势能原理的基本区别在于:最小势能原理对应于系统的平衡条件,以位移为变化量;而最小余能原理对应于系统的变形协调条件,以力为变化量。

5.3.3 单元类型

有限元法将求解区域离散化,是将要分析的结构分割成有限个单元体,并在单元的指定位置设置节点,使相邻单元的有关参数具有一定的连续性,构成单元的集合体代替原来的结构[19-20]。

结构离散化时,划分的单元大小和数目应根据计算精度的要求和计算机的容量来决定。对于线性静力分析,单元划分得越多,则精度越高,但所需要的计算时间也随之越高。对于非线性分析,单元的多少还涉及求解的收敛问题,并不是单元越多精度越高。因为单元太多有可能引起求解时不收敛。

　　二维问题一般采用三角形单元或矩形单元,三维空间可采用四面体或多面体等。灰圈代表单元的角,或称节点,具有一定自由度和存在相互物理作用。

　　单元的种类和选择对模拟计算的精度和效率有重大的影响。

　　单元族包括:实体单元、杆单元、梁单元、壳单元、桁架单元、刚体单元、膜单元、无限单元和特殊目的单元(弹簧、阻尼、质量)等。单元类型如图 5.15 所示。

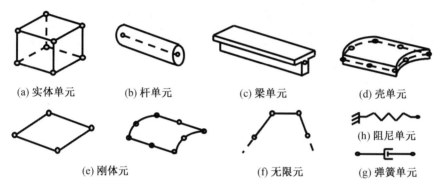

　　(a) 实体单元　　　(b) 杆单元　　　(c) 梁单元　　　(d) 壳单元

　　(e) 刚体元　　　　　(f) 无限元　　　(g) 弹簧单元　(h) 阻尼单元

图 5.15　单元类型

　　根据分析对象和求解精度的不同,需要选择不同类型的单元。而每一个类型的单元又包括一些基本单元,如一维单元、二维单元、三维单元,如图 5.16 所示。

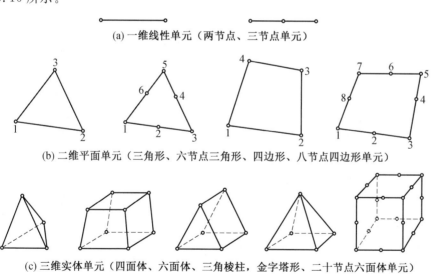

(a) 一维线性单元（两节点、三节点单元）

(b) 二维平面单元（三角形、六节点三角形、四边形、八节点四边形单元）

(c) 三维实体单元（四面体、六面体、三角棱柱,金字塔形、二十节点六面体单元）

图 5.16　各种维数、形状单元

　　(1) 一维单元。

　　一维单元主要用于杆系结构的分析,主要有两节点和三节点两种类型的单元。

（2）二维单元。

二维单元主要用于平面连续体问题分析,其单元形状通常有三角形和四边形。

（3）三维单元。

三维单元主要用于空间连续体问题分析,主要有四面体和六面体等。

自由度（DOFs）用于描述一个物理场的响应特性,是分析计算中的基本变量。对于应力／位移分析,自由度是每一节点处的平动;而对于壳和梁单元,还包括各节点的转动,如图 5.17 所示。对于热传导分析,自由度为每一节点处的温度。因此,热传导分析要求应用与应力分析不同的单元。对于电场分析,自由度为节点的点位;对于流场分析,自由度为节点的压力。

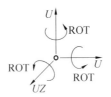

图 5.17　结构自由度

有限元仅在单元的节点处计算其自由度,单元内部则通过插值获得。插值函数的阶数由单元节点数目决定。

在有限元法中,单元类型及其分析是核心。有限元的最主要内容是研究单元,即依据有限元基本原理对各种单元构造出相应的单元刚度矩阵。

单元划分时,应注意以下几点:

① 从有限元本身看,单元划分得越细,节点布置得越多,计算结果也越准确。

② 在边界比较曲折、应力比较集中且变化较大的地方,单元应划分得细一些,相反,变化不大的地方单元可划分得大一些,单元由小到大应逐步过渡。

③ 对三角形单元,三条边长度应尽量接近,也不应出现钝角,对矩形单元,长度比不宜过大。

④ 任意一个三角形单元的角点必须同时也是相邻单元的角点,而不能是相邻单元边上的内点。

⑤ 当系统由不同厚度或不同弹性系数部分组成时,则厚度或弹性系数突变之处应是单元的边线。

⑥ 应在分布载荷有突变之处或受集中载荷处布置节点,其附近单元也应划分得更小一些。

5.3.4　有限元求解方法与途径

对于不同物理性质和数学模型的问题,有限元分析的基本步骤是相似

的,通常为[21-23]:

(1) 建立微分方程。

针对实际的物理问题,通常可以用一组包含问题状态变量边界条件的微分方程式表示。根据变分原理或方程余量与权函数正交化原理,建立与微分方程初边值问题等价的泛函形式,建立积分方程及相应的有限元方程,这是有限元法的出发点。如果应用有限元软件来完成有限元分析,那么这一步在软件编制时就已经完成了。根据实际问题近似确定求解域的几何区域和物理性质。

(2) 结构离散化及确定单元基函数。

离散化是将要分析的结构分割成有限个单元体,并在单元的指定位置设置节点,使相邻单元的有关参数具有一定的连续性,构成单元的集合体代替原来的结构,也称为有限元网格划分。

网格划分工作量比较大,除了给计算单元和节点进行编号和确定相互之间的关系之外,还要表示节点的位置坐标,同时还需要列出自然边界和本质边界的节点序号和相应的边界值。之后根据单元中节点数目及对近似解精度的要求,选择满足一定插值条件的插值函数作为单元基函数。为了能用节点位移表示单元体的位移、应变和应力,在分析连续体问题时,必须对单元中位移的分布做出一定的假设,一般假设位移是坐标的某种简单函数,这个函数称为位移函数,或位移模式、位移模型、位移场。选择适当的位移函数是应用有限元法中的关键。

根据单元的性质和精度要求,写出表示单元内任意点的位移函数 $u(x, y, z)u(x,y,z)$、$v(x,y,z)v(x,y,z)$ 和 $w(x,y,z)w(x,y,z)$。

利用节点处的边界条件,写出以 α 表示的位移,即

$$\boldsymbol{q}^e = \begin{bmatrix} u_1 & v_1 & w_1 & u_2 & v_2 & w_2 \cdots \end{bmatrix}^T$$

对于平面问题的三节点三角形单元的位移函数,常可设定为

$$u = \alpha_1 + \alpha_2 x + \alpha_3 y$$
$$v = \alpha_4 + \alpha_5 x + \alpha_6 y$$

或 $\boldsymbol{U} = R(x,y,z)$,$_\alpha \boldsymbol{U} = R(x,y,z)_\alpha$,矩阵形式即

$$\boldsymbol{U} = \begin{Bmatrix} u \\ v \end{Bmatrix} = \begin{bmatrix} 1 & x & y & 0 & 0 & 0 \\ 0 & 0 & 0 & 1 & x & y \end{bmatrix} \begin{Bmatrix} \alpha_1 \\ \alpha_2 \\ \alpha_3 \\ \alpha_4 \\ \alpha_5 \\ \alpha_6 \end{Bmatrix}$$

三角形单元的三个节点位移和位置都是已知的,如图 5.18 所示。因此,可写为

$$q^e = C\alpha$$

矩阵形式为

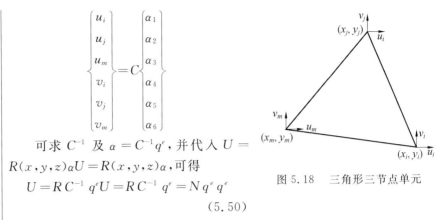

$$\begin{Bmatrix} u_i \\ u_j \\ u_m \\ v_i \\ v_j \\ v_m \end{Bmatrix} = C \begin{Bmatrix} \alpha_1 \\ \alpha_2 \\ \alpha_3 \\ \alpha_4 \\ \alpha_5 \\ \alpha_6 \end{Bmatrix}$$

可求 C^{-1} 及 $\alpha = C^{-1} q^e$,并代入 $U = R(x,y,z)\alpha U = R(x,y,z)\alpha$,可得

$$U = R C^{-1} q^e U = R C^{-1} q^e = N q^e q^e \tag{5.50}$$

图 5.18   三角形三节点单元

式中,N 为形函数矩阵,它是用节点位移表示单元内任意点位移的插值函数。

(3) 单元分析。

根据单元的材料性质、形状、尺寸、节点数目、位置及其含义等,找出单元节点力和节点位移的关系式,这是单元分析中的关键一步。此时,需要应用弹性力学中的几何方程和物理方程来建立力和位移的方程式,从而导出单元刚度矩阵,这是有限元法的基本步骤之一。 单元分析示意图如图 5.19 所示。

图 5.19   单元分析示意图

根据位移插值函数,由弹性力学中给的应变和位移关系,可计算出应变为

$$\varepsilon = \boldsymbol{B} q^e \tag{5.51}$$

式中,$\boldsymbol{B}$ 为应变矩阵,反映了单元内任一点的应变与节点位移间的关系,相应的变分为

$$\delta\varepsilon = \boldsymbol{B}\delta q^e \tag{5.52}$$

由物理关系,得应变与应力的关系式为

$$\sigma = \boldsymbol{D}\boldsymbol{B}\delta e = \boldsymbol{S}\delta e \tag{5.53}$$

式中,$\boldsymbol{D}$ 为弹性矩阵;σ 为单元内任一点的应力矩阵;$\boldsymbol{S}$ 为应力矩阵,反映了单元内任一点的应力与节点位移间的关系。

物体离散化后,假定力是通过节点从一个单元传递到另一个单元的。但是,对于实际的连续体,力是从单元的公共边传递到另一个单元中去的。因而,这种作用在单元边界上的表面力、体积力和集中力都需要等效地移到节点上去,也就是用等效的节点力来代替所有作用在单元上的力。

由虚位移原理 $\int_V \delta\varepsilon^T \sigma dV = \delta q^{e^t} f^e$，可得到单元节点力与位移之间的关系式为

$$f^e = \boldsymbol{K}^t q^e \qquad (5.54)$$

式中，$\boldsymbol{K}^t$ 为单元特性，即刚度矩阵，并可写为

$$\boldsymbol{K}^t = \int_V \boldsymbol{B}^T \boldsymbol{D} \boldsymbol{V} dV \qquad (5.55)$$

（4）总体合成。

在得出单元有限元方程之后，将区域中所有单元有限元方程按一定法则进行累加，形成总体有限元方程，也得到了总体刚度矩阵。一般来说，这个总体刚度矩阵是对称的、奇异的、稀疏的，其非零元素呈带状分布。

把各单元按节点组集成与原结构相似的整体结构，得到整体结构的节点力与节点位移的关系，即整体结构平衡方程组

$$f = \boldsymbol{K} q \qquad (5.56)$$

式中，f 为总的载荷列阵；$\boldsymbol{K}$ 为整体结构的刚度矩阵；q 为整体结构所有节点的位移列阵。

对于结构静力分析载荷列阵 f 可包括：

$$f = f_T + f_m + f_p \qquad (5.57)$$

式中，$f_T = \int_V N^T p_v dV$（体积力转移）；$f_m = \int_S N^T p_s dS$（表面力转移）；$f_p = N^T p$（集中力转移）

（5）边界条件的处理。

一般边界条件有三种形式，分为本质边界条件、自然边界条件、混合边界条件。对于自然边界条件，一般在积分表达式中可自动得到满足。对于本质边界条件和混合边界条件，需按一定法则对总体有限元方程进行修正满足。修正后的总体刚度矩阵是正定的，方程组是唯一的。

（6）解总体有限元方程组。

根据边界条件修正的总体有限元方程组，是含所有待定未知量的封闭方程组，一般采用数值迭代法，可求得各节点的状态变量的近似值。对于计算结果的质量，将通过与设计准则提供的允许值比较来评价并确定是否需要重复计算。

可采用不同的计算方法解有限元方程组，得出各节点的位移。在解题之前，必须对结构平衡方程组进行边界条件处理。然后再解出节点位移 q。若要计算应力，则在计算出各单元的节点位移 q^e 后，由 $\varepsilon = \boldsymbol{B} q^e$ 和 $\sigma = \boldsymbol{D}\varepsilon$ 即可求出相应的节点应力。

金属塑性成形时，材料的弹塑性行为与变形的历史和加载过程有关，计算中通常将载荷分解为若干个增量，然后将弹塑性本构方程线性化，从而使原来的非线性问题规划为一系列线性问题。

设在某个加载阶段外载荷有一增量，即在变形体内增量为 $\Delta \bar{F}_i$，在面力

边界 S_t 处,面力增量为 $\Delta \overline{T}_i$,在位移边界处 S_u 处有位移增量 $\Delta \overline{U}_i$,设加载前变形体内的应力、应变和位移分别为 σ_{ij}^t、ε_{ij}^t、U_i^t,加载后变为 $\sigma_{ij}^{t+\Delta t}$、$\varepsilon_{ij}^{t+\Delta t}$、$U_i^{t+\Delta t}$,则

$$\begin{cases} \sigma_{ij}^{t+\Delta t} = \sigma_{ij}^t + \Delta \sigma_{ij} \\ u_i^{t+\Delta t} = u_i^t + \Delta u_i \end{cases} \tag{5.58}$$

对各向同性弹塑性金属材料来说,其本构方程具有非线性性质,与材料本身的物理机械性能有关,也与加载历史有关,是应变状态的函数,求解有限元方程时,在一小段增量范围内进行线性化处理,用迭代法求解,使得在整个变形过程中仍具有其原有的非线性性质。

弹塑性增量型本构方程的张量形式为

$$\Delta \sigma_{ij} = D_{ijkl} \Delta \varepsilon_{ij} \tag{5.59}$$

根据塑性增量理论,按普兰特—罗伊斯(Prandtl-Reuss)方程来确定 D_{ijkl}。

应用有限元软件时,首先是确定所要解决问题的类型及选择适宜的有限元软件或模块,确定所要解决问题的类型;在具体使用该软件时,可分成三个阶段:前处理、计算求解和后处理。前处理包括选择具体的模块,建立有限元模型,确定单元类型,完成单元网格划分,计算求解完成方程组的计算;后处理则是采集处理分析结果,使用户能简便提取信息,了解计算结果。

在结构分析中,从选择基本未知量的角度来看,有限元法可分为三类:以位移作为未知量的位移法,以应力作为未知量的应力法,以及以一部分位移和一部分应力分别作为未知量的混合法。位移法应用最小势能原理确立单元刚度矩阵,应力法应用最小余能原理,而混合法则应用修正的能量原理或广义变分原理。其中,位移法易于实现计算自动化(应力法的单元插值函数难以寻求),在有限元法中应用范围最广,有限元的早期工作主要集中于此。

5.4 有限元分析应用实例

按照本构方程和有限元列式的求解算法的不同,有限元方法具有不同的分类。根据本构关系的不同,材料非线性有限元方法可分为弹塑性有限元法、刚塑性有限元法、黏塑性有限元法等[24-25]。根据计算平衡方程式中是否考虑惯性力的作用,又将有限元法分为动态解法和静态解法,而根据非线性方程的解法不同又区分为隐式解法和显式解法。在板料成形过程模拟有限元方法上,动态显式解法和静态隐式解法应用较多。

目前,国际上研究者开发的用于分析板料成形问题的有限元软件在 100 个以上。作者认为,从总体来看,这些软件仍可按表 5.3 的方法进行分类。

表 5.3 用于板料成形数值模拟的有限元软件的分类

分类		软件名称	开发单位	国家	备注
刚塑性	静力隐式	SHEET-3	Ohio 州立大学	美国	
		MFP2D	Catalunya 大学	西班牙	
		MFP3D	Catalunya 大学	西班牙	
		FORMSYS-SHEET	KAIST	韩国	
		CASHE	KAIST	韩国	
		DEFORM	SFTC	美国	
弹塑性	静力隐式	MTLFRM	Ford 公司	美国	
		Dieka	Twents 大学	荷兰	
		LAGAMINE	Liege 大学	比利时	
		CALEMBOUR	Ecole Central Paris	法国	
		ABAQUS	H. K. S 公司	美国	
		PLECHE	Compiegne 技术大学	法国	
		LS-NIKE3D	LSTC 公司	美国	
		AutoForm	苏黎世 ETH	瑞士	销售公司在德国
		BEND1	Ford 公司	美国	
		INDEED	INPRO	德国	德国 Benz 汽车公司的子机构
		PROFIL	国立理学院	法国	
		DEFORM	SFTC	美国	
		MARC	MSC/Marc	美国	
		ANSYS	ANSYS 公司	美国	
	静力显式	ROBUST	大阪大学	日本	
		ITAS-3D	RIKEN	日本	
		ITAS-2D	RIKRN	日本	
	动力显式	LS-DANA3D	LSTC 公司	美国	
		PAM-Stamp	E. S. I	法国	
		RADIOS	MECALOG	法国	
		ABAQUS-Explict	H. K. S 公司	美国	
		Optris	Matra Data Vision	法国	已经与 ESI 公司合并
		CES-3D	Catalunya 大学	西班牙	
		DynaForm	E. T. A 公司	美国	为 LS-DANA3D 做前后处理
		FAST-FORM3D	F. T. I. 公司	加拿大	
		MSC/Dytran	MSC 公司	美国	

5.4.1　商业有限元软件简介

有限元软件通常可分为通用软件和行业专用软件。通用软件适应性广，规格规范，输入方法简单，有比较成熟齐全的单元库，大多提供二次开发的接口。通用软件可对多种类型的工程和产品的物理力学性能进行分析、模拟、预测、评价和优化，以实现产品技术创新，它以覆盖的应用范围广而著称。目前，在国际上被市场认可的通用有限元软件主要包括：MSC 公司的 MARC，ANSYS 公司的 ANSYS，H. K. S 公司的 ABAQUS，ADINA 公司的 ADINA，SAMTECH 公司的 SAMCEF，SRAC 公司的 COSMOS，ALGOR 公司的 ALGOR，EDS 公司的 I-DEAS，LSTC 公司的 LS-DYNA 等，这些软件都有各自的特点。在行业内，一般将其分为线性分析软件、一般非线性分析软件和显式高度非线性分析软件，例如 MARC、ANSYS、I-DEAS 都在线性分析方面具有自己的优势，而 MARC、ABAQUS 和 ADINA 则在隐式非线性分析方面各具特点，其中 MARC 被认为是优秀的隐式非线性求解软件。MSC/Dytran、LS-DYNA、ABAQUS/Explicit 等则是显式算法非线性分析软件的代表。LS-DYNA 在结构分析方面见长，是汽车碰撞仿真和安全性分析的首选工具，而 ADINA 则在流-固耦合分析方面见长，在汽车缓冲气囊和国防领域应用广泛。

还有一些行业专用软件，在解决专有问题时显得更为有效。例如，铸造模拟软件 PROCAST、ANYCASTING 和华铸 CAE 等，疲劳分析软件 MSC/Fatigue，岩土工程设计分析软件 GeoStudio，材料加工模拟软件 DEFORM，电磁场仿真软件 ANSOFT，流场模拟软件 FLUENT 等。这些软件都有各自的特点。

1. 通用有限元软件

（1）ABAQUS。

ABAQUS 公司成立于 1978 年，是世界知名的高级有限元分析软件公司，其主要业务为非线性有限元分析软件 ABAQUS 的开发、维护、售后服务。ABAQUS 公司致力于发展统一的有限元分析平台，以用于多种产品开发，适应用户需求。2005 年 10 月，该公司成为在三维建模和产品生命周期管理上享有盛誉的达索公司的一个子公司。

ABAQUS 是一套功能强大的工程模拟有限元软件，其解决问题的范围从相对简单的线性分析到许多复杂的非线性问题。ABAQUS 包括一个丰富的、可模拟任意几何形状的单元库，并拥有各种类型的材料模型库，可以模拟典型工程材料的性能，包括金属、橡胶、高分子材料、复合材料、钢筋混凝土、可压缩超弹性泡沫材料及土壤和岩石等地质材料等。作为通用的模拟工具，ABAQUS 除了能解决大量结构（应力/位移）问题，还可以模拟其他工程领域的许多问题，例如热传导、质量扩散、热电耦分析、声学分析、岩土力学分析（流体渗透/应力耦合分析）及压电介质分析等。

ABAQUS 为用户提供了广泛的功能,且使用起来非常简单。大量的复杂问题可以通过选项块的不同组合很容易地模拟出来。例如,对于复杂多构件问题的模拟是通过把定义每一构件的几何尺寸的选项块与相应的材料性质选项块结合起来。在大部分模拟中,甚至高度非线性问题,用户只需提供一些工程数据,如结构的几何形状、料性性质、边界条件、载荷工况等。在一个非线性分析中,ABAQUS 能自动选择相应载荷增量和收敛限度,不仅能够选择合适的参数,而且能连续调节参数以保证在分析过程中有效地得到精确解。用户通过准确的定义参数就能很好地控制数值计算结果。

ABAQUS 被广泛地认为是功能最强的有限元软件,可以分析复杂的固体力学结构和力学系统,特别是能够驾驭非常庞大复杂的问题和模拟高度非线性问题。ABAQUS 不但可以做单一零件的力学和多物理场的分析,同时还可以做系统级的分析和研究。ABAQUS 的系统级分析的特点相对于其他的分析软件来说是独一无二的。由于 ABAQUS 优秀的分析能力和模拟复杂系统的可靠性,ABAQUS 被各国的工业和研究中广泛地采用。ABAQUS 产品在大量的高科技产品研究中都发挥着巨大的作用。

ABAQUS 有两个主求解器模型 ABAQUS—Standard 和 ABAQUS—Explicit。ABAQUS 还包括一个全面支持求解器的图形用户界面,即人机交互前后处理模块 ABAQUS—CAE。ABAQUS 对某些特殊问题还提供了专用模块来加以解决。

(2)ANSYS。

ANSYS 软件是美国 ANSYS 公司研制的大型通用有限元分析(FEA)软件,是世界范围内增长最快的计算机辅助工程(CAE)软件,能与多数计算机辅助设计(Computer Aided Design,CAD)软件接口,实现数据的共享和交换,如 Creo、NASTRAN、Alogor、I—DEAS、AutoCAD 等,是融结构、流体、电场、磁场、声场分析于一体的大型通用有限元分析软件。在核工业、铁道、石油化工、航空航天、机械制造、能源、汽车交通、国防军工、电子、土木工程、造船、生物医学、轻工、地矿、水利、日用家电等领域有着广泛的应用。ANSYS 功能强大,操作简单方便,现已成为国际最流行的有限元分析软件,在历年 FEA 评比中都名列第一。目前,我国有 100 多所理工院校采用 AN-SYS 软件进行有限元分析或者作为标准教学软件。

对于特定的物理学领域,ANSYS 的软件让用户能更深入地钻研,从而解决更多种类的问题,处理更为复杂的情况。除了 ANSYS 外,没有哪家工程仿真软件供应商能提供如此深入的技术能力。

以真正耦合的方式使用 ANSYS 技术,开发工程师即可获得符合现实条件的解决方案。综合多物理场产品组合能使用户利用集成环境中的多个耦合物理场进行仿真与分析。

ANSYS 的成套产品极具灵活性。不论是为企业中新手还是能手使用,是单套部署还是企业级部署,是首次通过还是复杂分析,是桌面计算、并行计算还是多核计算，这一工程设计的高扩展性均能满足当前与未来的需求。ANSYS 是唯一一家能提供客户所需能力水平的仿真软件供应商，而且能随此类需求的发展无限扩展。

工程设计与开发可使用多种 CAD 产品、内部开发代码、物料库、第三方求解器、产品数据管理流程等其他工具。与刻板、僵化的系统不同，ANSYS 软件具有开放性和适应性特性，能实现高效的工作流程。此外，其产品数据管理可使知识和经验在工作组间与企业内实现共享。

（3）MARC。

MARC Analysis Research Corporation（简称 MARC）始创于 1967 年，总部设在美国加州的 PaloAlto，是全球第一家非线性有限元软件公司。创始人是美国著名布朗大学应用力学系教授，有限元分析的先驱是 Pedro Marcel。MARC 公司在创立之初便独具慧眼，瞄准非线性分析这一未来分析发展的必然，致力于非线性有限元技术的研究、开发、销售和售后服务。对于学术研究机构，MARC 公司的一贯宗旨是提供高水准的 CAE 分析软件及其超强灵活的二次开发环境，支持大学和研究机构完成前沿课题研究。对于广阔的工业领域，MARC 软件提供先进的虚拟产品加工过程和运行过程的仿真功能，帮助市场决策者和工程设计人员进行产品优化和设计，解决从简单到复杂的工程应用问题。经过三十余年的不懈努力，MARC 软件得到学术界和工业界的大力推崇和广泛应用，建立了在全球非线性有限元软件行业的领导者地位。

MARC 软件是处理高度组合非线性结构、热及其他物理场和耦合场问题的高级有限元软件。它所具有的单元技术、网格自适应及重划分能力、广泛的材料模型、可靠的处理高度非线性问题的能力及基于求解器的开放性使其广泛应用于产品加工过程仿真、性能仿真和优化设计中。此外，其独有的基于区域分割的并行有限元技术能够实现在共享式、分布式或网络多 CPU 环境下的非线性有限元分析，大幅度提高了非线性分析的效率。

MARC 软件是一个庞大的有限元分析系统，提供了多种场问题的求解功能。其中包括各种结构的位移场和应力场分析，非结构的温度场分析，流场分析，电场、磁场、声场分析，以及多种场的耦合分析，其中最突出的是非线性分析能力。几何非线性是指在大变形情况下应变与位移之间的非线性关系。实际中存在两种大变形问题，一种是大位移、小应变，如薄壁壳体结构的大转动小应变；另一种是大位移、大应变，如压力加工中较大的材料流动产生的有限塑性应变。为此，MARC 提供了基于总体拉格朗日描述的大位移分析。几何非线性不但影响结构的力学行为，而且对结构稳定性产生影响。MARC 软件具有很强的屈曲和失稳分析功能，支持用特征值的计算方法分析结构的线性和非线性屈曲载荷。对于高度非线性屈曲和后屈曲问题，可采用自适应弧长控制的增量有限元分析追踪分析失稳路径。

MARC 主要应用：

①制造：金属成形、超塑成形、焊接。

②金属结构：缆绳、平板、薄板、支架和其他可植入的外科装置。

③高弹性体：垫片、密封件、减震器、隔振支座和轴承、轴衬、轮胎、常速连接套管、风挡雨刮器。

④接触部件：轮胎与轮辋、垫片与发动机阻塞头，齿轮的齿与齿，常速(CV)连接套管的自身接触。

⑤热分析：屈曲、蠕变和失效分析，热—机耦合分析（如刹车盘等）。

2. 材料成形专业有限元软件

（1）DEFORM。

DEFORM 是一种能够使成形工艺及模具设计师分析金属成形、热处理、切削及机械结构连接过程的有限元模拟软件，能够有效地降低实际试模次数。采用 DEFORM 进行工艺模拟已在工业上实现降低成本和提高产品质量的广泛应用。当今，行业竞争压力要求各公司采用更加先进的技术服务于生产设计，DEFORM 已经在全球范围内的加工制造及研究领域创造了影响力。

DEFORM 锻压分析模块是进行模锻、自由锻、轧制、粉末成形、旋压、挤压的专业求解系统，实现稳定而快速的金属非线性塑性变形及热固耦合计算，预测各种成形缺陷，包括折叠、裂纹、填充不足、飞边等。实现快速"试模"，优化锻压工艺方案。

DEFORM Machining 切削加工模块可以分析切削工艺过程中发生的切削变形、切削力、残余应力、温度场、刀具受力、刀具磨损、切削屑产生等数据，适用于车削、铣削、钻孔、镗孔等过程，并具备刀具设备、热传等模型。

DEFORM HT 热处理模块是用于金属热处理分析的专业模块，能够模拟金属的热处理过程，耦合结构、热及微观组织计算，预测热处理相变、温度场、残余应力、变形、渗碳、裂纹、硬度等，使得热处理现象实现"可控"化，优化热处理工艺参数，提高产品质量。

（2）DYNAFORM。

DYNAFORM 软件是美国 ETA 公司和 LSTC 公司联合开发的用于板料成形数值模拟的专用软件，是 LS-DYNA 求解器与 ETA/FEMB 前后处理器的完美结合，是当今流行的板料成形与模具设计的 CAE 工具之一。

在 DYNAFORM 前处理器（Preprocessor）上可以完成产品仿真模型的生成和输入文件的准备工作。求解器（LS-DYNA）采用世界上最著名的通用显示动力为主、隐式为辅的有限元分析程序，能够真实模拟板料成形中各种复杂问题。后处理器（Postprocessor）通过 CAD 技术生成形象的图形输出，可以直观地动态显示各种分析结果。

DYNAFORM 软件基于有限元方法建立，被用于模拟钣金成形工艺。DYNAFORM 软件包含 BSE、DFE、Formability 三个大模块，几乎涵盖冲压模模面设计的所有要素，包括：定最佳冲压方向、坯料的设计、工艺补充面的设计、拉延筋的设计、凸凹模圆角设计、冲压速度的设置、压边力的设计、摩擦系数、切边线的求解、压力机吨位等。

DYNAFORM 软件可应用于不同的领域，如汽车、航空航天、家电、厨房卫生等行业。可以预测成形过程中板料的裂纹、起皱、减薄、划痕、回弹、成形刚度、表面质量，评估板料的成形性能，从而为板成形工艺及模具设计提供帮助。

DYNAFORM 软件设置过程与实际生产过程一致，操作容易。可以对冲压生产的全过程进行模拟：坯料在重力作用下的变形、压边圈闭合过程、拉延过程、切边回弹、回弹补偿、翻边、胀形、液压成形、弯管成形等。

DYNAFORM 软件适用的设备有：单动压力机、双动压力机、无压边压力机、螺旋压力机、锻锤、组合模具和特种锻压设备等。

5.4.2　软件应用实例

有限元软件使用的典型流程可分成 4 个阶段：分析计划、前处理、求解和后处理。后三个阶段均在有限元软件环境下进行，其中，前处理建立有限元模型，完成单元网格划分；后处理则采集处理分析结果，使用户能简便提取信息，了解计算结果。

（1）分析计划。

分析计划对于任何分析都是最重要的部分，所有的影响因素必须被考虑，同时要确定它们对最后结果的影响是否应该考虑或者被忽略。分析计划的主要目的是对问题进行准确理解和建模。

（2）前处理。

①设置使用的分析类型。例如，结构、流体、热或电磁等。

②创建模型。几何模型和有限元模型可在一维、二维或三维设计空间中创建或生成。这些模型可在有限元前处理软件中创建，或者从其他的 CAD软件包中以中性文件的格式输入。

③定义单元类型及网格划分。定义单元是一维、二维还是三维的，或者执行特定的分析类型。例如，需要使用热单元进行热分析。网格划分是将被分析的连续体划分为有限元网格的过程。网格可以手工创建，也可以由软件自动生成，手工创建方法具有更大的适应性。在创建网格过程中，局部变化较大的地方，网格应该细化，这样能够更准确地保证计算结果的准确性。

④确定初始条件。材料及界面属性（密度、膨胀系数、热传导率、应力－应变关系、界面换热系数、摩擦系数等）必须被确定；单元属性也需要被设定，例如一维梁单元需要定义梁截面特性，板壳单元需要定义单元厚度属性、方向和中性面的偏移量参数等。特殊的单元（质量单元、接触单元、弹簧单元、阻尼单元等）都需要定义其各自使用的属性（明确单元类型），这些属性在不同的软件中的定义也是不同的。

⑤应用边界条件。将某些类型的载荷施加到网格模型上。应力分析中

的载荷可以是点载荷、压强载荷或位移的形式,热分析中载荷可能是温度或热流量,流体分析中载荷可能是流体压强或速度。载荷可能被应用在一个点、一条边、一个面甚至一个完整的体上。当然,对于模态和屈曲分析情况,分析中并不需要明确载荷。为了使计算稳定,至少需要施加一个约束或边界条件。结构的边界条件通常以零位移的形式构成,热的边界条件通常是明确温度,流体的边界条件通常是明确压强,一个边界条件需要明确所有方向或特定的方向。边界条件可以被放置在节点、关键点、面或线上。正确施加边界条件是准确求解设计问题的关键。

在前处理阶段,需注意应使用与软件要求相一致的单位。

(3)求解。

通常,求解过程是完全自动的。

(4)后处理。

后处理主要进行计算结果的解释和分析,通常可以通过列表、等值云图、零部件变形等方式描述,如果分析中包含了频率分析也可以以固有频率变形等方式进行描述。对于流体、热和电磁分析类型也可以获取其他的计算结果。对于结构类问题,等值云图通常是一种最有效的结果展示,并可以通过切开三维模型查看模型内部应力情况。此外,曲线也常被作为后处理的一部分,可以描述位移、速度、加速度和应力、应变等结果随时间和频率或者空间位置的变化。

有限元法非常强大,而且通过恰当的后处理技术,能够非常直观地了解计算结果。有限元计算结果的好坏完全依赖于分析模型的好坏和物理问题描述的准确性与否,而周密的计划是成功分析的关键。

1. 材料变形分析实例

下面以 MSC/MARC 有限元软件的模拟为例。

该例子是单向拉伸试验的有限元模拟。该例子的问题是进行单向拉伸试验的有限元模拟,试样的形状是"狗骨头"形状。目的在于,观察变形后试样的应力场分布,获得载荷位移变化曲线。考虑到试样厚度方向尺寸较小,可以采用二维模拟技术。材料仅考虑弹性变形行为,使用两种不同的弹性材料进行模拟,并对结果进行对比。例子中构建了几何模型,还示范了各种网格划分技术。在第一个计算后,试样的标距部分被加长,并被再次提交给MARC 计算。然后,mentat 显示了拉伸试样的结果。

抗伸试验模拟见表 5.4。

表 5.4　拉伸试验模拟

项目	拉伸试验模拟
问题分析	简单的狗骨头单轴拉伸试样,进行单向拉伸试验模拟,使用了多种网格划分技术,研究了扩大拉伸区的作用
几何形状	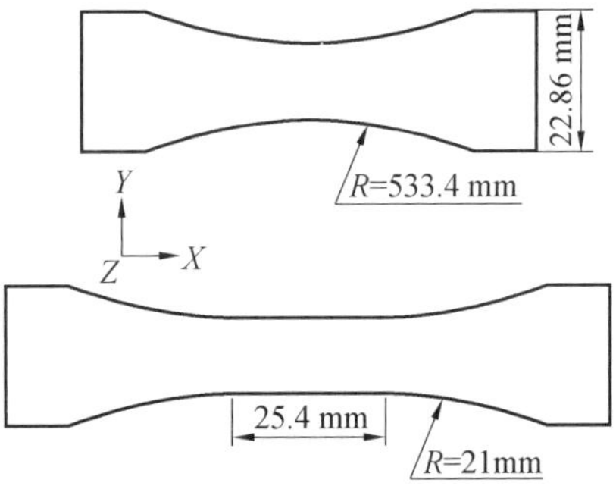
材料属性	$E=10\times10^6$ Pa, $\nu=0.3$,各向异性
计算类型	弹性材料的静态模拟
边界条件	左端固定,右端加载荷
单元种类	平面应力单元种类 3
有限元结果	初始及加长标距试样分析结果 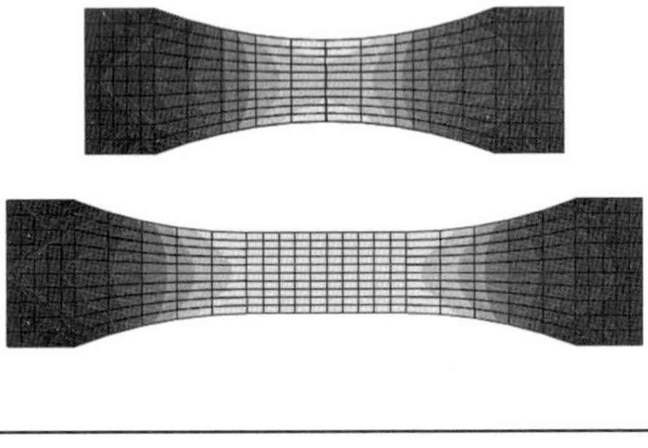

(1)进行几何建模。

几何建模可以在有限元软件中进行,也可以导入外部文件。本例中的模型较为简单,直接在 MARC 中完成。

输入坐标添加各点,再将各点连接,从上弧线的左上角的点开始逆时针方向选择各个点完成模型的边界。完成的几何模型如图 5.20 所示。

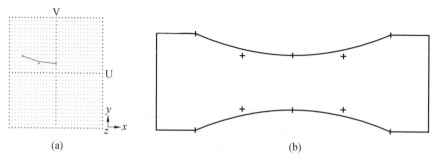

图 5.20　几何模型

（2）网格划分。

在软件中往往存在多个划分网格的技术，可根据具体问题进行选择。采用三种网格划分技术得到的网格模型见表 5.5。可以看出采用映射法得到的网格质量较好，下面即采用该网格模型进行模拟。

表 **5.5**　三种网格划分

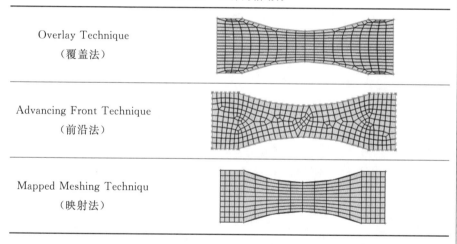

Overlay Technique（覆盖法）	
Advancing Front Technique（前沿法）	
Mapped Meshing Techniqu（映射法）	

（3）边界条件。

该模型模拟试样的拉伸过程。边界条件：左端边界 x 和 y 方向的位移为 0，即固定不动；右端施加大小为 3 000 N 的压力，方向是拉伸方向，边界条件示意图如图 5.21 所示。

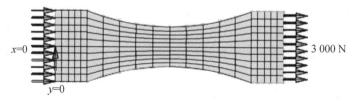

图 5.21　边界条件示意图

（4）初始条件。

本模型只研究材料的弹性行为，因此设定的材料类型是标准的弹性材料，弹性模量 $E=1\times10^7$ Pa，泊松比为 0.3，材料赋予整个模型，如图 5.22 所示。

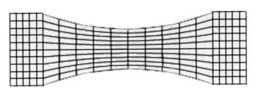

图 5.22   材料属性示意图

模型采用了壳单元，赋予模型集合属性为：平面应力，试样厚度为 0.25 mm。

（5）提交计算。

在 MARC 中求解是以 Job 的形式进行的。新建 Job，在模块中设立类型为平面应力，计算采用大应力方法。随后提交该 Job 到求解器中计算，如图 5.23 所示。图 5.23 中的退出号码 3004 代表运算成功完成。

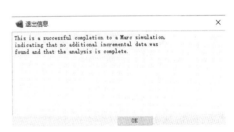

图 5.23   运算结果图

（6）结果分析。

结果分析的问题在于是否为想要的结果，然而，仅仅是由于实现平衡迭代，有限元分析也不一定实现目标，比如，期待的拉伸应力应该为

$$\sigma = p\left(\frac{A_{\text{end}}}{A_{\text{mid}}}\right) = 30\times10^4\left(\frac{0.897\ 817t}{0.5t}\right) = 53\ 911\ \text{psi}$$

然而，在图 5.24 网格中最大的应力为 56 570 psi，比估计的结果要高。这显示，网格有点应力集中，需要扩展来保证网格中尽可能均匀。该扩展将降低拉伸应力，使之更接近估计值。

在 RESULT 模块中,可以查看模型两端的外力及反作用力,如图 5.25 所示。可知,外力和反作用力的大小相等,方向相反。

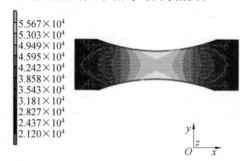

图 5.24 变形后模型应力场

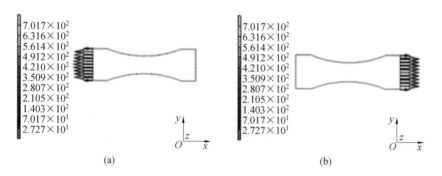

(a)   (b)

图 5.25 模型作用力和反作用力示意图

如果想考察试样中部的应力分布情况,可采用路径技术,创建从 N1 到 N2 的路径,采集试样中部各节点的数据,绘制成曲线图,如图 5.26 所示。

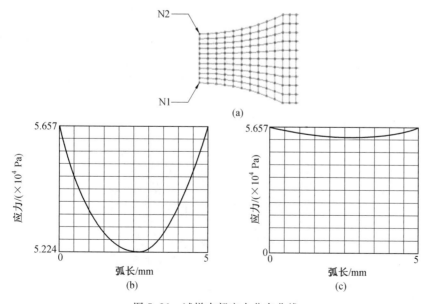

图 5.26 试样中部应力分布曲线

（7）拉伸试样均匀标记部分。

前面的应力分析显示应力场在标记部分是不均匀的。重新设计试样，使其在中间有均匀的标记部分，如图5.27所示。其余条件不变，变形后模型的应力云图如图5.28所示。

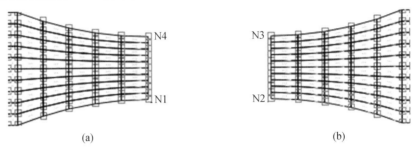

图5.27　标距部分扩展

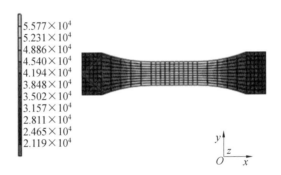

图5.28　扩展后变形应力场

（8）拉伸试样复合材料。

使用复合材料进行分析，该节使用各向异性材料进行分析，而且材料的方向与结构的几何方向不平行，角度为45°，如图5.29所示。材料参数为：E11＝3E7，E22＝E33＝1E6，泊松比均为0.3，ALL G'S＝5E5。材料赋予所有单元，其余条件不变，计算结果如图5.30所示。可以看出试样变形方向发生了明显的偏移。

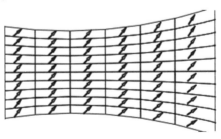

图5.29　材料方向

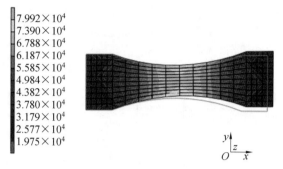

图 5.30 各向异性材料变形应力场

（9）载荷位移曲线的提取。

由于试验机记录的是载荷位移变化曲线，在材料试验模拟中也经常观察这些数据。对于现有的试样模型，观察这些数据有些困难。这是由于只有各节点的力和位移的数据，需要采用合适的方法进行加和。例如，当需要加和试样右端的作用力，可以利用一个路径曲线收集载荷数据，然后将数据复制到 Excel 中进行加和。注意，加和时必须用压力乘以作用面积。下面以 iso-tropic_long 模型为例。

上述操作使得数据被放入粘贴板中，可以继续粘贴到 Exel 的工作簿中，如图 5.31 所示。此外，还用载荷乘以其作用区域来检查平衡是否满足。检查可得平衡满足得非常好。

Arc Length	External Force X	
0	336.944	
0.089852	673.888	
	673.888	
	673.888	
	673.888	
	673.888	
	673.888	
	673.888	
	673.888	
	673.888	
	336.944	
Sum Fx =	6738.88	lbf
Stress =	30000	psi
area =	0.22462925	in^2
force =	6738.8775	lbf

图 5.31 Exel 工作簿计算结果

可以利用 report write 从 mentat 中输出结果到外部文件，如图 5.32 所示。

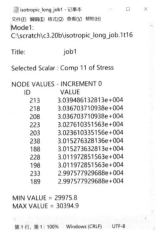

图 5.32　外部文件

由此,文件 isotropic_ling_job1.rpt 被创建和打开。但是,如果希望模拟试样在试验机中被拉伸的过程,这些步骤则显得太过烦琐;因此希望有另一种方法能够自动记录总共的载荷。为了达到这一目的,可以利用接触选项,使所有力作用在一个刚性体上,然后这些力在刚性体的参考点上被自动加和生成广义的载荷。

为了模拟试样被试验机进行拉伸,将压力表面替换为一个刚性体来控制位移拉伸试样,如图 5.33 所示;为安全考虑,试验设备利用位移而不是载荷进行控制。

由于没有非线性行为,该载荷-位移变化曲线是一条直线,如图 5.34 所示,在总载荷在 -6 736 lbf 处截止。在试样上的作用力与刚性体上的作用力大小相等,方向相反,且与其他计算相符。

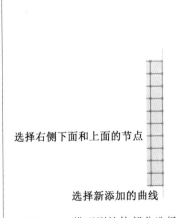

选择右侧下面和上面的节点

选择新添加的曲线

图 5.33　模型刚性体部分选择

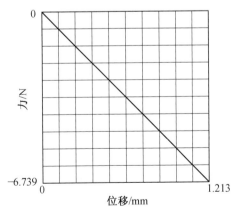

图 5.34　位移-载荷变化曲线

2. 材料热分析

热传递现象是工程应用和理论研究的一个极其重要的问题,但是复杂工况下热传递的测量非常困难;而有限元理论及软件可以很好地计算出热量的传导过程,为解决与热现象有关的实际问题带来了极大便利。

(1)热传导分析的有限元方法。

有限元求解方程是核心问题,通常它由描述热传导的一般微分方程和描述特定问题的边界条件决定。

对于每一个单元域,其中的温度场可以由以下函数近似表示,即

$$T(x_i, t) = \sum_{i=1}^{n} N_i(x_i) T_i(t) = \mathbf{N}^T \mathbf{T} \tag{5.60}$$

式中,$\mathbf{N}$ 为描述温度在单元内变化差值函数向量;$\mathbf{T}$ 为与时间有关的单元节点温度向量。采用加权残差的伽辽金法后,求解域中的单元内温度分布为

$$\mathbf{C} \cdot \frac{\partial \mathbf{T}}{\partial t} + (\mathbf{K} + \mathbf{F}) \mathbf{T} = \mathbf{Q} \tag{5.61}$$

式中,$\mathbf{C}$ 为热容矩阵;$\mathbf{K}$ 为热传导矩阵;$\mathbf{Q}$ 为节点热流向量;$\mathbf{F}$ 与 $\mathbf{Q}$ 的表达式相似,是对流换热系数 h 因温度改变时对式(5.61)矩阵的影响。

$$\mathbf{F} = \sum_{ele} \int_{A_q^e} \mathbf{N}^T h \mathbf{N} \mathrm{d}A \tag{5.62}$$

$$\mathbf{Q} = \sum_{ele} \int_{A_e} \mathbf{T}_\infty \mathbf{N} \mathrm{d}A \tag{5.63}$$

式中,e 为单元;q 为热流强度;h 为表面对流放热系数;A 为求解域的表面积。

热传导问题依据与时间的关系可以分为稳态(Steady State)和瞬态(Transient)。温度场和传热描述与时间无关时为稳态问题,与时间有关时为瞬态问题。对于稳态问题,式(5.61)可以写为

$$(K + F) \cdot T = Q \tag{5.64}$$

在求解瞬态问题时,单元节点温度向量对时间的导数不为 0,即

$$\frac{\partial T}{\partial t} = \frac{T_t - T_{t-\Delta t}}{\Delta t} \tag{5.65}$$

式中,T_t 和 $T_{t-\Delta t}$ 是 t 和 Δt 时刻的节点温度矢量。

将式(5.65)代入式(5.61)可得

$$\left[\frac{C}{\Delta t} + K + F \right] T_t = \frac{C}{\Delta t} T_{t-\Delta t} + Q_t \tag{5.66}$$

式(5.66)既可求解线性热传导问题,又可求解物理量随温度变化的非线性方程。

(2)常规热传导分析流程。

常规热传导分析基本流程如图 5.35 所示。

图 5.35 常规热传导分析基本流程

①热分析的边界条件(Thermal Boundary)。热边界条件集中体现了热传导分析的特点,下面简单介绍其作用。

a. Fixed Temperature 将所选节点的温度固定,同时可以通过 Table 来定义节点温度随时间变化的函数。

b. Flux 依据施加的热流强度的有限单元元素的不同,可以将 Flux 分为点(Point)、边缘(Edge)、表面(Face)和体(Volume)热流强度。

c. Film 施加在二维和三维单元上的对流换热边界条件。同时,需要给定对流换热系数和其周围的环境温度。

d. Radiation 辐射边界,这里需要定义一个无限远处的环境温度。

e. Weld Flux 定义焊接热流。

②初始条件(Initial Conditions)。一般只在瞬态传热分析中定义初始温度,如果瞬态分析没有给定初始温度,则 Msc. Marc 按照 0 ℃运算。

③材料属性(Material Properties)。在 Heat Transfer 中可以定义各向同性、各向异性的热物性质,包括热导率、比热容、质量密度、辐射效率等。

④加载历程(Loadcases)。当定义稳态问题时,不需要给出总加载时间,而需要给定加载时的边界条件和迭代时的最大温度误差。当定义瞬态问题时可选择固定时间步或自适应控制步长两种时间步长控制方案。同时,瞬态分析中的结束方式也有两种,即制订结束的总时间和结束的基准温度,如果用户希望使用基准温度来结束分析,需要给定足够长的总加载时间,因为即使节点温度没有进入基准温度的范围,程序也会因为达到总时间而停止运行。

(3)材料温度场分析实例。

问题描述:一个铝合金片材,形状呈 T 形,其尺寸如图 5.36 所示。其初始温度为 100 ℃,现将片材放置于室温下,暴露于强制对流的空气中。假定只有边界处与空气有热交换,即对流换热。仿真在 3 600 s 后片材的温度分布,为清晰地观察片材的温度变化和内部与外部的温差,本例中采用瞬态分析(Transient)。铝合金的传热性能参数见表 5.6。在有限元软件 MSC. MARC 中分析过程如下。

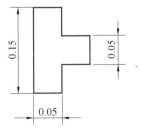

图 5.36　T 形片示意图

表 5.6 铝合金的传热性能参数

物理量	热导率 /(W·m⁻¹·℃⁻¹)	比热容 /(J·kg⁻¹·℃⁻¹)	密度 /(kg·m⁻³)	对流换热系数 /(W·m⁻²·℃⁻¹)
参数值	237	880	2 700	80

①有限元建模。网格划分结果如图 5.37 所示。

图 5.37 使用"CONVERT"的平面网格划分结果

②设置边界条件。设置片材周边的温度为 20 ℃,采用强制空气对流系数 80。

③输入铝合金材料属性。铝合金热导率为 237 W/(m·℃),铝合金比热容为 880 J/(kg·℃),铝合金密度为 2 700 kg/m³。

④初始状态。设置初始温度为 100 ℃。

⑤加载历程。选择对流换热边界条件,设定热对流时间为 3 600 s,最多计算步数为 500。

⑥定义作业并提交。选用平面分析,单元类型为 39,提交作业。

⑦查看计算结果。绘制温度时间曲线,选择感兴趣的节点重点分析。

当片材的温度接近于室温(20 ℃)时,由于与环境温度差降低,片材向外传递热量的速率下降,所以出现了如图 5.38 所示的斜率绝对值逐渐减小的单减曲线。如果增加传热分析的时间,则最终片材的温度与外界相同。第

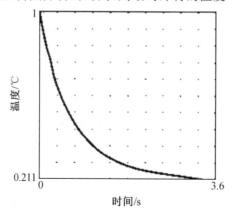

图 5.38 铝合金片材中心点的降温曲线

3 600 s时铝合金片材的内外部分布云图如图 5.39 所示,其中内部的温度稍高于外部,但温差很小。

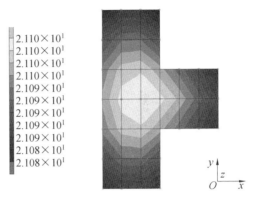

图 5.39   铝合金片材的内外部分布云图

本章参考文献

[1] 王勖成,邵敏. 有限单元法基本原理和数值方法 [M]. 北京:清华大学出版社,1997.

[2] BATHE K J. Finite element procedures in engineering analysis [M]. New Jersey:Prentice-Hall Inc. ,1982.

[3] RAO S S. The finite element method in engineering [M]. Oxford:Pergamon Press, 1982.

[4] 丁浩江,何福保. 弹性和塑性力学中的有限单元法 [M]. 北京:机械工业出版社, 1989.

[5] 朱伯芳. 有限单元法原理和应用 [M]. 北京:水利水电出版社,1979.

[6] 何君毅. 工程结构非线性问题的数值解法[M]. 北京:国防工业出版社, 1994.

[7] 龚曙光,边炳传. 有限元基本理论及应用 [M]. 武汉:华中科技大学出版社,2013.

[8] 杨咸启,李晓玲. 现代有限元理论技术与工程应用 [M]. 北京:北京航空航天大学出版社,2007.

[9] 王仁,熊祝华,黄文彬. 塑性力学基础 [M]. 北京:科学出版社,1982.

[10] 汪大年. 金属塑性成形原理 [M]. 北京:机械工业出版社,1982.

[11] 王仲仁,苑世剑,胡连喜. 弹性与塑性力学基础[M]. 哈尔滨:哈尔滨工业大学出版社,1997.

[12] 邰英楼,海龙. 材料力学 [M]. 北京:煤炭工业出版社,2013.

[13] 莫淑华,于久灏,王佳杰. 工程材料力学性能 [M]. 北京:北京大学出版社,2013.

［14］刘祖岩，刘钢，梁书锦. AZ31 镁合金应力应变关系的测定与四维描述
　　　［J］. 稀有金属材料与工程，2007，36（z3）：304-307.

［15］钟万勰，李开泰. 有限元理论与方法 第三分册［M］. 北京：科学出版
　　　社，2009.

［16］监凯维奇 O C. 有限元法［M］. 尹泽勇，柴家振，译. 北京：科学出版
　　　社，1985.

［17］龙驭球，龙志飞，岑松. 新型有限元论［M］. 北京：清华大学出版社，
　　　2004.

［18］陈道礼，饶刚，魏国前. 结构分析有限元法的基本原理及工程应用
　　　［M］. 北京：冶金工业出版社，2012.

［19］杨庆生. 现代计算固体力学［M］. 北京：科学出版社，2007.

［20］秦太验，徐春晖，周喆. 有限元法及其应用［M］. 北京：中国农业大学出
　　　版社，2011.

［21］丁科，殷水平. 有限单元法［M］. 2 版. 北京：北京大学出版社，2012.

［22］刘怀恒. 结构及弹性力学有限单元法［M］. 西安：西北工业大学出版
　　　社，2007.

［23］王仲仁. 锻压手册 锻造卷［M］. 北京：机械工业出版社，2002.

［24］刁法玺. 板料成形过程数值模拟解法研究［D］. 哈尔滨：哈尔滨工业大
　　　学，2001.

［25］陈火红. MARC 有限元实例分析教程［M］. 北京：机械工业出版社，
　　　2002.